"十三五"职业教育国家规划教材

BIM建模基础与应用

主　编　王　岩　计凌峰

副主编　刘树樾　张瑞红　赵　力

参　编　于　侃　杜秉旋　王　晶

北京理工大学出版社

BEIJING INSTITUTE OF TECHNOLOGY PRESS

内 容 提 要

本书分为5篇共17章，主要内容包括BIM技术基础，Autodesk Revit软件简介，Revit基本操作，Revit的设计流程，绘制标高和轴网，墙体的绘制，门窗、楼板和幕墙的绘制，屋顶和天花板的绘制，楼梯等其他构件的绘制，场地的绘制，房间和面积，明细表，注释、布图与打印，渲染和漫游，BIM结构建模，BIM设备建模，BIM提高技能——族等。

本书可作为高职高专院校建筑工程技术等相关专业的教材，也特别适合建筑工程行业相关管理及技术人员学习BIM基础时使用。

图书在版编目（CIP）数据

BIM建模基础与应用／王岩，计凌峰主编.—北京：北京理工大学出版社，2019.2（2022.1重印）

ISBN 978-7-5682-6645-1

Ⅰ.①B…　Ⅱ.①王…②计…　Ⅲ.①建筑设计—计算机辅助设计—应用软件—教材　Ⅳ.①TU201.4

中国版本图书馆CIP数据核字（2019）第009951号

出版发行／北京理工大学出版社有限责任公司
社　　址／北京市海淀区中关村南大街5号
邮　　编／100081
电　　话／（010）68914775（总编室）
（010）82562903（教材售后服务热线）
（010）68944723（其他图书服务热线）
网　　址／http：//www.bitpress.com.cn
经　　销／全国各地新华书店
印　　刷／河北鑫彩博图印刷有限公司
开　　本／787毫米×1092毫米　1/16
印　　张／15
字　　数／335千字
版　　次／2019年2月第1版　2022年1月第6次印刷
定　　价／49.00元

责任编辑／王玲玲
文案编辑／王玲玲
责任校对／周瑞红
责任印制／边心超

前言

Preface

本书采用篇章式进行编写，立足于BIM实际操作能力的培养，教材中大量案例来源于实际工程，坚持理论和实践结合的原则，以实际建模操作流程为载体，以完成具体的工作任务为目标。

本书分为5篇（共17章），分别为BIM基础认知、BIM建筑建模、BIM结构建模、BIM设备建模、BIM技能提高——族。具体内容包括：BIM技术基础，Autodesk Revit软件简介，Revit基本操作，Revit的设计流程，绘制标高和轴网，墙体的绘制，门窗、楼板和幕墙的绘制，屋顶和天花板的绘制，楼梯等其他构件的绘制，场地的绘制，房间和面积，明细表，注释、布图与打印，渲染和漫游，BIM结构建模，BIM设备建模，BIM提高技能——族等。

本书配套电子资料主要包括电子教案、项目文件、样板文件、族文件、PPT课件、AutoCAD图纸及考试试卷文件等，读者可访问https://pan.baidu.com/s/1Tff51oDtN2H9JHV-xk-ZZw（提取码：dhh9）进行下载。

本书由河北建材职业技术学院王岩、计凌峰担任主编，河北建材职业技术学院刘树樾、张瑞红、赵力担任副主编，河北建材职业技术学院于侃、杜秉旋、王晶等多位教学经验丰富的BIM科研团队成员参与了本书的编写工作。具体编写分工为：刘树樾、赵力、张瑞红负责编写第1章、第2章和附录，于侃、杜秉旋、王晶负责编写第3章和第4章，王岩负责编写第5～13章，计凌峰负责编写第14～17章。全书由河北建材职业技术学院王岩负责校对及统稿。

本书在编写过程中，借鉴和参考了大量文献资料，主要有北京谷雨时代教育科技有限公司的培训教材和部分互联网资料，在此对原作者表示衷心的感谢！

由于编者水平有限，书中难免存在不妥之处，敬请大家批评指正。

编　者

教学进度计划（建议）

总学时：72 学时（理论 36 + 实训 36）

周	理论学时	实训学时	教学主题及授课内容	合计学时
			第一篇　BIM 基础认知	
1	2		第 1 章　BIM 技术基础	
	2		第 1 章　BIM 技术基础	10
2	2		第 2 章　Autodesk Revit 软件简介	
	2		第 3 章　Revit 基本操作	
3	2		第 4 章　Revit 的设计流程	
			第二篇　BIM 建筑建模	
	2		第 5 章　绘制标高和轴网	
4		2	第 5 章　绘制标高和轴网	
	2		第 6 章　墙体的绘制	
5		2	第 6 章　墙体的绘制	
	2		第 7 章　门窗、楼板和幕墙的绘制	
6		2	第 7 章　门窗、楼板和幕墙的绘制	
		2	第 7 章　门窗、楼板和幕墙的绘制	
7		2	第 7 章　门窗、楼板和幕墙的绘制	
	2		第 8 章　屋顶和天花板的绘制	
8		2	第 8 章　屋顶和天花板的绘制	42
	2		第 9 章　楼梯等其他构件的绘制	
9		2	第 9 章　楼梯等其他构件的绘制	
	2		第 9 章　楼梯等其他构件的绘制	
10		2	第 9 章　楼梯等其他构件的绘制	
		2	第 10 章　场地的绘制	
11		2	第 11 章　房间和面积	
	2		第 12 章　明细表	
12		2	第 12 章　明细表	
		2	第 13 章　注释、布图和打印	
13	2		第 14 章　渲染和漫游	
		2	第 14 章　渲染和漫游	
			第三篇　BIM 结构建模	
14	2		第 15 章　BIM 结构建模	6
		2	第 15 章　BIM 结构建模	
15		2	第 15 章　BIM 结构建模	
			第四篇　BIM 设备建模	
	2		第 16 章　BIM 设备建模	6
16		2	第 16 章　BIM 设备建模	
		2	第 16 章　BIM 设备建模	
			第五篇　BIM 技能提高——族	
17	2		第 17 章　BIM 提高技能——族	
		2	第 17 章　BIM 提高技能——族	8
18	2		第 17 章　BIM 提高技能——族	
		2	第 17 章　BIM 提高技能——族	

目 录

Contents

第一篇 BIM 基础认知

第二篇 BIM 建筑建模

第一篇

BIM 基础认知

1. 知识目标

（1）了解 BIM 的基本定义。

（2）国内、国外 BIM 技术的应用现状。

（3）BIM 技术在实际应用中具有的价值。

（4）常用的 BIM 软件的分类。

2. 能力目标

（1）具有较好的对新技能与知识进行学习的能力。

（2）具有通过互联网搜集取得信息的能力。

3. 素质目标

（1）对建筑行业的热爱。

（2）能进行人际交往和团队协作。

第 1 章　BIM 技术基础

1.1　BIM 技术概述

建筑信息模型（Building Information Modeling）是以建筑工程项目的各项相关信息数据作为基础，建立起三维的建筑模型，通过数字信息仿真，模拟建筑物所具有的真实信息。其具有可视化、协调性、模拟性、优化性、可出图性一体化、参数化和信息完备性八大特点，将建设单位、设计单位、施工单位、监理单位等项目参与方在同一平台上共享同一建筑信息模型，有利于项目可视化、精细化建造。

从 BIM 设计过程的资源、行为、交付三个基本维度，给出设计企业实施标准的具体方法和实践内容。BIM（建筑信息模型）不是简单地将数字信息进行集成，而是一种数字信息的应用，并可以用于设计、建造、管理的数字化方法。这种方法支持建筑工程的集成管理环境，可以使建筑工程在整个进程中显著提高效率、大量减少风险。

BIM 技术是一种应用于工程设计建造管理的数据化工具，通过参数模型整合各种项目的相关信息，在项目策划、运行和维护的全生命周期过程中进行共享和传递，使工程技术人员对各种建筑信息作出正确理解和高效应对，为设计团队以及包括建筑运营单位在内的各方建设主体提供协同工作的基础，在提高生产效率、节约成本和缩短工期方面发挥重要作用。

BIM 的英文全称是 Building Information Modeling，国内较为一致的中文翻译为建筑信息模型。

《建筑信息模型应用统一标准》（GB/T 51212—2016）对 BIM 的定义为：在建筑工程及施工生命期内，对其物理和功能特性进行数字化表达，并依此设计施工运营的过程和结果的总称。

美国国家 BIM 标准（NBIMS）对 BIM 的定义由以下三部分组成：

（1）BIM 是一个设施（建设项目）物理和功能特性的数字表达；

（2）BIM 是一个共享的知识资源，是一个分享有关这个设施的信息，为该设施从建设到拆除的全生命周期中的所有决策提供可靠依据的过程；

（3）在项目的不同阶段，不同利益相关方通过在 BIM 中插入、提取、更新和修改信息，以支持和反映其各自职责的协同作业。

真正的 BIM 符合以下八个特点：

（1）可视化（Visualization）。可视化即“所见即所得”的形式。

（2）协调性（Coordination）。协调性可解决施工中常遇到的碰撞问题，它还可以解决如电梯井布置与其他设计布置及净空要求的协调、防火分区与其他设计布置的协调、地下排水布置与其他设计布置的协调等。

（3）模拟性（Simulation）。模拟性并不是只能模拟设计出的建筑物模型，还可以模拟不能够在真实世界中进行操作的事物。

（4）优化性。项目方案优化、特殊项目的设计优化。

（5）可出图性。BIM 并不是为了出大家日常多见的建筑设计院所出的建筑设计图纸，以及一些构件加工的图纸，而是通过对建筑物进行可视化展示、协调、模拟、优化以后，帮助业主出如下图纸：

1）综合管线图（经过碰撞检查和设计修改，消除了相应错误以后）；

2）综合结构留洞图（预埋套管图）；

3）碰撞检查侦错报告和建议改进方案。

（6）一体化。基于 BIM 技术可进行从设计到施工再到运营，贯穿了工程项目的全生命周期的一体化管理。BIM 的技术核心是一个由计算机三维模型所形成的数据库，不仅包含了建筑的设计信息，而且可以容纳从设计到建成使用，甚至是使用周期终结的全过程信息。

（7）参数化。参数化建模指的是通过参数而不是数字建立和分析模型，简单地改变模型中的参数值，就能建立和分析新的模型；BIM 中图元是以构件的形式出现的，这些构件之间的不同，是通过参数的调整反映出来的，参数保存了图元作为数字化建筑构件的所有信息。

（8）信息完备性。信息完备性体现在 BIM 技术可对工程对象进行 3D 几何信息和拓扑关系的描述，以及完整的工程信息描述。

1.2 BIM 技术的应用现状

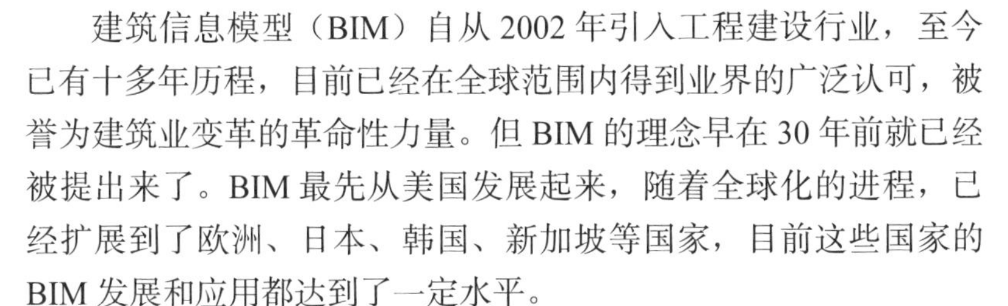

建筑信息模型（BIM）自从 2002 年引入工程建设行业，至今已有十多年历程，目前已经在全球范围内得到业界的广泛认可，被誉为建筑业变革的革命性力量。但 BIM 的理念早在 30 年前就已经被提出来了。BIM 最先从美国发展起来，随着全球化的进程，已经扩展到了欧洲、日本、韩国、新加坡等国家，目前这些国家的 BIM 发展和应用都达到了一定水平。

BIM 技术在国内外的应用现状

1.2.1 BIM在美国的发展现状

美国是较早启动建筑业信息化研究的国家，发展至今，BIM研究与应用都位居世界前列。目前，美国大多建筑项目已经开始应用BIM，BIM的应用点也种类繁多，而且存在各种BIM协会，也出台了各种BIM标准，BIM的价值在不断被认可。关于美国BIM的发展，不得不提到几大BIM的相关机构。

1. GSA

美国总务署（General Service Administration，GSA）负责美国所有联邦设施的建造和运营。早在2003年，为了提高建筑领域的生产效率、提升建筑业信息化水平，GSA下属的公共建筑服务（Public Building Service）部门的首席设计师办公室（Office of the Chief Architect，OCA）推出了全国3D-4D-BIM计划。3D-4D-BIM计划的目标是为所有对3D-4D-BIM技术感兴趣的项目团队提供“一站式”服务，虽然每个项目功能、特点各异，OCA将帮助每个项目团队提供独特的战略建议与技术支持，目前OCA已经协助和支持了超过100个项目。

2. USACE

美国陆军工程兵团（United States Army Corps of Engineers，USACE）隶属于美国联邦政府和美国军队，为美国军队提供项目管理和施工管理服务，是世界最大的公共工程、设计和建筑管理机构。

2006年10月，USACE发布了为期15年的BIM发展路线规划，为USACE采用和实施BIM技术制定战略规划，以提升规划、设计和施工质量与效率。规划中，USACE承诺未来所有军事建筑项目都将使用BIM技术。

3. BSA

BuildingSMART联盟（BSA）是美国建筑科学研究院在信息资源和技术领域的一个专业委员会，成立于2007年，同时，也是BSA国际的北美分会。BSI的前身是国际数据互用联盟（IAI），开发了和维护IFC（Industry Foundation Classes）标准以及Open BIM标准。

1.2.2 BIM在英国的发展现状

与大多数国家相比，英国政府要求强制使用BIM。2011年5月，英国内阁办公室发布了“政府建设战略”文件，其中有一整个关于建筑信息模型（BIM）的章节，章节中明确要求，到2016年，政府要求全面协同的3DBIM，并将全部的文件以信息化管理。

英国的设计公司在BIM实施方面已经相当领先了，因为伦敦是众多全球领先设计企业的总部，如Foster and Partners、Zaha Hadid Architects、BDP和Arup，也是很多领先设计企业的欧洲总部，如HOK、SOM和Gensler。在这些背景下，一个政府发布的强制使用BIM的文件可以得到有效执行，因此，英国的AEC企业与世界其他地方相比，发展速度更快。

1.2.3 BIM 在新加坡的发展现状

新加坡负责建筑业管理的国家机构是建筑管理署（BCA）。在 BIM 这一术语引进之前，新加坡当局注意到信息技术对建筑业的重要作用。2011 年，BCA 发布了新加坡 BIM 发展路线规划，规划对整个建筑业在 2015 年前广泛使用 BIM 技术起到了推动作用。为了实现这一目标，BCA 分析了面临的挑战，并制定了相关策略。

在创造需求方面，新加坡政府部门在所有新建项目中明确提出 BIM 需求。2011 年，BCA 与一些政府部门合作，确立了示范项目。BCA 强制要求提交建筑 BIM 模型（2013 年起）、结构与机电 BIM 模型（2014 年起），并且最终在 2015 年前实现所有建筑面积大于 5 000 m^2 的项目都提交 BIM 模型的目标。

在建立 BIM 能力与产量方面，BCA 鼓励新加坡的大学开设 BIM 课程，为毕业学生组织密集的 BIM 培训课程，为行业专业人士建立 BIM 专业学位。

1.2.4 BIM 在北欧国家的发展现状

北欧国家包括挪威、丹麦、瑞典和芬兰，是一些主要的建筑业信息技术的软件厂商所在地，如 Tekla 和 Solibri，而且对发源于邻近匈牙利的 ArchiCAD 的应用率也很高。因此，这些国家是全球最先一批采用基于模型设计的国家，也在推动建筑信息技术的互用性和开放标准，主要指 IFC。北欧国家冬天漫长多雪，这使得建筑的预制化非常重要，也促进了包含丰富数据、基于模型的 BIM 技术的发展，同时也促进了这些国家及早进行 BIM 的部署。

与上述国家不同，北欧四国政府并未强制要求使用 BIM，但由于当地气候的要求以及先进建筑信息技术软件的推动，企业自觉发展 BIM 技术。

1.2.5 BIM 在日本的发展现状

在日本，有“2009 年是日本的 BIM 元年”之说。大量的日本设计公司、施工企业开始应用 BIM，而日本国土交通省也在 2010 年 3 月表示，已选择一项政府建设项目作为试点，探索 BIM 在设计可视化、信息整合方面的价值及实施流程。

日本软件业较为发达，在建筑信息技术方面也拥有较多的国产软件，日本 BIM 相关软件厂商认识到，BIM 需要多个软件来互相配合，因此多家日本 BIM 软件商在 IAI 日本分会的支持下，以福井计算机株式会社为主导，成立了日本国国产解决方案软件联盟。

另外，日本建筑学会于 2012 年 7 月发布了日本 BIM 指南，从 BIM 团队建设、BIM 数据处理、BIM 设计流程、应用 BIM 进行预算和模拟等方面为日本的设计院和施工企业应用 BIM 提供了指导。

1.2.6 BIM 在韩国的发展现状

韩国在 BIM 技术运用方面也做了许多尝试。多个政府部门都致力制定 BIM 的标准，例如，韩国公共采购服务中心和韩国国土交通海洋部。

韩国公共采购服务中心（PPS）是韩国所有政府采购服务的执行部门。2010 年 4 月，PPS 发布了 BIM 路线图，内容包括 BIM 发展的中长期计划。

韩国主要的建筑公司都已经在积极采用 BIM 技术，如现代建设、三星建设、空间综合建筑事务所、大宇建设、GS 建设、Daelim 建设等公司。其中，Daelim 建设公司将 BIM 技术应用到桥梁的施工管理中，BMIS 公司利用 BIM 软件 Digital Project 对建筑设计阶段以及施工阶段的一体化进行研究和实施等。

1.2.7 BIM 在我国的发展现状

近来 BIM 在国内建筑业形成一股热潮，除前期软件厂商的大声呼吁外，政府相关单位、各行业协会与专家、设计单位、施工企业、科研院校等也开始重视并推广 BIM。

早在 2010 年，清华大学通过研究，参考 NBIMS，结合调研，提出了我国建筑信息模型标准框架（CBIMS），并且创造性地将该标准框架分为面向 IT 的技术标准与面向用户的实施标准。

2011 年 5 月，住房和城乡建设部发布的《2011—2015 建筑业信息化发展纲要》中明确指出：在施工阶段开展 BIM 技术的研究与应用，推进 BIM 技术从设计阶段向施工阶段的应用延伸，降低信息传递过程中的衰减；研究基于 BIM 技术的 4D 项目管理信息系统在大型复杂工程施工过程中的应用，实现对建筑工程有效的可视化管理等。

2012 年 1 月，住房和城乡建设部《关于印发 2012 年工程建设标准规范制订修订计划的通知》宣告了中国 BIM 标准制定工作的正式启动，其中包含五项 BIM 相关标准：《建筑信息模型应用统一标准》（GB/T 51212—2016）、《建筑工程信息模型存储标准》《建筑工程设计信息模型交付标准》《建筑工程设计信息模型分类和编码标准》《制造工业工程设计信息模型应用标准》。其中，《建筑工程信息模型应用统一标准》的编制采取“千人千标准”的模式，邀请行业内相关软件厂商、设计院、施工单位、科研院所等近百家单位参与标准研究项目、课题、子课题的研究。至此，工程建设行业的 BIM 热度日益高涨。

前期大学主要集中于 BIM 的科研方面，如清华大学针对 BIM 标准的研究、上海交通大学的 BIM 研究中心侧重于 BIM 在协同方面的研究。随着企业各界对 BIM 的重视，对大学的 BIM 人才培养需求渐起。2012 年 4 月 27 日，首个 BIM 工程硕士班在华中科技大学开课，共有 25 名学生；随后，广州大学、武汉大学也开设了专门的 BIM 工程硕士班。

在产业界，前期主要是设计院、施工单位、咨询单位等对 BIM 进行一些尝试。最近几年，业主对 BIM 的认知度也在不断提升，SOHO 董事长潘石屹已将 BIM 作为 SOHO

未来三大核心竞争力之一；万达、龙湖等大型房产商也在积极探索应用 BIM；上海中心、上海迪士尼等大型项目要求在全生命周期中使用 BIM，BIM 已经是企业参与项目的门槛；其他项目中也逐渐将 BIM 写入招标合同，或者将 BIM 作为技术标的重要亮点。目前，大中型设计企业基本上拥有了专门的 BIM 团队，有一定的 BIM 实施经验；施工企业起步略晚了设计企业，不过不少大型施工企业也开始了对 BIM 的实施与探索，也有一些成功案例；运维阶段目前的 BIM 还处于探索研究阶段。

住房和城乡建设部于 2016 年 12 月 2 日发布第 1380 号公告，批准《建筑信息模型应用统一标准》（以下简称《标准》）为国家标准，编号为 GB/T 51212—2016，自 2017 年 7 月 1 日起实施，该标准是我国 BIM 技术推广的重大阶段性成果。

1.3 BIM 技术应用价值

1.3.1 BIM 模型维护

根据项目建设进度建立和维护 BIM 模型，实质是使用 BIM 平台汇总各项目团队所有的建筑工程信息，消除项目中的信息孤岛，并且将得到的信息结合三维模型进行整理和储存，以备项目全过程中项目各相关利益方随时共享。由于 BIM 的用途决定了 BIM 模型细节的精度，同时，仅靠一个 BIM 工具并不能完成所有的工作，所以，目前业内主要采用“分布式”BIM 模型的方法，建立符合工程项目现有条件和使用用途的 BIM 模型。这些模型根据需要可能包括设计模型、施工模型、进度模型、成本模型、制造模型、操作模型等。BIM“分布式”模型还体现在 BIM 模型往往由相关的设计单位、施工单位或者运营单位根据各自工作范围单独建立，最后通过统一的标准合成。这将增加对 BIM 建模的标准、版本、数据安全的管理难度，所以有时候业主也会委托独立的 BIM 服务商统一规划、维护和管理整个工程项目的 BIM 应用，以确保 BIM 模型信息的准确、时效和安全。

BIM 技术应用价值

1.3.2 场地分析

场地分析是研究影响建筑物定位的主要因素，是确定建筑物的空间方位和外观、建立建筑物与周围景观的联系的过程。在规划阶段，场地的地貌、植被、气候条件都是影响设计决策的重要因素，往往需要通过场地分析来对景观规划、环境现状、施工配套及建成后交通流量等各种影响因素进行评价及分析。传统的场地分析存在诸如定量分析不足、主观因素过重、无法处理大量数据信息等弊端，通过 BIM 结合地理信息系统（Geographic Information System，GIS），对场地及拟建的建筑物空间数据进行建模，通过 BIM 及 GIS 软件的强大功能，可迅速得出令人信服的分析结果，帮助项目在规划阶段评估场地的使用条件和特点，从而做出新建项目最理想的场地规划、交通流线组织关系和建筑布局等关键决策。

1.3.3 建筑策划

建筑策划是在总体规划目标确定后，根据定量分析得出设计依据的过程。相对于根据经验确定设计内容及依据（设计任务书）的传统方法，建筑策划利用建设目标所处社会环境及相关因素的逻辑数理分析，研究项目任务书对设计的合理导向，制定和论证建筑设计依据，科学地确定设计的内容，并寻找达到这一目标的科学方法。在这一过程中，除需要运用建筑学的原理、借鉴过去的经验和遵守规范外，更重要的是要以实态调查为基础，用计算机等现代化手段对目标进行研究。在建筑规划阶段，BIM 能够帮助项目团队通过对空间进行分析来理解复杂空间的标准和法规，从而节省时间，为团队提供更多增值活动的可能。特别是在客户讨论需求、选择以及分析最佳方案时，能借助 BIM 及相关分析数据，做出关键性的决定。BIM 在建筑策划阶段的应用成果还会帮助建筑师在建筑设计阶段随时查看初步设计是否符合业主的要求，是否满足建筑策划阶段得到的设计依据，通过 BIM 连贯的信息传递或追溯，大大减少在详图设计阶段发现问题时需要修改设计的巨大浪费。

1.3.4 方案论证

在方案论证阶段，项目投资方可以使用 BIM 来评估设计方案的布局、视野、照明、安全、人体工程学、声学、纹理、色彩及规范的遵守情况。BIM 甚至可以做到建筑局部的细节推敲，迅速分析设计和施工中可能需要应对的问题。方案论证阶段还可以借助 BIM 提供方便的、低成本的不同解决方案，供项目投资方进行选择。通过数据对比和模拟分析，找出不同解决方案的优缺点，帮助项目投资方迅速评估建筑投资方案的成本和时间。对设计师来说，通过 BIM 来评估所设计的空间，可以获得较高的互动效应，以便从使用者和业主处获得积极的反馈。设计的实时修改往往基于最终的用户反馈，在 BIM 平台下，项目各方关注的焦点问题比较容易得到直观的展现，并迅速达成共识，相应地，需要决策的时间也会比以往减少。

1.3.5 可视化设计

3ds Max、SketchUp 这些三维可视化设计软件的出现，有力地弥补了业主及用户最终因缺乏对传统建筑图纸的理解能力而造成的和设计师之间的交流鸿沟。但由于这些软件设计理念和功能上的局限，使得这样的三维可视化展现，无论用于前期方案推敲还是用于阶段性的效果图展现，与真正的设计方案之间都存在相当大的差距。对于设计师而言，除用于前期推敲和阶段展现外，大量的设计工作还是要基于传统 CAD 平台，使用平、立、剖三视图的方式表达和展现自己的设计成果。这种由于工具原因造成的信息割裂，在遇到项目复杂、工期紧的情况下，非常容易出错。BIM 的出现使得设计师不仅拥有三维可视化的设计工具，所见即所得，更重要的是，通过工具的提升，使设计师能使用三维的思考方式来完成建筑设计，同时，也使业主及最终用户真正摆脱了技术壁垒的限制，随时知道自己的投资能获得什么。

对于建筑行业来说，可视化即“所见即所得”的形式，真正运用在建筑业的作用是非常大的，例如，经常拿到的施工图纸，只是各个构件的信息在图纸上采用线条绘制的表达，但是其真正的构造形式就需要建筑业参与人员去自行想象了。对于一般简单的东西来说，这种想象也未尝不可，但是现代建筑业的建筑形式各异，复杂造型在不断地推出，因此，只靠人脑去想象未免有点不太现实。所以，BIM 提供了可视化的思路，将以往的线条式构件形成了一种三维的立体实物图形，以此展示在人们的面前。目前，建筑业设计方面也出效果图，但是这种效果图是分包给专业的效果图制作团队，在识读设计的线条式信息后制作出来，并不是通过构件的信息自动生成的，因此，缺少了同构件之间的互动性和反馈性。而 BIM 提到的可视化是一种能够同构件之间形成互动性和反馈性的可视化。在 BIM 建筑信息模型中，由于整个过程都是可视化的，所以，可视化的结果不仅可以作为效果图的展示及报表的生成，更重要的是，项目设计、建造、运营过程中的沟通、讨论、决策都可在可视化的状态下进行。

1.3.6　协同设计

协同设计是一种新兴的建筑设计方式，它可以使分布在不同地理位置的不同专业的设计人员通过网络的协同展开设计工作。协同设计是在建筑业环境发生深刻变化、建筑的传统设计方式必须得到改变的背景下出现的，也是数字化建筑设计技术与快速发展的网络技术相结合的产物。现有的协同设计主要是基于 CAD 平台，并不能充分实现专业之间的信息交流。这是因为 CAD 的通用文件格式仅仅是对图形的描述，无法加载附加信息，导致专业之间的数据不具有关联性。BIM 的出现使协同已经不再是简单的文件参照。BIM 技术为协同设计提供底层支撑，大幅提升协同设计的技术含量。借助 BIM 的技术优势，协同的范畴也从单纯的设计阶段扩展到建筑的全生命周期，需要规划、设计、施工、运营等各方的集体参与，因此，具备了更广泛的意义，从而带来综合效益的大幅提升。

1.3.7　性能化分析

利用计算机进行建筑物理性能化分析始于 20 世纪 60 年代，甚至更早，目前已形成成熟的理论支持，开发出丰富的工具软件。但是在 CAD 时代，无论什么样的分析软件都必须通过手工的方式输入相关数据才能开展分析计算。而操作和使用这些软件，需要专业技术人员经过培训才能完成，同时，由于设计方案的调整，造成原本就耗时耗力的数据录入工作需要经常性的重复录入或者校核，导致包括建筑能量分析在内的建筑物理性能化分析通常被安排在设计的最终阶段，成为一种象征性的工作，使建筑设计与性能化分析计算之间严重脱节。利用 BIM 技术，建筑师在设计过程中创建的虚拟建筑模型已经包含了大量的设计信息（几何信息、材料性能、构件属性等），只要将模型导入相关的性能化分析软件，即可得到相应的分析结果，原本需要专业人士花费大量时间输入大量专业数据的过程，如今可以自动完成，这大大降低了性能化分析的周期，提高了设计质量，同时，也使设计公司能够为业主提供更专业的技能和服务。

1.3.8 工程量统计

在 CAD 时代，计算机可以利用工程项目构件的必要信息进行自动计算。由于 CAD 无法存储这些必要信息，所以需要依靠人工根据图纸或者 CAD 文件进行测量和统计，或者根据图纸或者 CAD 文件，使用专门的造价计算软件重新进行建模后，由计算机自动进行统计。前者不仅需要消耗大量的人工，而且比较容易出现手工计算带来的差错；后者同样需要不断地根据调整后的设计方案及时更新模型，如果滞后，得到的工程量统计数据往往也会失效。而 BIM 是一个富含工程信息的数据库，可以真实地提供造价管理需要的工程量信息，借助这些信息，计算机可以快速对各种构件进行统计分析，大大减少了烦琐的人工操作和潜在错误，非常容易实现工程量信息与设计方案的完全一致。通过 BIM 获得的准确的工程量统计，可以用于前期设计过程中的成本估算，在业主预算范围内，不同设计方案的探索或者不同设计方案建造成本的比较，施工开始前的工程量预算和施工完成后的工程量决算。

1.3.9 管线综合

随着建筑物规模和使用功能复杂程度的增加，无论是设计企业还是施工企业，甚至是业主，都对机电管线综合的要求更加严格。在 CAD 时代，设计企业主要由建筑或者机电专业牵头，将所有图纸打印成硫酸图，然后各专业将图纸叠在一起进行管线综合。由于二维图纸的信息以及直观的交流平台的缺失，导致管线综合成为建筑施工前让业主最不放心的技术环节。利用 BIM 技术，通过搭建各专业的 BIM 模型，设计师能够在虚拟的三维环境下方便地发现设计中的碰撞冲突，从而大大提高了管线综合的设计能力和工作效率。这不仅能及时排除项目施工环节中可以遇到的碰撞冲突，显著减少由此产生的变更申请单，更大大提高了施工现场的生产效率，降低了由于施工协调造成的成本增加和工期延误。

1.3.10 施工进度模拟

建筑施工是一个高度动态的过程，随着建筑工程规模的不断扩大，复杂程度不断提高，使得施工项目管理变得极为复杂。当前建筑工程项目管理中经常用于表示进度计划的甘特图，由于专业性强，可视化程度低，无法清晰地描述施工进度以及各种复杂关系，难以准确表达工程施工的动态变化过程。通过 BIM 与施工进度计划相连接，将空间信息与时间信息整合在一个可视的 4D（3D+Time）模型中，可以直观、精确地反映整个建筑的施工过程。施工进度模拟技术可以在项目建造过程中合理制订施工计划，4D 模型可精确掌握施工进度、优化使用施工资源以及科学地进行场地布置。施工进度模拟技术可对整个工程的施工进度、资源和质量进行统一管理和控制，以缩短工期、降低成本、提高质量。另外，借助 4D 模型，施工企业在工程项目投标中将获得竞标优势，BIM 可以协助评标专家从 4D 模型中很快了解投标单位对投标项目施工的主要控制方法、施工安排是否均衡、总体计划是否基本合理等，从而对投标单位的施工经验和实力做出有效评估。

1.3.11 施工组织模拟

施工组织是对施工活动实行科学管理的重要手段，它决定了各阶段的施工准备工作内容，协调了施工过程中各施工单位、各施工工种、各项资源之间的相互关系。施工组织设计提供了施工项目全过程中，各项活动在技术、经济和组织上的综合性解决方案。施工组织设计是施工技术与施工项目管理有机结合的产物。通过 BIM 可以对项目的重点或难点部分进行可建性模拟，按月、日、时进行施工安装方案的分析优化。对于一些重要的施工环节、采用新施工工艺的关键部位或施工现场平面布置等施工指导措施进行模拟和分析，以提高计划的可行性；也可以利用 BIM 技术，结合施工组织计划进行预演，以提高复杂建筑体系的可造性（如施工模板、玻璃装配、锚固等）。借助 BIM 对施工组织的模拟，项目管理方能够非常直观地了解整个施工安装环节的时间节点和安装工序，并清晰把握安装过程中的难点和要点，施工方也可以进一步对原有安装方案进行优化和改善，以提高施工效率和施工方案的安全性。

1.3.12 数字化建造

制造行业目前的生产效率极高，其中部分原因是利用数字化数据模型实现了制造方法的自动化。同样，BIM 结合数字化制造也能够提高建筑行业的生产效率。通过 BIM 模型与数字化建造系统的结合，建筑行业也可以采用类似的方法来实现建筑施工流程的自动化。建筑中的许多构件可以异地加工，然后运到建筑施工现场，装配到建筑中（如门窗、预制混凝土结构和钢结构等构件）。通过数字化建造，可以自动完成建筑物构件的预制，这些通过工厂精密机械技术制造出来的构件，不仅降低了建造误差，而且可大幅度提高构件制造的生产率，使整个建筑的建造工期缩短，并且容易掌控。BIM 模型直接用于制造环节，还可以在制造商与设计人员之间形成一种自然的反馈循环，即在建筑设计流程中提前考虑尽可能多地实现数字化建造。同样，与参与竞标的制造商共享构件模型也有助于缩短招标周期，便于制造商根据设计要求的构件用量编制更为统一的投标文件。同时，标准化构件之间的协调也有助于减少现场发生的问题，降低不断上升的建造、安装成本。

1.3.13 物料跟踪

随着建筑行业标准化、工厂化、数字化水平的提升，以及建筑使用设备复杂性的提高，越来越多的建筑及设备构件，通过工厂加工并运送到施工现场进行高效的组装。而这些建筑及设备构件是否能够及时运到现场，是否满足设计要求，质量是否合格，这些将成为整个建筑施工建造过程中影响施工计划关键路径的重要环节。在 BIM 出现以前，建筑行业往往借助较为成熟的物流行业管理经验及技术方案（如 RFID 无线射频识别电子标签）管理。通过 RFID 可以将建筑物内各个设备构件贴上标签，以实现对这些物体的跟踪管理，但 RFID 本身无法进一步获取物体更详细的信息（如生产日期、生产厂家、构件尺寸等），而 BIM 模型恰好详细记录了建筑物及构件和设备的所有信息。另外，BIM 模型作为一个建筑物的多维度数据库，并不擅长记录各种构件的状态信息，而基于 RFID 技术的物流管理信息系统，对物体的过程信息都有非常好的数据库记录和管理功能，这样，BIM 与 RFID 的互补，可以解决建筑行业由日益增长的物料跟踪带来的管理压力。

1.3.14 施工现场配合

BIM 不仅集成了建筑物的完整信息，同时，还提供了一个三维的交流环境。传统模式下，项目各方人员需在现场从图纸堆中找到有效信息后再进行交流，与传统模式相比，BIM 的应用将使各方人员交流的效率大大提高。BIM 逐渐成为一个便于施工现场各方交流的沟通平台，可以让项目各方人员方便地协调项目方案，论证项目的可造性，及时排除风险隐患，减少由此产生的变更，从而缩短施工时间，降低由于设计协调造成的成本增加，提高施工现场生产效率。

1.3.15 竣工模型交付

建筑作为一个系统，当完成建造过程并准备投入使用时，首先需要对建筑进行必要的测试和调整，以确保它可以按照当初的设计运营。在项目完成后的移交环节，物业管理部门需要得到的不只是常规的设计图纸、竣工图纸，还需要能正确反映真实的设备状态、材料安装使用情况等与运营维护相关的文档和资料。BIM 能将建筑物的空间信息和设备参数信息有机地整合起来，从而为业主获取完整的建筑物全局信息提供途径。通过 BIM 与施工过程记录信息的关联，甚至能够实现包括隐蔽工程资料在内的竣工信息集成，不仅为后续的物业管理带来便利，并且可以在未来进行的新建、改建、扩建过程中为业主及项目团队提供有效的历史信息。

1.3.16 维护计划

在建筑物使用寿命期间，建筑物结构设施（如墙、楼板、屋顶等）和设备设施（如设备、管道等）都需要不断得到维护。一个成功的维护方案将提高建筑物性能，降低能耗和修理费用，进而降低总体维护成本。BIM 模型结合运营维护管理系统可以充分发挥空间定位和数据记录的优势，合理制订维护计划。分配专人专项维护工作，以降低建筑物在使用过程中出现突发状况的概率。对一些重要设备，还可以跟踪维护工作的历史记录，以便对设备的适用状态提前做出判断。

1.3.17 资产管理

一套有序的资产管理系统将有效提升建筑资产或设施的管理水平，但由于建筑施工和运营的信息割裂，使得这些资产信息需要在运营初期依赖大量的人工操作来录入，而且很容易出现数据录入错误。BIM 中包含的大量建筑信息能够顺利导入资产管理系统，大大减少了系统初始化在数据准备方面的时间及人力投入。另外，由于传统的资产管理系统本身无法准确定位资产位置，通过 BIM 结合 RFID 的资产标签芯片还可以使资产在建筑物中的定位及相关参数信息一目了然，快速查询。

1.3.18 空间管理

空间管理是业主为节省空间成本，有效利用空间，最终为用户提供良好工作生活环境而对建筑空间所做的管理。BIM 不仅可以用于有效管理建筑设施及资产等资源，也可以帮助管理团队记录空间的使用情况，处理最终用户要求空间变更的请求，分析现有空间的使用情况，合理分配建筑物空间，确保空间资源的最大利用率。

1.3.19 建筑系统分析

建筑系统分析是对照业主使用需求及设计规定来衡量建筑物性能的过程，包括机械系统操作和建筑物能耗分析、内外部气流模拟、照明分析、人流分析等涉及建筑物性能的评估。BIM 结合专业的建筑物系统分析软件，避免了重复建立模型和采集系统参数。通过 BIM 可以验证建筑物是否按照特定的设计规定和可持续标准建造，通过这些分析模拟，最终确定、修改系统参数甚至系统改造计划，以提高整个建筑的性能。

1.3.20 灾害应急模拟

利用 BIM 及相应的灾害分析模拟软件，可以在灾害发生前模拟灾害发生的过程，分析灾害发生的原因，制订避免灾害发生的措施，以及发生灾害后人员疏散、救援支持的应急预案。当灾害发生后，BIM 模型可以提供救援人员紧急状况点的完整信息，这将有效提高突发状况的应对措施。另外，楼宇自动化系统能及时获取建筑物及设备的状态信息。通过 BIM 和楼宇自动化系统的结合，BIM 模型能清晰地呈现出建筑物内部紧急状况的位置，甚至到紧急状况点最合适的路线，救援人员可以由此做出正确的现场处置，提高应急行动的成效。

1.4 常用 BIM 软件分类

美国 BuildingSMART 联盟主席 Dana K.Smith 先生在其 BIM 专著“Building Information Modeling：A Strategic Implementation Guide for Architects，Engineers，Constructors and Real Estate Asset Managers”中做出一个论断：“依靠一个软件解决所有问题的时代已经一去不复返了。”

BIM 软件的分类

BIM 的一个特点就是其不是一个软件的事。其实，BIM 不只不是一个软件，准确一点，应该说 BIM 不是一类软件，而且每一类软件的选择也不只一个产品，这样，要充分发挥 BIM 的价值，为项目创造效益，涉及常用的 BIM 软件数量就有十几个到几十个之多。

谈 BIM、用 BIM 都离不开 BIM 软件，本节主要介绍目前在全球具有一定市场影响或占有率，并且在国内市场具有一定认识和应用的 BIM 软件（包括能发挥 BIM 价值的软件），对其进行梳理和分类。需要特别说明的是，这样的分类并不是一个科学的、系统的、严谨的、完整的分类方法（目前也没看到这样的分类方法），只是作者对 BIM 软件认识和理解的一点心得。

先对 BIM 软件的各个类型进行罗列，如图 1-1 所示。

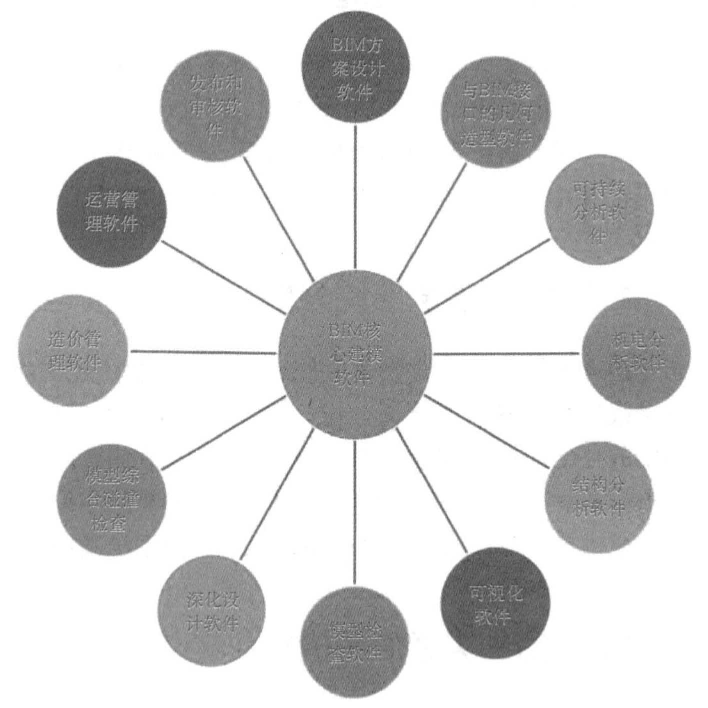

图 1-1　BIM 软件的类型

接下来，分别对属于这些类型软件的主要产品情况做简单介绍。

1.4.1 BIM 核心建模软件

常用的四种 BIM 核心建模软件

这类软件英文通常称为“BIM Authoring Software”，是 BIM 之所以成为 BIM 的基础，换而言之，正是因为有了这些软件，才有了 BIM，也是使用 BIM 的同行第一类要碰到的 BIM 软件。因此，称其为“BIM 核心建模软件”，简称“BIM 建模软件”。常用的 BIM 建模软件如图 1-2 所示。

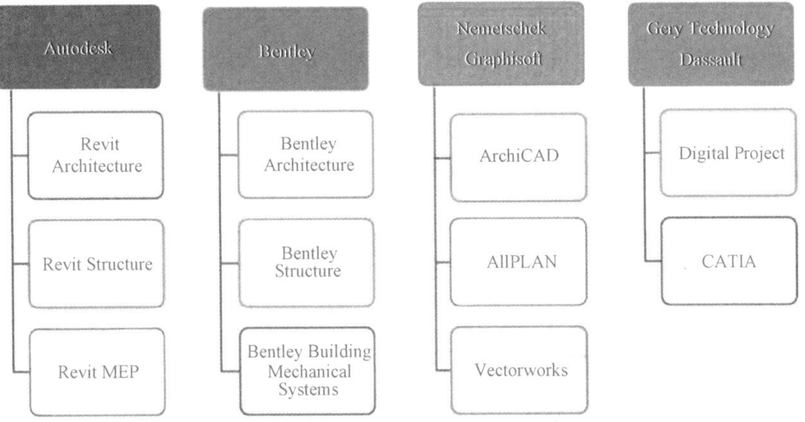

图 1-2 核心建模软件类型

（1）Autodesk 公司的 Revit 建筑、结构和机电系列，在民用建筑市场借助 AutoCAD 的天然优势，有相当不错的市场表现。

（2）Bentley 建筑、结构和设备系列。Bentley 产品在工厂设计（石油、化工、电力、医药等）和基础设施（道路、桥梁、市政、水利等）领域有无可争辩的优势。

（3）2007 年 Nemetschek 收购 Graphisoft 以后，ArchiCAD、AllPLAN、Vectorworks 三个产品就被归到同一个门派，其中国内同行最熟悉的是 ArchiCAD，它是一个面向全球市场的产品，可以说是最早的一个具有市场影响力的 BIM 核心建模软件。但是，在中国由于其专业配套的功能（仅限于建筑专业）与多专业一体的设计院体制不匹配，因此很难实现业务突破。Nemetschek 的另外两个产品，AllPLAN 主要市场在德语区；Vectorworks 则是其在美国市场使用的产品名称。

（4）Dassault 公司的 CATIA 是全球最高端的机械设计制造软件，在航空、航天、汽车等领域具有接近垄断的市场地位。软件应用到工程建设行业，无论是对复杂形体还是超大规模建筑，其建模能力、表现能力和信息管理能力与传统的建筑类软件相比，有明显优势，而与工程建设行业的项目和人员的对接问题，则是其不足之处。Digital Project 是 Gery Technology 公司在 CATIA 基础上开发的一个面向工程建设行业的应用软件（二次开发软件），其本质还是 CATIA，就像天正的本质是 AutoCAD 一样。

因此，对于一个项目或企业，BIM 核心建模软件技术路线的确定，可以考虑以下基本原则：

1）民用建筑用 Autodesk Revit。

2）工厂设计和基础设施用 Bentley。

3）单专业建筑事务所选择 ArchiCAD、Revit、Bentley 都有可能成功。

4）项目完全异形、预算比较充裕的，可以选择 Digital Project 或 CATIA。

当然，除上面介绍的情况外，业主和其他项目成员的要求也是在确定 BIM 技术路线时需要考虑的重要因素。

1.4.2 BIM 方案设计软件

目前主要的 BIM 方案软件有 Onuma Planning System 和 Affinity 等。

1.4.3 与 BIM 接口的几何造型软件

目前，常用几何造型软件有 SketchUp、Rhino 和 FormZ 等。

1.4.4 BIM 可持续（绿色）分析软件

可持续或者绿色分析软件可以使用 BIM 模型的信息对项目进行日照、风环境、热工、景观可视度、噪声等方面的分析，主要软件有国外的 Ecotect、IES、Green Building Studio 以及国内的 PKPM 等。

1.4.5 BIM 机电分析软件

对于水、暖、电等设备和电气分析软件，国内的产品有鸿业、博超等，国外的产品有 Designmaster、IES Virtual Environment、Trane Trace 等。

1.4.6 BIM 结构分析软件

ETABS、STAAD、Robot 等国外软件以及 PKPM 等国内软件都可以和 BIM 核心建模软件配合使用。

1.4.7 BIM 可视化软件

常用的可视化软件包括 3ds Max、Artlantis、Accu Render 和 Lightscape 等。

1.4.8 BIM 模型检查软件

目前具有市场影响的 BIM 模型检查软件是 Solibri Model Checker。

1.4.9 BIM 深化设计软件

Xsteel 是目前最有影响的基于 BIM 技术的钢结构深化设计软件。

1.4.10 BIM 模型综合碰撞检查软件

常见的模型综合碰撞检查软件有 Autodesk Navisworks、Bentley Projectwise Navigator 和 Solibri Model Checker 等。

1.4.11 BIM 造价管理软件

国外的 BIM 造价管理有 Innovaya 和 Solibri，鲁班、广联达是国内 BIM 造价管理软件的代表。

1.4.12 BIM 运营管理软件

美国运营管理软件 ArchiBUS、FacilityONE 是最有市场影响的软件之一。

1.4.13 二维绘图软件

最有影响的二维绘图软件大家都很熟悉，就是 Autodesk 的 AutoCAD 和 Bentley 的 Microstation。

1.4.14 BIM 发布审核软件

最常用的 BIM 成果发布审核软件包括 Autodesk Design Review、Adobe PDF 和 Adobe 3D PDF。

常用的 BIM 软件及软件互用关系

至此，本章介绍了目前工程建设行业正在应用的 14 种 BIM 和 BIM 相关软件。除上述介绍的软件外，工程建设中仍有其他 BIM 相关软件没有介绍，并且随着 BIM 应用的普及和深入，也将产生新的软件种类。

值得一提的是，制造业已经普遍应用的 PDM（Product Data Management，产品数据管理）软件或者有类似功能的其他软件，作为 BIM 深入普及应用所必需的 BIM 数据管理解决方案，其地位和作用将被逐渐认识和实现。

上述内容用不同类型软件和 BIM 核心建模软件之间的信息流动关系，对目前常用的 BIM 以及 BIM 相关软件进行了介绍，如果将这种类型划分方法进行简化，发现这些软件基本上可以划分为两个大类：第一大类，创建BIM模型的软件，包括BIM核心建模软件、BIM 方案设计软件以及与 BIM 接口的几何造型软件；第二大类，利用 BIM 模型的软件，即除第一大类外的其他软件。

那么，这么多不同类型的软件是如何有机地结合在一起为项目建设运营服务的呢？图 1-3 所示为软件与信息的互用关系。

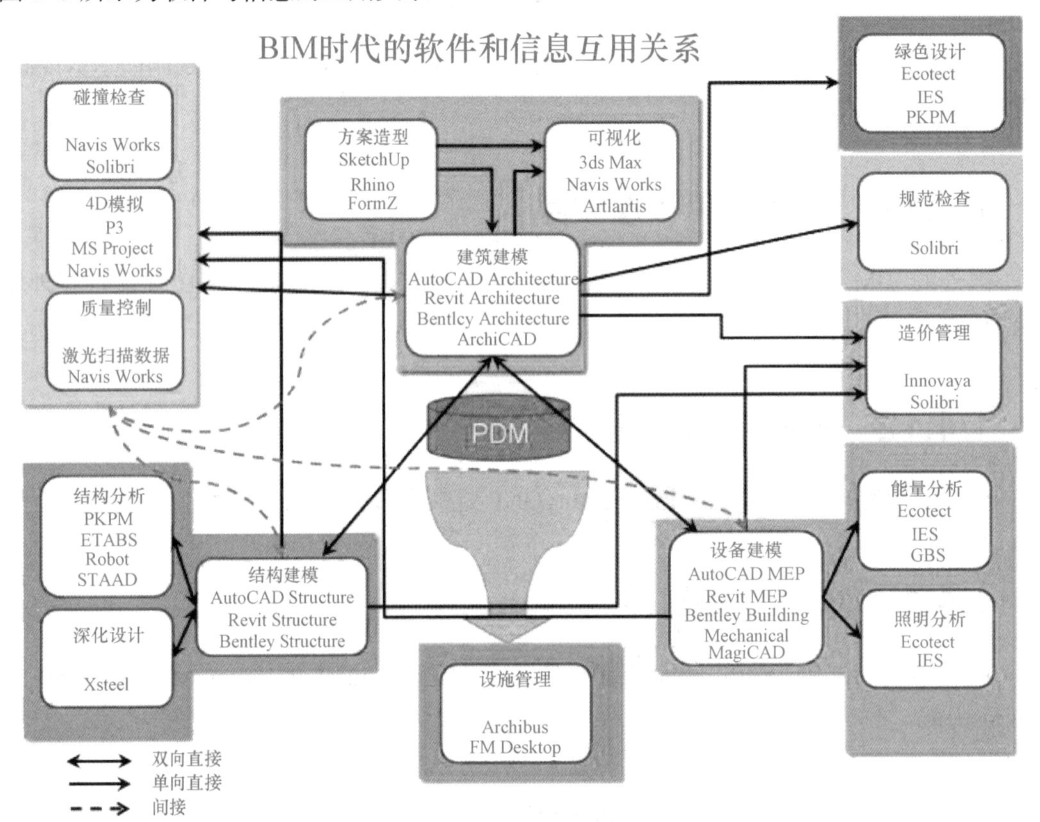

图 1-3　软件和信息的互用关系

图 1-3 中实线表示信息直接互用；虚线代表信息间接互用；箭头表示信息互用的方向。从图中可以看出，不同类型的 BIM 软件可以根据专业和项目阶段做以下区分：

（1）建筑：包括 BIM 建筑模型创建、几何造型、可视化、BIM 方案设计等。

（2）结构：包括 BIM 结构建模、结构分析、深化设计等。

（3）机电：包括 BIM 机电建模、机电分析等。

（4）施工：包括碰撞检查、4D 模拟、施工进度和质量控制等。

（5）其他：包括绿色设计、模型检查、造价管理等。

（6）运营管理 FM（Facility Management）。

（7）数据管理 PDM。

第 2 章　Autodesk Revit 软件简介

2.1　Autodesk Revit 概述

2.1.1　Autodesk Revit 简介

Autodesk Revit 系列软件是由全球领先的数字化设计软件供应商 Autodesk 公司，针对建筑设计行业开发的三维参数化设计软件平台。之前以 Revit 技术平台为基础推出的专业版模块包括 Revit Architecture（Revit 建筑模块）、Revit Structure（Revit 结构模块）和 Revit MEP（Revit 设备模块——设备、电气、给水排水）三个专业设计工具模块，以满足设计中各专业的应用需求（已在 2013 版后合并）。在 Revit 模型中，所有的图纸、二维视图和三维视图以及明细表都是同一个基本建筑模型数据库的信息表现形式。在图纸视图和明细表视图中操作时，Revit 将收集有关建筑项目的信息，并在项目的其他所有表现形式中协调该信息。Revit 参数化修改引擎可自动协调在任何表现形式（模型视图、图纸、明细表、剖面和平面中）下进行的修改。

Autodesk Revit 最早是一家名为 Revit Technology 的公司，Autodesk Revit 是公司于 1997 年开发的三维参数化建筑设计软件。Revit 的原意为 Revise immediately，意为“所见即所得”。2002 年，美国 Autodesk 公司以 2 亿美元收购了 Revit Technology，从此 Revit 正式成为 Autodesk 三维解决方案产品线中的一部分。经过数年的开发和发展，已经成为全球知名的三维参数化 BIM 设计平台。

2.1.2　Autodesk Revit 与 BIM

BIM 是由欧特克公司提出的一种新的流程和技术，其全称为 Building Information Modeling 或者 Building Information Model，意为“建筑信息模型”。从理念上说，BIM 是试图将建筑项目的所有信息纳入一个三维的数字化模型中。这个模型不是静态的，而是随着建筑生命周期的不断发展而逐步演进的。从前期方案到详细设计、施工图设计、建造和运营维护等各个阶段的信息都可以不断集成到模型中，因此，BIM 模型就是真实建筑物在电脑中的数字化记录。当设计、施工、运营等各方人员需要获取建筑信息时，如需要图纸、材料统计、施工进度等，都可以从该模型中快速提取出来。BIM 是由三维 CAD 技术发展而来的，但它的目标比 CAD 的更为高远。如果说 CAD 是为了提高建筑师的绘图效率，BIM 则致力于建筑项目全生命周期的性能表现和信息整合。

所以，BIM 是以三维数字技术为基础，集成了建筑工程项目各种相关信息的工程数据模型，可以为设计和施工中提供相协调的、内部保持一致的并可进行运算的信息。也就是 BIM 是通过计算机建立三维模型，并在模型中存储了设计师所需要表达的所有信息，同时，这些信息可全部根据模型自动生成，并与模型实时关联。

2.1.3　Revit 对 BIM 的意义

BIM 是一种基于智能三维模型的流程，能够为建筑和基础设施项目提供意见，从而更快速、更经济地创建和管理项目，并减少项目对环境的影响。面向建筑生命周期的 BIM 解决方案以 Autodesk Revit 软件产品创建的智能模型为基础，还有一套强大的补充解决方案，以扩大 BIM 的效用，其中包括项目虚拟可视化和模拟软件、AutoCAD 文档和专业制图软件，以及数据管理和协作。Autodesk 建筑设计套件、Autodesk 基础设施设计套件和 Autodesk 流程工厂设计套件提供综合性工具集，以富有成本效益的单个套装支持 BIM 流程。

继 2002 年 2 月收购 Revit 技术公司之后，Autodesk 随即提出了 BIM 这一术语，旨在区别 Revit 模型和较为传统的 3D 几何图形。当时，欧特克是将“建筑信息模型（Building Information Modeling）”用作 Autodesk 战略愿景的检验标准，旨在让客户及合作伙伴积极参与交流对话，以探讨如何利用技术支持乃至加速建筑行业采用更具效率和效能的流程，同时，也是为了将这种技术与市场上较为常见的 3D 绘图工具相区别。

由此可见，Revit 是 BIM 概念的一个基础技术支撑和理论支撑。Revit 为 BIM 这种理念的实践和部署提供了工具和方法，使其成为 BIM 在全球工程建设行业内迅速传播并得以推广的重要因素之一。

2.1.4　国内的 BIM 以及 Revit 应用特点

（1）在国内建筑市场，BIM 理念已经被广为接受，Revit 逐渐被应用，工程项目对 BIM 和 Revit 的需求逐渐旺盛，尤其是复杂、大型项目；

（2）基于 Revit 的工程项目生态系统还不完善，基于 Revit 的插件、工具还不够完善、充分；

（3）国内 Revit 的应用仍然以设计企业为主，部分业主和施工单位也逐步参与；

（4）国内 Revit 人员的应用经验还比较初步，使用年限较短，熟悉 Revit API 的人才匮乏；

（5）我国勘察设计协会举办的 BIM 大奖赛极大促进了以 Revit 为首的 BIM 软件的应用和推广。

2.1.5　Autodesk Revit 技术发展趋势

2011 年的 5 月 16 号，住房和城乡建设部颁布了建筑业“十二五”发展纲要，明确提出要快速发展 BIM 技术，BIM 已成了行业发展的方向和目标，同时展现出我国设计行业在技术方面的一些未来发展趋势，如 BIM 标准化、云计算、三维协同、BIM 和预加工技术、基于 BIM 的多维技术以及移动技术等。这些行业趋势也在极大地影响着 Revit 的技术发展方向。下面列举其中一些技术方向。

1. Revit 专业模块三合一

在 Autodesk 收购 Revit 之初以及 Autodesk Revit 发布前几年的时间里，Revit 基本上都是以 Revit Architecture 这个建筑模块单打独斗，缺乏结构和 MEP 部分。随着 Autodesk 的投入和进一步发展，Revit终于按照建筑行业用户的专业被发展为三个独立的产品，即Revit Architecture（Revit 建筑版）、Revit Structure（Revit 结构版）和 Revit MEP（Revit 设备版——设备、电气、给水排水）。这三款产品属于同一个内核，概念和基本操作完全一样，但软件功能侧重点不同，从而适用于不同的专业。但随着 BIM 在行业推广的深入和 Revit 的普及，基于 Revit 的专业协同和数据共享的需求越来越旺盛，Revit 的三款产品在三个专业的独立应用对此造成了一些影响，因此，2012 年 Autodesk 又将这三款独立的产品整合为一个产品，命名为 Autodesk Revit 2013，但实际上又包含建筑、结构和 MEP 三个专业模块。用户在使用 Revit 时，可以自由安装、切换和使用不同的模块，从而减少对设计协同、数据交换的影响，帮助用户获得更广泛的工具集，在 Revit 平台内简化工作流程并与其他建筑设计规程展开更有效的协作。

2. Revit 与云计算的集成

Autodesk 在 2011 年年底正式推出云服务。截至目前，Autodesk 提供的云产品和服务已经超过 25 种。其中，Autodesk 的云应用可以分为两类：第一类云应用是桌面的延伸。Autodesk 将 Web 服务和桌面应用整合在一起。在桌面上进行的设计完成之后，用户可以从云端获得基于云计算的分析和渲染等服务，整个计算过程不在本地完成，而是完全送到云端进行处理，并将计算的结果返回给用户。第二类云应用是单独应用，如美家达人、Sketchbook 等。用户可以通过桌面电脑或者移动设备进行操作。Revit 与云计算的集成属于第一类云应用，如 Revit 与结构分析计算 Structural Analysis 模块的集成、与云渲染的集成等，同时，与 Autodesk Revit 具备相同 BIM 引擎的 Autodesk Vasari 可以理解为一种简化版的 Revit。这是一款简单易用的、专注于概念设计的应用程序，也集成了更多的基于云计算的分析工具，包括过对碳和能源的综合分析、日照分析、模拟太阳辐射、轨迹和风力风向等分析，如图 2-1 所示。

图 2-1 Revit 的分析

2.2 Revit 2016 所需硬件配置

Revit 2016 的特性是：单线程绘图运算，大部分运算只调用单线程，因此，部分服务器CPU反而比普通家用CPU表现差，因为服务器CPU核心多，而单核心效能不及部分家用产品；对显卡要求较低，但是显卡性能较低的情况下，重新生成图形时间延长，并有概率出现窗口绘图错误；对内存要求高。因此，为了保证软件的流畅运行，建议电脑配置不低于以下标准：

（1）最低配置要求：入门级配置见表2-1。

表2-1　入门级配置要求

说明	要求
操作系统	Microsoft® Windows® 7 64位及以上
CPU类型	单核或多核Intel® Pentium®、Xeon®或i系列处理器或采用SSE2技术的同等AMD®处理器。建议尽可能使用高主频CPU。 Revit软件产品的许多任务要使用多核，最多需要16核进行接近照片级真实感的渲染操作
内存	4 GB RAM 此大小通常足够一个约占100 MB磁盘空间的单个模型进行常见的编辑会话。该评估基于内部测试和客户报告，不同模型对计算机资源的使用情况和性能特性要求会各不相同。 在一次性升级过程中，旧版Revit创建的模型可能需要更多的可用内存
视频显示	1 280×1 024真彩色 DPI显示设置：150%或更少
视频适配器	基本图形：支持24位色的显示适配器 高级图形：Autodesk建议使用支持DirectX® 11及Shader Model 3的显卡
磁盘空间	5 GB可用磁盘空间
介质	下载或从DVD9或使用USB密钥安装
定点设备	MS鼠标或3Dconnexion®兼容设备
浏览器	Microsoft® Internet Explorer® 7.0（或更高版本）
连接	需要Internet连接，用于许可证注册和必备组件下载

（2）性价比优先：平衡价格和性能（只表示区别部分），其配置见表2-2。

表2-2　平衡价格和性能

说明	要求
CPU类型	多核Intel® Xeon®或i系列处理器或采用SSE2技术的同等AMD®处理器。建议尽可能使用高主频CPU。 Revit产品的许多任务要使用多核，最多需要16核进行接近照片级真实感的渲染操作
内存	8 GB RAM 此大小通常足够一个约占300 MB磁盘空间的单个模型进行常见的编辑会话。该评估基于内部测试和客户报告，不同模型对计算机资源的使用情况和性能特性会各不相同
视频显示	1 680×1 050真彩色

（3）性能优先：大型、复杂的模型（只表示区别部分），其配置见表 2-3。

表 2-3　大型、复杂的模型要求

说明	要求
CPU 类型	多核 Intel® Xeon® 或 i 系列处理器或采用 SSE2 技术的同等 AMD® 处理器。建议尽可能使用高主频 CPU。 Revit 产品的许多任务要使用多核，最多需要 16 核进行接近照片级真实感的渲染操作
内存	32 GB RAM 此大小通常足够一个约占 1 300 MB 磁盘空间的单个模型进行常见的编辑会话。该评估基于内部测试和客户报告，不同模型对计算机资源的使用情况和性能特性会各不相同
视频显示	1 920×1 200 或更高，采用真彩色
磁盘空间	5 GB 可用磁盘空间 10 000 + RPM（用于点云交互）或固态驱动器

2.3　Revit 软件安装流程

Autodesk 公司发布的 Revit 2016，延续了以往一年一更新的传统，在这一系列更新中，最激动人心和显著的亮点是 Revit 2016 对模型运算速度的提升，更改后的算法能够最大限度利用 CPU 资源，这个性能的改善对于利用 Revit 做大模型的用户尤其有利；新版本还可以更改图形背景颜色，而不再只有黑白两色，长时间盯着 Revit 界面也不会觉得眼酸疲劳。新版 Revit 软件只支持 Windows 7 以上 64 位操作系统。

Revit 软件安装流程

（1）运行安装文件，选择解压目录，目录不要带有中文字符，如图 2-2 所示。

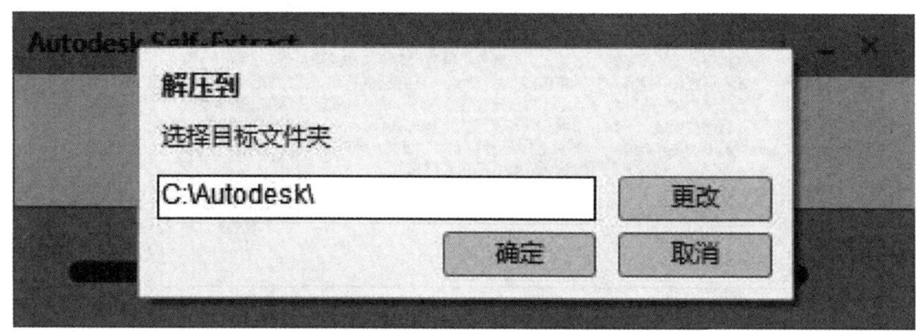

图 2-2　解压目录

（2）解压完毕后，系统自动弹出安装界面，单击“安装”按钮，如图 2-3 所示。

图 2-3　单击“安装”按钮

（3）选择“我接受”选项，单击“下一步”按钮，如图 2-4 所示。

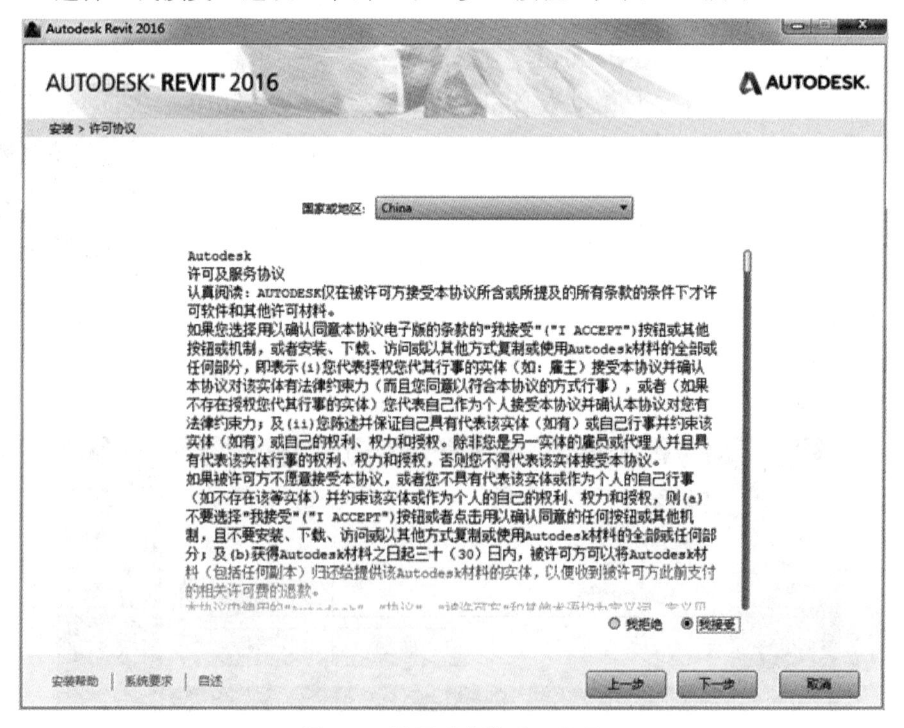

图 2-4　选择“我接受”选项

（4）在对话框中输入序列号和产品密钥，单击“下一步”按钮，如图 2-5 所示。

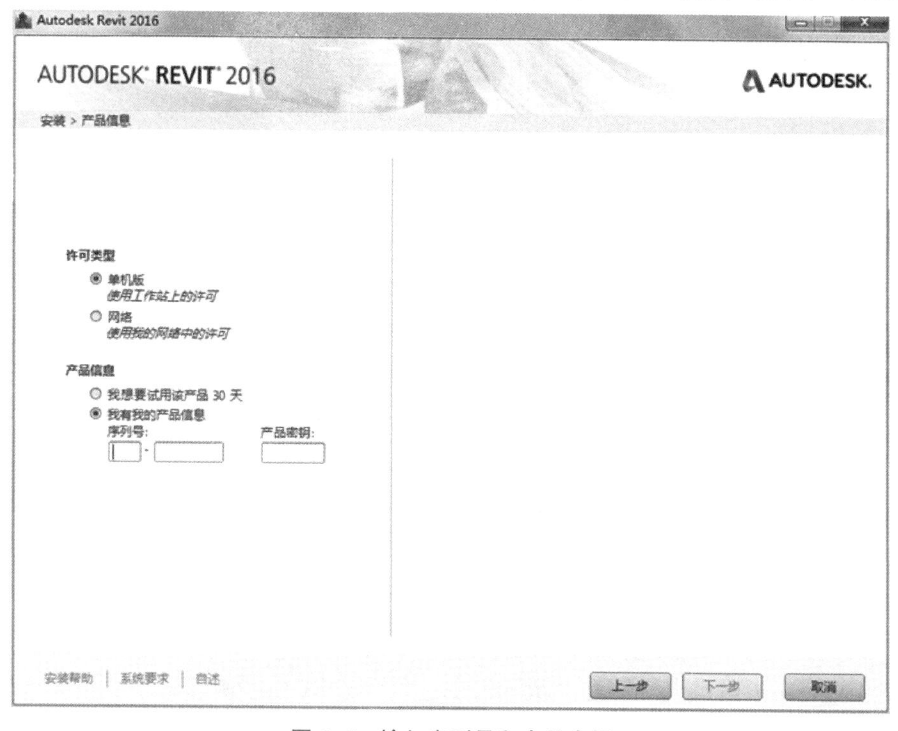

图 2-5　输入序列号和产品密钥

（5）选择安装功能以及安装路径，单击“安装”按钮，如图 2-6 所示。

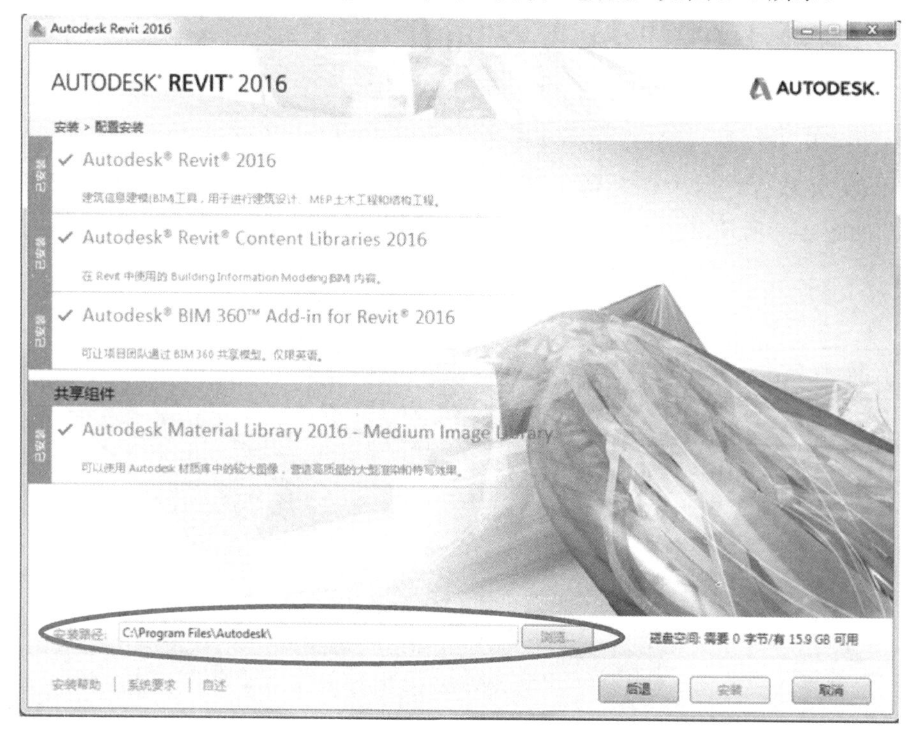

图 2-6　单击“安装”按钮

（6）软件会自动检测并安装相关软件，等待安装完成即可，如图 2–7 所示。

图 2–7　软件自动检测并安装

（7）安装完毕后，进行软件“激活”。

2.4 Revit 基本界面介绍

打开 Revit 软件之后，将看到“最近使用的文件”界面，从界面中可以打开新建项目和族，如图 2–8 所示。

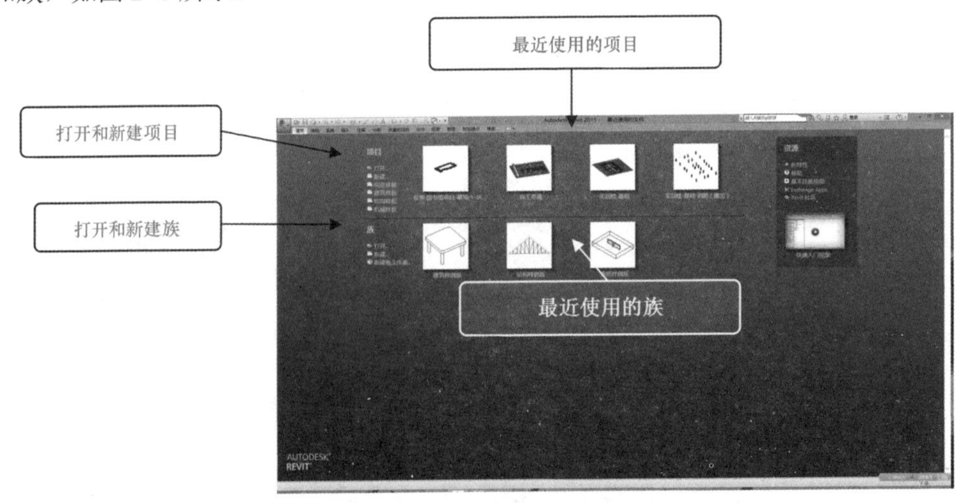

图 2–8　Revit 基本界面介绍

2.4.1 项目样板设置

1. 样板文件与项目文件

样本文件和项目文件

样板文件的后缀名为".rte"，它是新建 Autodesk Revit 项目的初始条件，定义了项目中的初始参数，如度量单位、标高样式、尺寸标注样式、线型线宽样式等。用户可以自定义样板文件内容，并保存为新的".rte"文件。

项目文件的后缀名为".rvt"，文件中包括了设计中的全部信息，如建筑的三维模型、平面、立面、剖面及节点视图、各种明细表、施工图纸，以及其他相关信息，Autodesk Revit 会自动关联项目中所有的设计信息（如平面图上尺寸的改变会即时反映在立面图、三维视图等其他视图和信息上）。

2. 打开样板文件

打开样板文件新建项目的三种方式

（1）运行 Revit 2016 软件。依次单击"Windows 开始菜单"→"所有程序"→"Autodesk"→"Revit 2016"→"Revit 2016"命令，或双击桌面上生成的"Revit 2016"快捷方式图标，打开 Revit 2016 软件程序。

（2）创建基于样板文件的 Revit 文件。打开 Revit 2016 后，可以通过界面左上方"项目"选项区域中的"打开""新建""建筑样板"三种方式，打开建筑样板文件，如图 2-9 所示。

1）通过"项目"中的"打开"命令。单击"打开"按钮后，系统弹出"打开"对话框，在储存样板文件的文件夹中双击"DefaultCHSCHS"，可打开软件自带的建筑样板文件。

说明：①一般来说，软件自带的建筑样板文件"DefaultCHSCHS"存于"C:/ProgramData/Autodesk/RVT2016/Templates/China"文件夹。

②通过这种方式打开的样板文件，不能另存为项目文件。

单击"项目"中的"打开"按钮，也可以打开样板文件、族文件等其他文件。

2）单击"项目"中的"新建"按钮，系统弹出"新建项目"对话框，在"样板文件"下拉菜单中选择"建筑样板"（图 2-10），单击"确定"按钮，可直接打开软件自带的建筑样板文件"DefaultCHSCHS"。

图 2-9 选项区域"项目"

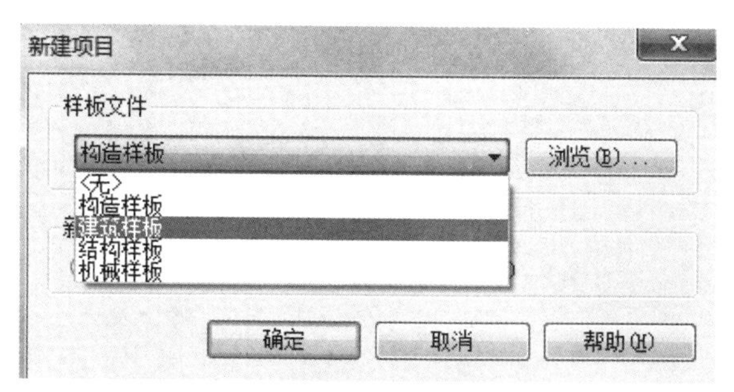

图 2-10 "新建项目"对话框

若有自定义的样板文件，单击"浏览"按钮，找到自定义的样板文件，单击"确定"

按钮即可打开（图 2-11）。

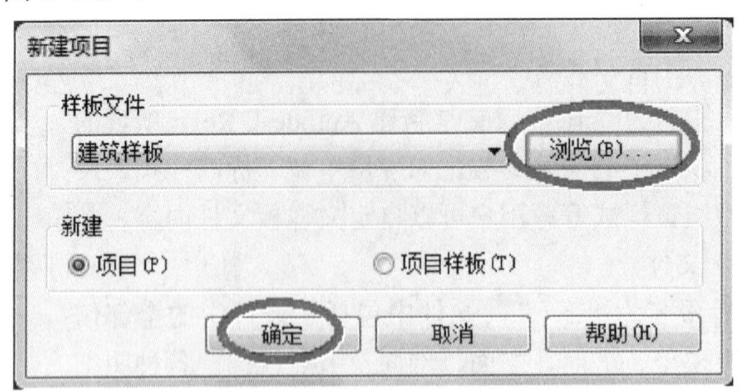

图 2-11 打开自定义的样板文件

3）直接单击“项目”中的“建筑样板”按钮。这种方法可以直接打开软件自带的建筑样板文件“DefaultCHSCHS”。

样板文件的储存位置

3. 项目样板文件的储存位置

打开 Revit 软件后，单击界面左上方的应用程序按钮，单击“选项”按钮（图 2-12），在弹出的“选项”对话框中单击“文件位置”选项，会出现建筑样板、构造样板等文件的默认储存位置（图 2-13），用户可以根据需要进行修改。

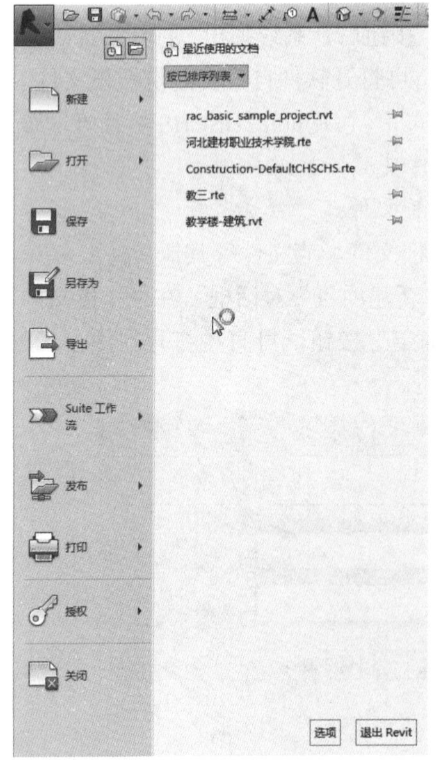

图 2-12 应用程序按钮

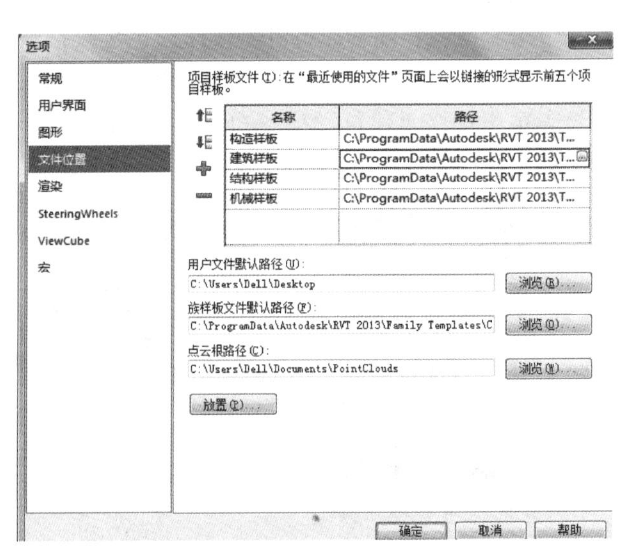

图 2-13 默认文件位置

2.4.2 项目工作界面

打开样板文件或项目文件后，进入到 Revit 2016 的工作界面，如图 2-14 所示。

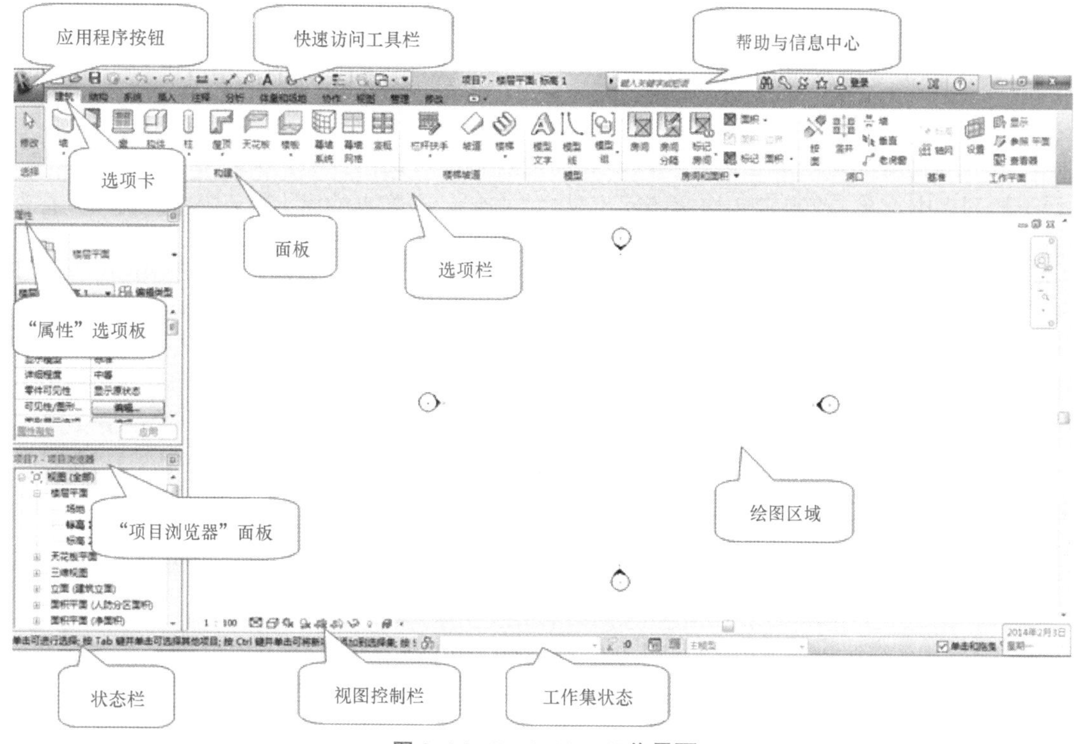

图 2-14 Revit 2016 工作界面

软件初始启动界面介绍

1. 应用程序按钮

内有“新建”“保存”“另存为”“打印”等选项。单击“另存为”按钮，可将自定义的样板文件另存为新的样板文件（“.rte”格式）或新的项目文件（“.rvt”格式）。

说明：设计的一般过程是先按照图 2-11 所示的方式打开已有的样板文件，在绘图的过程中或绘图完毕，保存为“.rvt”格式项目文件。

应用程序菜单“选项”设置：

（1）“常规”选项：设置保存自动提醒时间间隔、用户名、日志文件数量等。

（2）“用户界面”选项：配置工具和分析选项卡，设置快捷键等。

（3）“图形”选项：设置背景颜色，设置临时尺寸标注的外观等。

（4）“文件位置”选项：设置项目样板文件路径、族样板文件路径、族库路径等。

2. 快速访问工具栏

快速访问工具栏包含一组默认工具。用户可以对该工具栏进行自定义，使其显示最常用的工具。快速访问工具栏的使用说明如下：

（1）移动快速访问工具栏：快速访问工具栏可以显示在功能区的上方或下方。若要修改设置，用户可在快速访问工具栏上单击“自定义快速访问工具栏”按钮，在其下拉列表中选择“在功能区下方显示”或“在功能区上方显示”。

（2）将工具添加到快速访问工具栏中：在功能区内浏览需要添加的工具，在该工具上单击鼠标右键，在弹出的快捷菜单中单击“添加到快速访问工具栏”按钮。

（3）自定义快速访问工具栏：若需要快速修改快速访问工具栏，用户可在快速访问工具栏的某个工具上单击鼠标右键，在弹出的快捷菜单中选择“从快速访问工具栏中删除”或“添加分隔符”命令进行修改；若需要进行更广泛的修改，则可在快速访问工具栏下拉列表中，单击“自定义快速访问工具栏”按钮，在弹出的“自定义快速访问工具栏”对话框中进行设置。

3. 帮助与信息中心

“帮助与信息中心”位于 Revit 主界面的右上角，如图 2-15 所示。

（1）搜索：在前面的文本框中输入关键字，单击“搜索”按钮即可得到需要的信息。

（2）Subscription Center：针对捐赠用户，单击即可跳转到 Autodesk 公司 Subscription Center 网站，用户可自行下载相关软件的工具插件、管理自己的软件授权信息等。

（3）通信中心：单击可显示有关产品更新和通告的信息的链接，可能包括至 RSS 提要的链接。

（4）收藏夹：单击可显示保存的主题或网站链接。

（5）登录：单击登录到 Autodesk 360 网站，以访问与桌面软件集成的服务。

（6）Exchange Apps：单击登录到 Autodesk Exchange Apps 网站，选择一个 Autodesk Exchange 商店，可访问已获得 Autodesk 批准的扩展程序。

（7）帮助：单击可打开帮助文件。单击“帮助”后面的下拉菜单，可找到更多的帮助资源，如图 2-15 所示。

图 2-15　帮助与信息中心

4. 功能区选项卡及面板

创建或打开文件时，功能区会显示。它提供创建项目或族所需的全部工具，包括有“建筑”“结构”“系统”“插入”“注释”“分析”“体量和场地”“协作”“视图”“管理”“附加模块”“修改”等选项卡。

在选择图元或使用工具操作时，会出现与该操作相关的上下文选项卡，上下文选项卡的名称与该操作相关，如选择一个墙图元时，上下文选项卡的名称为“修改｜墙”，如图 2-16 所示。

功能区选项卡及面板

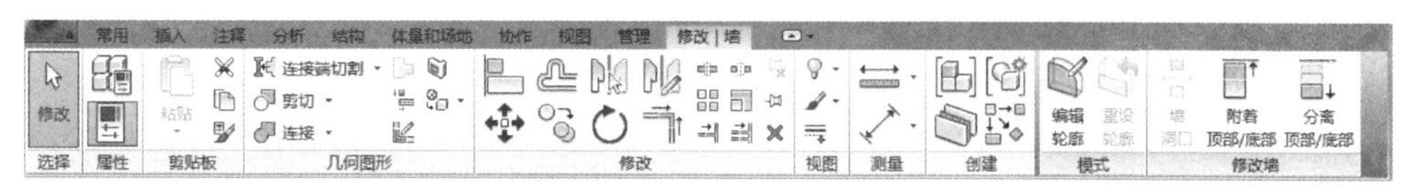

图 2-16　上下文选项卡

上下文功能区选项卡显示与该工具或图元的上下文相关的工具，在许多情况下，上下文选项卡与"修改"选项卡合并在一起。退出该工具或清除选择时，上下文功能区选项卡会关闭。

每个选项卡中都包括多个"面板"，每个面板内有各种工具，面板下方显示该"面板"的名称。图 2-17 所示是"建筑"选项卡下的"构建"面板，内有"墙""门""窗"等工具。

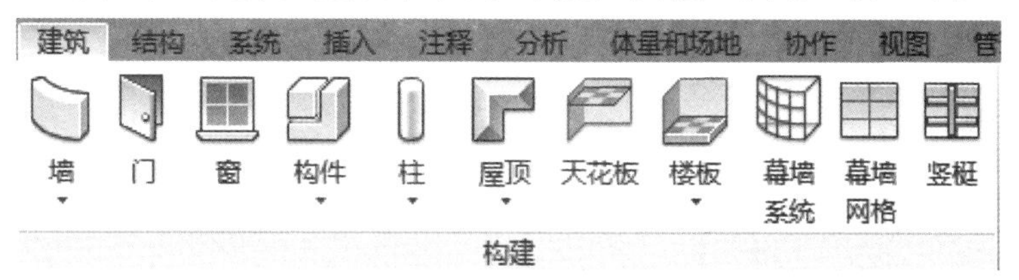

图 2-17　"建筑"选项卡"构建"面板

单击"面板"上的工具按钮，可以启用该工具。在某个工具上单击鼠标右键，可将某些工具添加到"快速访问工具栏"，以便于快速访问。

功能区的使用：

（1）自定义功能区。按住 Ctrl 键和鼠标左键可以在功能区上移动选项卡；按住鼠标左键可以在功能区选项卡上移动面板；可以用鼠标将面板移出功能区，将多个浮动面板固定在一起，将多个固定面板作为一个组来移动，还能使浮动面板返回到功能区。

（2）修改功能区的显示，如图 2-18 所示。

图 2-18　修改功能区

5. 选项栏

"选项栏"位于"面板"的下方、"属性选项板"和"绘图区域"的上方。其内容根据当前命令或选定图元的变化而变化，从中可以选择子命令或设置相关参数。如单击"建筑"选项卡"构建"面板中的"墙"工具时，出现的选项栏如图 2-19 所示。

图 2-19　选项栏

6. "属性"选项板

属性选项板

通过"属性"选项板可以查看和修改定义 Revit 图元属性的参数。启动 Revit 时，"属性"选项板处于打开状态并固定在绘图区域左侧项目浏览器的上方。"属性"选项板包括类型选择器、属性过滤器、"编辑类型"按钮、实例属性四个部分（图 2-20）。

（1）类型选择器。若在绘图区域中选择了一个图元，或有一个用来放置图元的工具处于活动状态，则“属性”选项板的顶部将显示类型选择器。类型选择器中标识当前选择的族类型，并提供一个可从中选择其他类型的下拉列表，如图 2-21 所示。

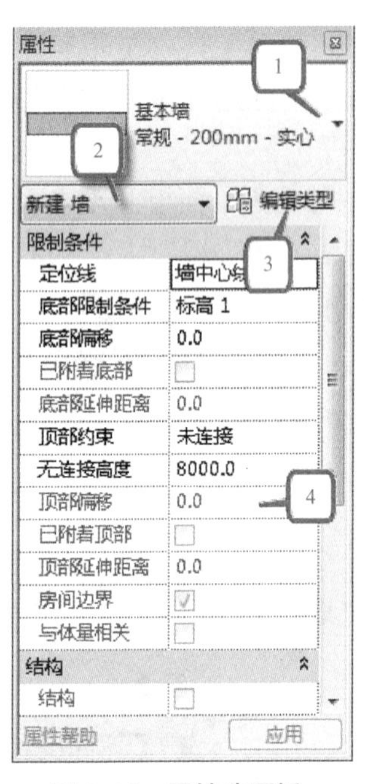

图 2-20　属性选项板

1—类型选择器；2—属性过滤器；3—“编辑类型”按钮；4—实例属性

图 2-21　类型选择器

（2）属性过滤器。类型选择器的正下方是一个过滤器，该过滤器用来标识将由工具放置的图元类别，或者标识绘图区域中所选图元的类别和数量，如图 2-22 所示。如果选择了多个类别或类型，则选项板上仅显示所有类别或类型所共有的实例属性。当选择了多个类别时，使用过滤器的下拉列表可以仅查看特定类别或视图本身的属性。选择特定类别不会影响整个选择集。

（3）“编辑类型”按钮。单击“编辑类型”按钮，将会弹出“类型属性”对话框，对“类型属性”进行修改将会影响该类型的所有图元。

（4）实例属性。修改实例属性（图 2-23）仅修

图 2-22　属性过滤器

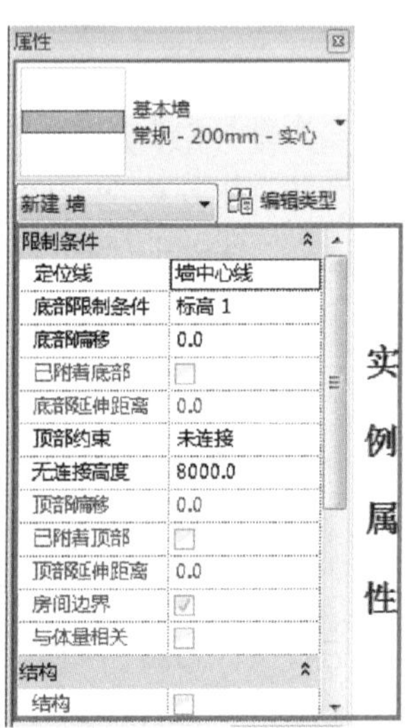

图 2-23　实例属性

改被选中的图元，不修改该类型的其他图元。

说明：有两种方式可关闭“属性”选项板，单击“修改”选项卡“属性”面板中的“属性”按钮（图 2-24），或单击“视图”选项卡“窗口”面板中的“用户界面”按钮，在其下拉菜单中将“属性”前的“√”去掉（图 2-25）。同样，用这两种方式也可以打开“属性”选项板。

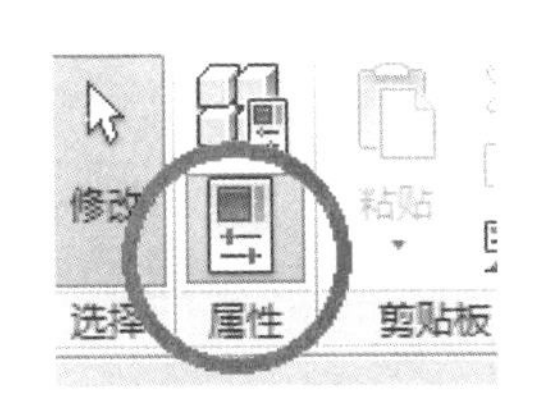

图 2-24 “属性”按钮

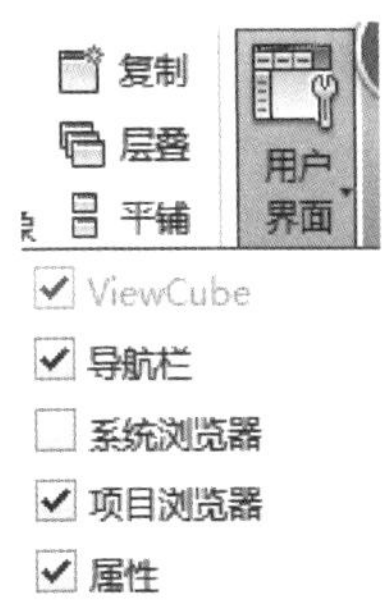

图 2-25 “用户界面”下拉列表

7. 项目浏览器面板

Revit 2016 将所有的楼层平面、天花板平面、三维视图、立面、剖面、图例、明细表、图纸，以及明细表、族等全部分门别类放在“项目浏览器”中统一管理，如图 2-26 所示。双击视图名称即可打开视图；选择视图名称，单击鼠标右键即可找到复制、重命名、删除等常用命令。

项目浏览器面板

例：在打开程序自带的样板文件后，在项目浏览器中展开“视图（全部）－立面（建筑立面）”项，双击视图名称“南”，进入南立面视图。可在绘图区域内看到标高 1、标高 2 两个标高，如图 2-27 所示。

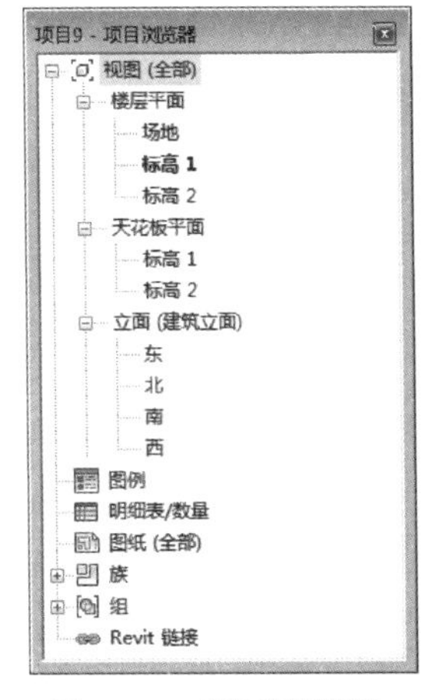

图 2-26 项目浏览器

图 2-27 南立面视图

8. 视图控制栏

视图控制栏位于绘图区域下方，单击视图控制栏中的相关按钮，即可设置视图的比例、详细程度、模型图形样式、设置阴影、渲染对话框、裁剪区域、隐藏/隔离等。

9. 状态栏

状态栏位于 Revit 2016 工作界面的左下方。使用某一命令时，状态栏会提供有关的操作提示。鼠标停在某个图元或构件时，会使之高亮显示，同时，状态栏会显示该图元或构件的族及类型名称。

10. 绘图区域

绘图区域是 Revit 软件进行建模操作的区域。绘图区域背景的默认颜色是白色，用户可通过"选项"对话框设置绘图区域的背景颜色，按 F5 键刷新屏幕。

用户可以通过"视图"选项卡的"窗口"面板管理绘图区域的窗口，如图 2-28 所示。

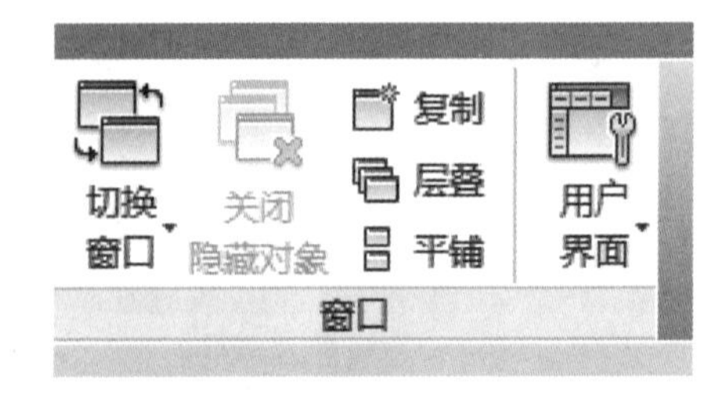

图 2-28 "视图"选项卡的"窗口"面板

(1) 切换窗口：按快捷键 Ctrl+Tab，可以在打开的所有窗口之间进行快速切换。

(2) 平铺：将所有打开的窗口全部显示在绘图区域中。

(3) 层叠：层叠显示所有打开的窗口。

(4) 复制：复制一个已打开的窗口。

(5) 关闭隐藏对象：关闭除当前显示窗口外的所有窗口。

2.5 Revit 术语

Revit 是三维参数化建筑设计 CAD 工具，不同于大家熟悉的 AutoCAD 绘图系统。用于标识 Revit 中对象的大多数术语或者概念都是常见的行业标准术语。但是，一些术语对 Revit 来讲是唯一的，了解这些术语或者基本概念非常重要。

2.5.1 参数化

参数化设计是 Revit 的一个重要特征，它分为参数化图元和参数化修改引擎两个部分。Revit 中的图元都是以构件的形式出现的，这些构件是通过一系列参数定义的。参数保存了图元作为数字化建筑构件的所有信息。举个例子说明 Revit 中参数化的作用：当建筑师需要指定墙与门之间的长度为 200 mm 的墙垛时，可以通过参数关系来"锁定"门与墙的间隔。

参数化修改引擎允许用户在进行建筑设计时对任何部分的任何改动，都可以自动修改其他相关联的部分。例如，在立面视图中修改了窗的高度，Revit 将自动修改与该窗相关联的剖面视图中窗的高度。任一视图下所发生的变更都能参数化地、双向地传播到所有视图，以保证所有图纸的一致性，无须逐一对所有视图进行修改，从而提高了工作效率和工作质量。

2.5.2 项目与项目文件

在 Revit 中，所有的设计信息都被存储在一个后缀名为“.rvt”的 Revit 项目文件中。在 Revit 中，项目就是单个设计信息数据库——建筑信息模型。项目文件包含了建筑的所有设计信息（从几何图形到构造数据），包括建筑的三维模型、平立剖面及节点视图、各种明细表、施工图纸以及其他相关信息。这些信息包括用于设计模型的构件、项目视图和设计图纸。通过使用单个项目文件，Revit 不仅可以轻松地修改设计，还可以使修改反映在所有关联区域（平面视图、立面视图、剖面视图、明细表等）中，仅需跟踪一个文件，同时，还方便了项目管理。

2.5.3 样板文件

当在 Revit 中新建项目时，Revit 会自动以一个后缀名为“.rte”的文件作为项目的初始条件，这个“.rte”格式的文件称为“样板文件”。Revit 的样板文件功能与 AutoCAD 的“.dwt”相同。样板文件中定义了新建项目中默认的初始参数，如项目默认的度量单位、楼层数量设置、层高信息、线型设置、显示设置等。Revit 允许用户自定义自己样板文件的内容，并保存为新的“.rte”文件，如图 2-29 所示。

图 2-29 “.rte”格式的文件

项目样板提供项目的初始状态。Revit 提供了几个样板，也可以创建自己的样板。基于样板的任意新项目均继承来自样板的所有族、设置（如单位、填充样式、线样式、线宽和视图比例）以及几何图形。

如果将一个 Revit 项目比作一张图纸，那么样板文件就是制图规范，样板文件中规定了这个 Revit 项目中各个图元的表现形式：线有多宽、墙该如何填充、度量单位用毫米还是用英寸等，除这些基本设置，样板文件中还包含了该样板中常用的族文件，如工业建筑的样板文件中，族里便会包括一些吊车之类的只有在工业建筑中才会常用的族文件。

2.5.4 标高

标高是无限水平平面，用作屋顶、楼板和天花板等以层为主体的图元的参照。标高大多用于定义建筑内的垂直高度或楼层。用户可为每个已知楼层或建筑的其他必需参照（如第二层、墙顶或基础底端）创建标高。要放置标高，必须处于剖面或立面视图中。图 2-30 所示显示了贯穿三维视图切割的“标高 2”工作平面，以及其相应的楼层平面。

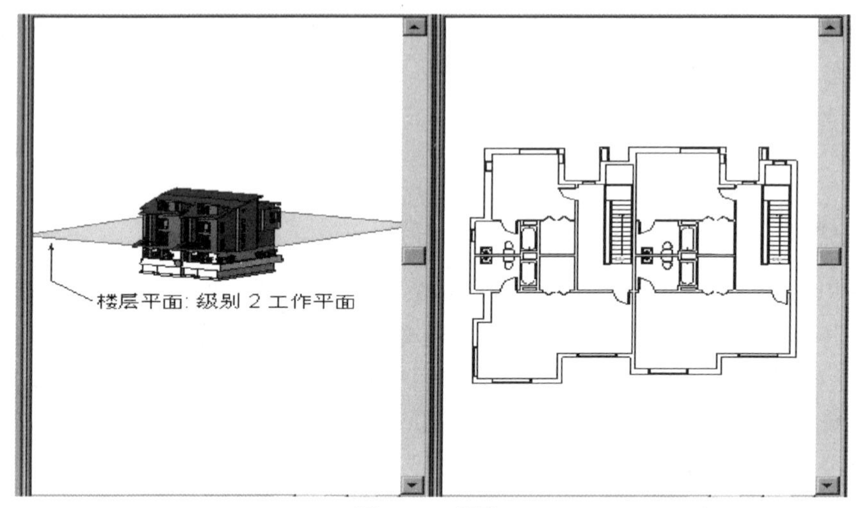

图 2-30 标高

2.5.5 图元

图元、族和类型

在创建项目时，可以向设计中添加参数化建筑图元。Revit 按照类别、族和类型对图元进行分类，如图 2-31 所示。

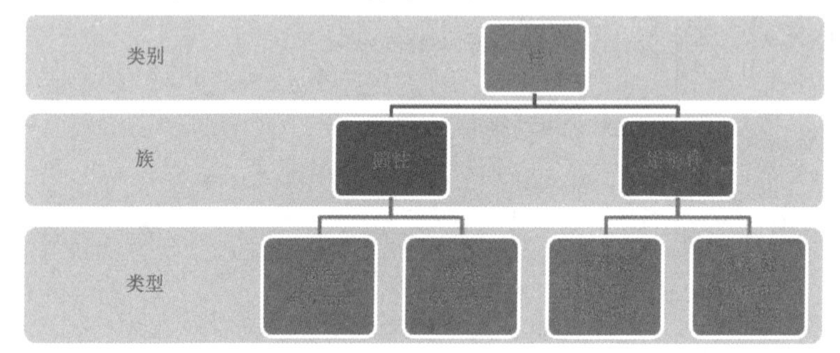

图 2-31 图元

2.5.6 族

族是一个包含通用属性（称作参数）集和相关图形表示的图元组。在 Revit 中进行设计时，基本的图形单元被称为图元，例如，在项目中建立的墙、门、窗、文字、尺寸标注等都被称为图元。所有这些图元都是使用“族”（Family）来创建的，可以说“族”是

Revit 的设计基础。“族”中包括许多可以自由调节的参数，这些参数记录着图元在项目中的尺寸、材质、安装位置等信息，修改这些参数可以改变图元的尺寸、位置等。

一个族中不同图元的部分或全部属性都有不同的值，但属性的设置是相同的。如门可以看成一个族，有不同的门，如推拉门、双开门、单开门等。

Revit 中可以使用以下类型的族：

（1）“可载入的族”可以载入到项目中，并根据族样板创建。用户可以确定族的属性设置和族的图形化表示方法。

（2）“系统族”不能作为单个文件载入或创建。Revit 预定义了“系统族”的属性设置及图形表示。

用户可以在项目内使用预定义类型生成属于此族的新类型。例如，标高的行为在系统中已经预定义，但可以使用不同的组合来创建其他类型的标高。“系统族”可以在项目之间传递。

（3）“内建族”用于定义在项目的上下文中创建的自定义图元。如果项目需要不希望重展的独特几何图形，或者项目需要的几何图形必须与其他项目的几何图形保持众多关系之一，请创建内建图元。由于内建图元在项目中的使用受到限制，因此，每个“内建族”都只包含一种类型。用户可以在项目中创建多个“内建族”，并且可以将同一内建图元的多个副本放置在项目中。与系统和标准构件族不同，用户不能通过复制“内建族”类型来创建多种类型。

标准构件族区别于系统族的不同之处：标准构件族可以作为独立文件存在于建筑模型之外，且具有“.rfa”扩展名；标准构件族可以载入项目中，可以在项目之间进行传递，可以将它保存到用户的库中，对它的修改，将会在整个项目中传播，并自动在本项目中该族或该类型的每个实例中反映出来。

族文件可算是 Revit 软件的精髓所在。初学者常常拿草图大师（SketchUp）中的组件来和 Revit 中的族做比较，从形式上来看，两者确实有相似之处，族可以看作是一种参数化的组件，如一个门。草图大师（SketchUp）中一个门组件，门的尺寸是固定的，需要不同尺寸的门时，就需要重新做一个；而 Revit 中的一个门的族，是可以对门的尺寸、材质等属性进行修改的，所以，族可以看作是一种参数化的组件。

2.5.7 类型

族是相关类型的集合，是类似几何图形的编组。族中的成员几何图形相似而尺寸不同。类型可以看成族的一种特定尺寸，也可以看成一种样式。

各个族可拥有不同的类型，类型是族的一种特定尺寸，一个族可以拥有多个类型，每个不同的尺寸都可以是同一族内的新类型。

第 3 章　Revit 基本操作

3.1　项目基本设置

3.1.1　项目信息

在“管理”选项卡“设置”面板中选择“项目信息”命令，系统弹出“项目属性”对话框，输入日期、项目地址、项目名称等相关信息，单击“确定”按钮，如图 3-1 所示。

图 3-1　项目属性

项目基本信息设置

3.1.2　项目单位

在“管理”选项卡的“设置”面板中选择“项目单位”命令，系统弹出“项目单位”对话框，设置“长度”“面积”“角度”等单位。系统默认长度的单位是“mm”，面积的单位是“m^2”，角度的单位是“°”。

3.1.3 捕捉

在“管理”选项卡的“设置”面板中选择“捕捉”命令，系统弹出“捕捉”对话框，可修改捕捉选项，如图 3-2 所示。

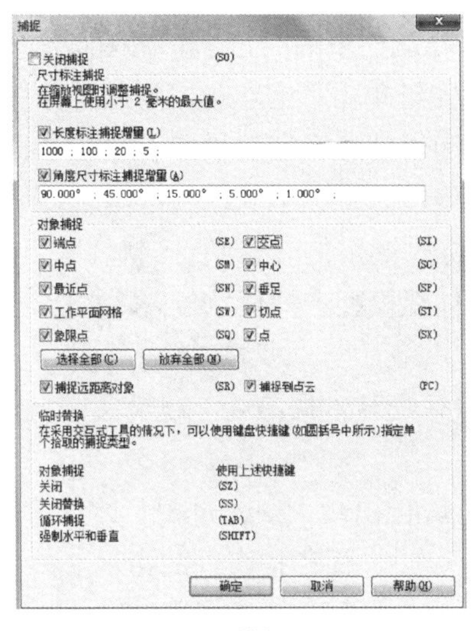

图 3-2 捕捉设置

项目单位设置和捕捉设置

3.2 图形浏览与控制基本操作

3.2.1 视口导航

1. 在平面视图下进行视口导航

展开“项目浏览器”中的“楼层平面”或“立面”，在某一平面或立面上双击鼠标，打开平面或立面视图。单击“绘图区域”右上角导航栏中的“控制盘”按钮（图 3-3），即出现二维控制盘（图 3-4）。用户可以在二维控制盘中单击“平移”“缩放”“回放”按钮，对图像进行移动或缩放。

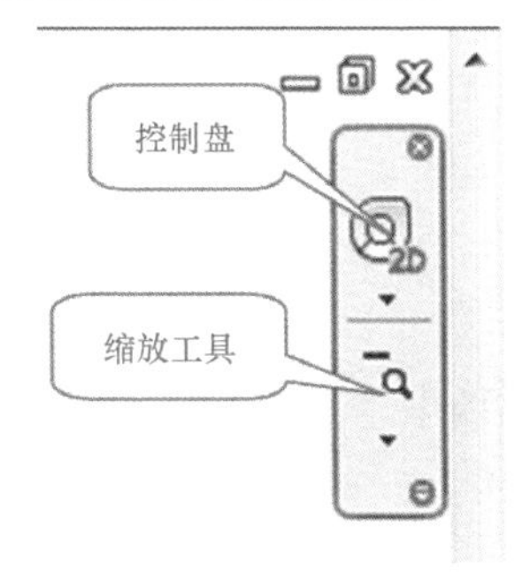

图 3-3 控制盘工具

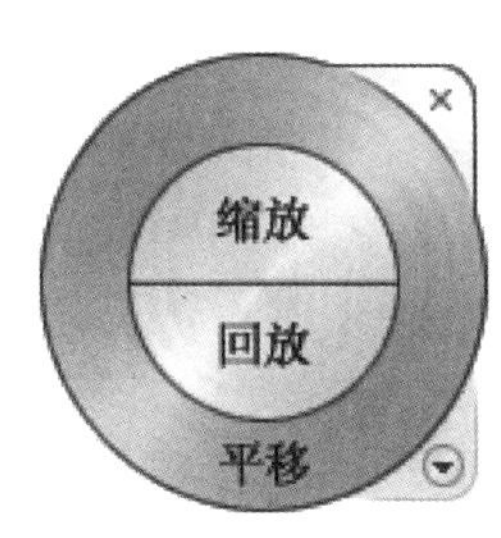

图 3-4 控制盘

视口导航

说明：用户可以利用鼠标对图像进行缩放和平移。向前滚动滚轮为“扩大显示”，向后滚动滚轮为“缩小显示”，按住滚轮不放并移动鼠标可对图形进行平移。

2. 在三维视图下进行视口导航

展开“项目浏览器”中的“三维视图”，双击“3D”选项，打开三维视图。单击“绘图区域”右上方导航栏中的“控制盘”按钮，出现“全导航控制盘”（图 3-5）。鼠标左键单击“全导航控制盘”中的“动态观察”选项不放，鼠标会变为“动态观察”状态，左右移动鼠标，将对三维视图中的模型进行旋转。视图中的绿色球体表示动态观察时视图旋转的中心位置，鼠标左键按住“全导航控制盘”中的“中心”选项不放，可拖动绿色球体至模型上的任意位置，松开鼠标左键，可重新设置中心位置。

图 3-5　全导航控制盘

说明：按住键盘上的 Shift 键，再按住鼠标右键不放，移动鼠标也可进行动态观察。

在三维视图下，“绘图区域”右上角会出现 ViewCube 工具（图 3-6）。ViewCube 立方体中各顶点、边、面和指南针的指示方向，代表三维视图中不同的视点方向，单击立方体或指南针的各部位，可以在各方向视图中切换显示，按住 ViewCube 或指南针上的任意位置并拖动鼠标，可以旋转视图。

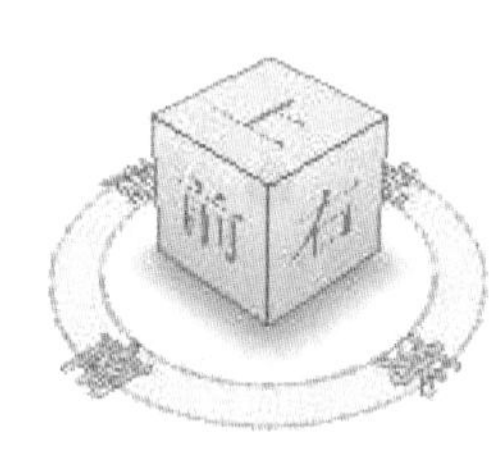

图 3-6　ViewCube 工具

3.2.2　使用视图控制栏

通过视图控制栏可对图元的可见性进行控制。视图控制栏位于绘图区域底部、状态栏的上方，如图 3-7 所示。视图控制栏中有比例、详细程度、视觉样式、日光路径、阴影、显示渲染对话框、裁剪视图、显示裁剪区域、解锁的三维视图、临时隐藏 / 隔离、显示隐藏的图元、分析模型的可见性等工具。

临时隐藏隔离

视觉样式、日光路径、阴影、临时隐藏 / 隔离、显示隐藏的图元是常用的视图显示工具。

1 : 100

图 3-7　视图控制栏

1. 视觉样式

视觉样式

单击“视觉样式”按钮，内有“线框”“隐藏线”“着色”“一致的颜色”“真实”“光线追踪”样式和“图形显示选项”。

（1）“线框”样式可显示绘制了所有边和线而未绘制表面的模型图像，如图 3-8 所示。

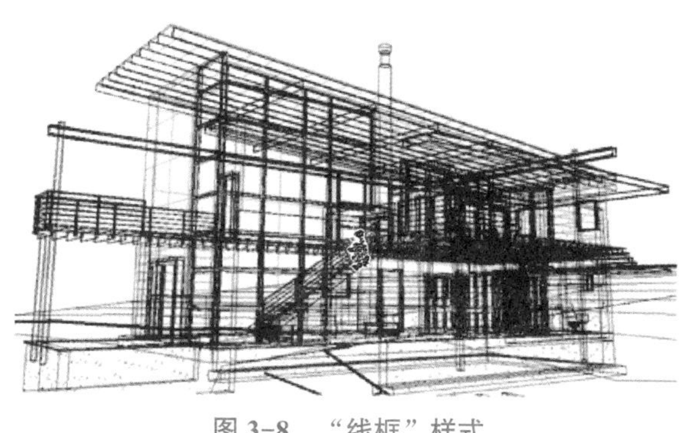

图 3-8　“线框”样式

（2）“隐藏线”样式可显示绘制了的除被表面遮挡部分以外的所有边和线的图像，如图 3-9 所示。

（3）“着色”样式可显示处于着色模式下的图像，而且具有显示间接光及其阴影的选项，如图 3-10 所示。从“图形显示选项”对话框中选择“显示环境光阴影”，可模拟环境（漫射）光的阻挡。默认光源为着色图元提供照明。着色时可以显示的颜色数取决于在 Windows 中配置的显示颜色数。该设置只会影响当前视图。

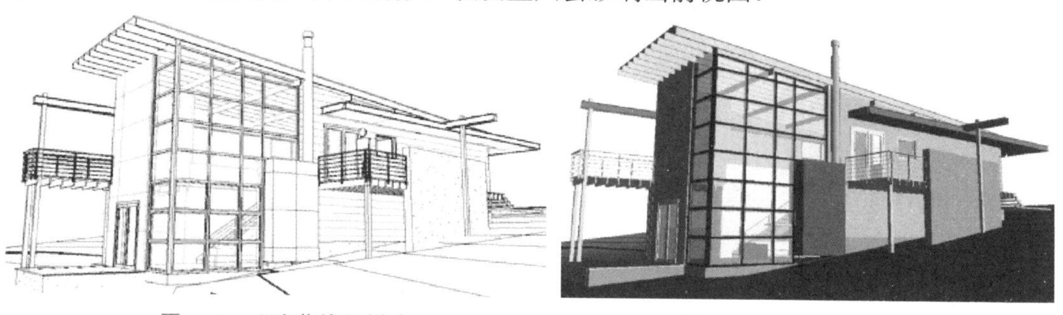

图 3-9　“隐藏线”样式

图 3-10　“着色”样式

（4）“一致的颜色”样式显示所有表面都按照表面材质颜色设置着色的图像，如图 3-11 所示。该样式会使所有表面保持一致的着色颜色，无论以何种方式将其定向到光源，材质始终以相同的颜色显示。

图 3-11　“一致的颜色”样式

（5）“真实”样式。从“选项”对话框中启用“使用硬件加速”后，“真实”样式将在可编辑的视图中显示材质外观。旋转模型时，表面会显示在各种照明条件下呈现的外观，如图 3-12 所示。从“图形显示选项”对话框中选择“环境光阻挡”，以模拟环境（漫射）光的阻挡。注意，“真实”视图中不会显示人造灯光。

（6）“光线追踪”样式是一种照片级真实感的渲染模式，该模式允许平移和缩放模型，如图 3-13 所示。在使用该视觉样式时，模型的渲染在开始时分辨率较低，但会迅速增加保真度，从而看起来更具有照片级的真实感。在使用“光线追踪”模式期间或在进入该模式之前，可以选择从“图形显示选项”对话框设置照明、摄影曝光和背景。用户可以使用 ViewCube、导航控制盘和其他相机操作，对模型执行交互式漫游。

图 3-12 “真实”样式

图 3-13 “光线追踪”样式

2. 日光路径、阴影

在所有三维视图中，除使用“线框”或“一致的颜色”视觉样式的视图外，都可以使用日光路径和阴影。而在二维视图中，日光路径可以在楼层平面、天花板投影平面、立面和剖面中使用。在研究日光和阴影对建筑和场地的影响时，为了获得最佳的结果，应打开三维视图中的日光路径和阴影显示。

3. 临时隐藏 / 隔离

“隔离”工具可对图元进行隔离（即在视图中保持可见），并使其他图元不可见，“隐藏”工具可对图元进行隐藏。

选择图元，单击“临时隐藏 / 隔离”按钮，有“隔离类别”“隐藏类别”“隔离图元”“隐藏图元”四个选项。隔离类别：对所选图元中相同类别的所有图元隔离，其他图元不可见；隔离图元：仅对所选择的图元进行隔离；隐藏类别：对所选图元中相同类别的所有图元隐藏；隐藏图元：仅对所选择的图元进行隐藏。

4. 显示隐藏的图元

（1）单击视图控制栏中的灯泡图标（“显示隐藏的图元”），绘图区域周围会出现一圈紫红色加粗显示的边线，同时隐藏的图元以紫红色显示。

（2）单击选择隐藏的图元，单击鼠标右键取消在视图中隐藏（图 3-14）。

（3）再次单击视图控制栏中的灯泡图标，恢复视图的正常显示。

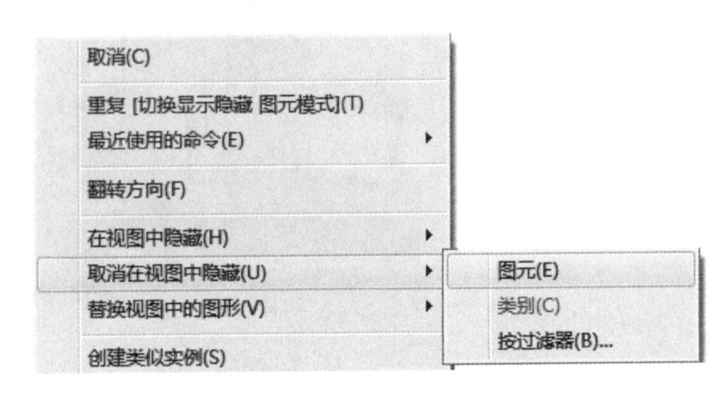

图 3-14 单击右键取消在视图中隐藏

3.2.3 视图与视口控制

1. 视图

在“视图”选项卡“图形”面板中选择“可见性 / 图形”按钮，如图 3-15 所示。

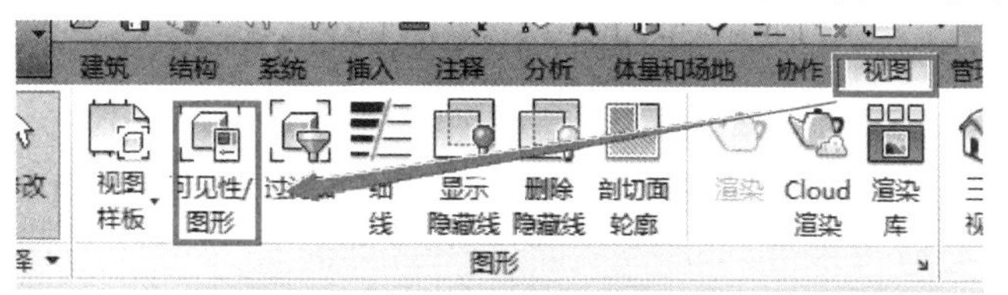

图 3-15　可见性 / 图形

打开可见性 / 图形对话框，可以控制不同类别的图元在绘图区域中的显示可见性，包括模型类别、注释类别、分析模型类别等图元。勾选相应的类别即可在绘图区域中可见，不勾选即为隐藏类别，如图 3-16 所示。

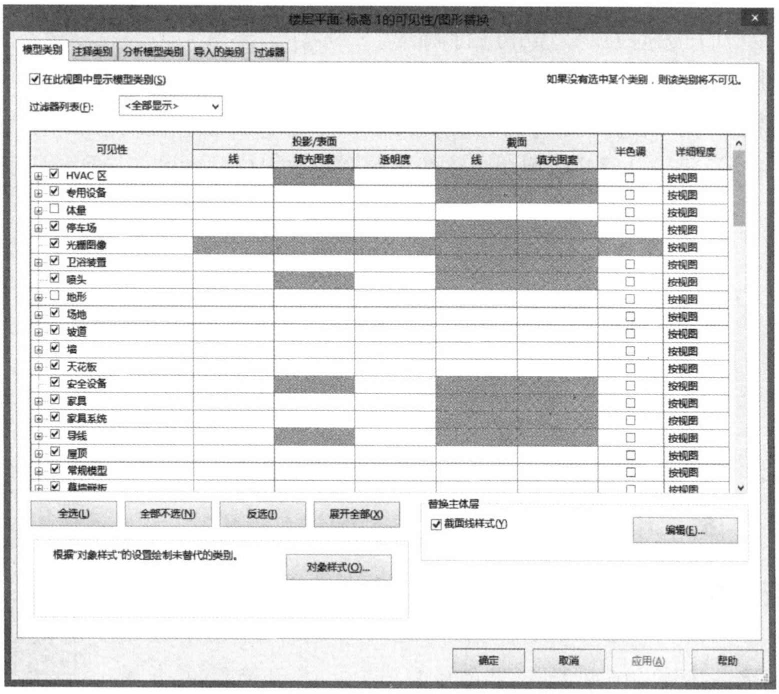

图 3-16　勾选在绘图区域中可见相应的类别

2. 视口控制

在 Revit 中，所有的平面、立面、剖面、详图、三维、明细表、渲染等视图都在项目浏览器中集中管理，设计过程中经常要在这些视图间切换，或者同时打开与显示几个视口，以便于编辑操作或观察设计细节。下面是一些常用的视图开关、切换、平铺等视图和视口控制方法。

（1）打开视图：在“项目浏览器”中双击“楼层平面”“三维视图”“立面”等节点下的视图名称，或选择视图名称，从右键菜单中选择“打开”命令即可打开该视图，同时，视图名称黑色加粗显示为当前视图。新打开的视图会在绘图区域最前端显示，原先已经打开的视图也没有关闭，只是隐藏在后面。

（2）打开默认三维视图：单击快速访问工具栏中的“默认三维视图”工具，可以快速打开默认三维正交视图。

（3）切换窗口：当打开多个视图后，在“视图”选项卡“窗口”面板中，选择“切换窗口”命令，从下拉列表中即可选择已经打开的视图名称快速切换到该视图，名称前面打“√”的为当前视图（图 3–17）。

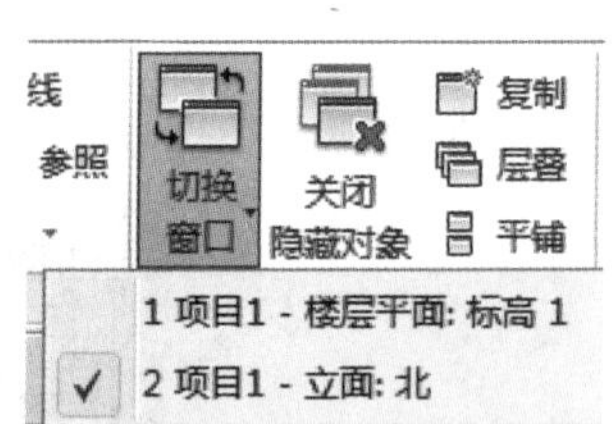

图 3–17　切换窗口

（4）关闭隐藏对象：当打开很多视图时，尽管当前显示的只有一个视图，但有可能会影响计算机的操作性能，因此建议关闭隐藏的视图。在“视图”选项卡“窗口”面板中选择“关闭隐藏对象”命令，即可自动关闭所有隐藏的视图，而无须手工逐一关闭。

（5）“平铺”视口：需要同时显示已打开的多个视图时，在“视图”选项卡“窗口”面板中选择“平铺”命令，即可自动在绘图区域同时显示打开的多个视图。每个视口的大小可以用鼠标直接拖拽视口边界进行调整。

（6）“层叠”视口：在“视图”选项卡“窗口”面板中选择“层叠”命令，也可以同时显示几个视图。但“层叠”是将几个视图从绘图区域的左上角向右下角方向重叠错行排列，下面的视口只能显示视口顶部带视图名称的标题栏，单击标题栏可切换到相应的视图。

3.3　图元编辑基本操作

3.3.1　图元的选择

单选和多选

1. 单选和多选

（1）单选：鼠标左键单击图元即可选中一个目标图元。

（2）多选：按住 Ctrl 键单击图元增加选中，按 Shift 键单击图元可从选中的图元中删除。

2. 框选和触选

框选、触选和滤选

（1）框选：按住鼠标左键，在视图区域从左往右拉框进行选择，在选择框范围之内的图元即为选择目标图元（图 3–18）。

（2）触选：按住鼠标左键，在视图区域从右往左拉框进行选择，选择框接触到的图元即为选择目标图元（图 3–19）。

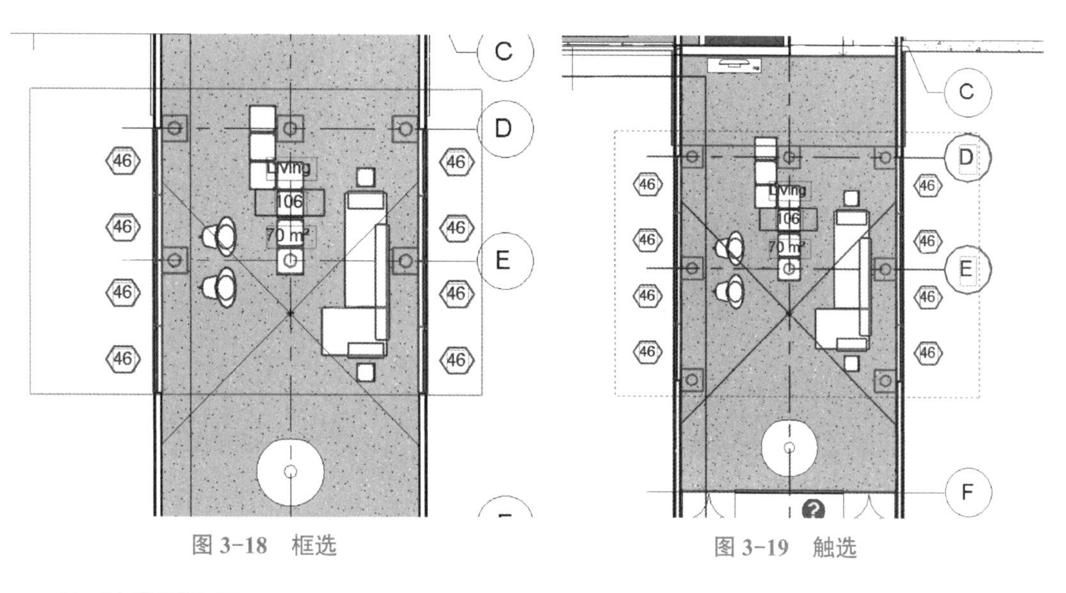

图 3-18　框选　　　　图 3-19　触选

3. 按类型选择

单选一个图元之后，单击鼠标右键，在弹出的右键菜单中选择“选择全部实例”，即可在当前视图或整个项目中选中这一类型的图元（图 3-20）。

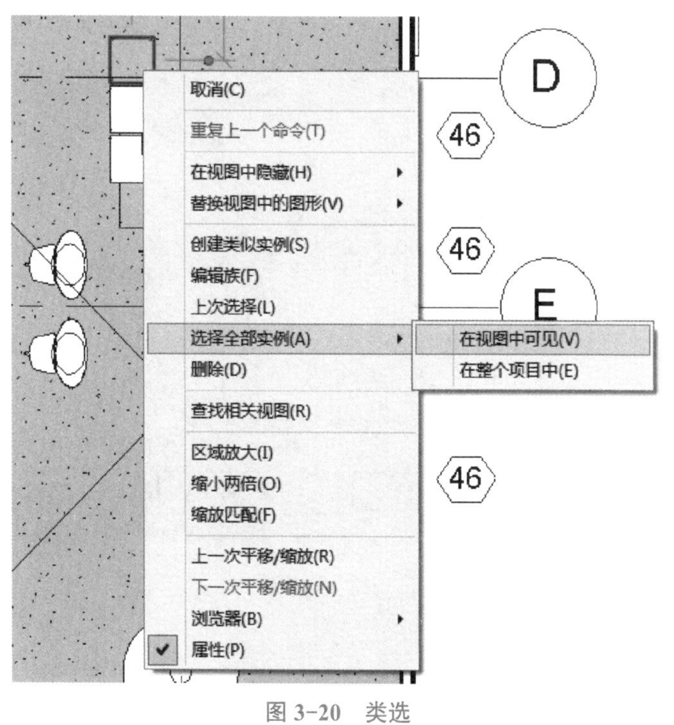

图 3-20　类选

4. 滤选

当在使用框选或触选之后，选中多种类别的图元，如果想要单独选中其中某一类别的图元，则在上下文选项卡中单击“过滤器”按钮，或在屏幕右下角状态栏中单击“过滤器”按钮（图 3-21），即可弹出“过滤器”对话框（图 3-22）进行滤选。

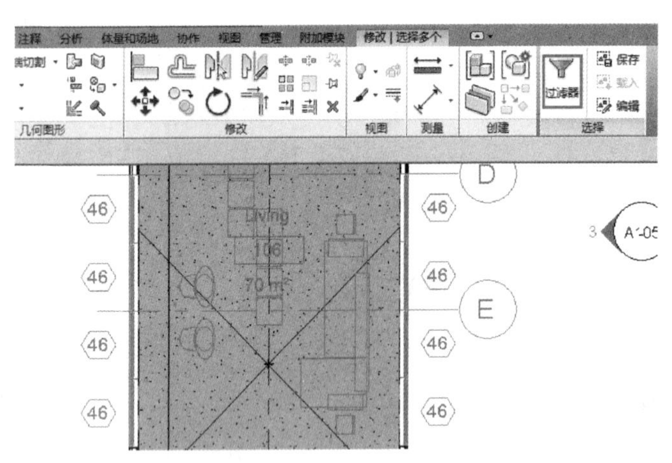

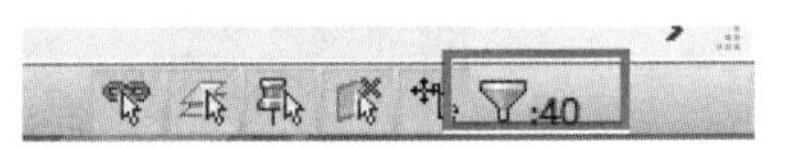

图 3-21　打开过滤器

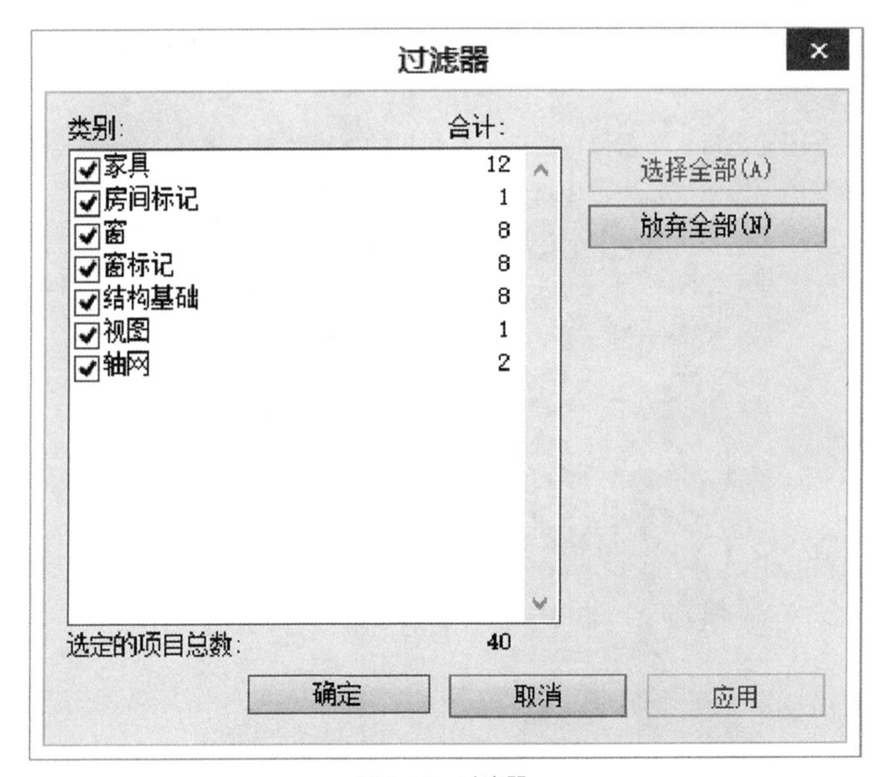

图 3-22　过滤器

3.3.2　图元的编辑

Revit 图元的编辑常用到临时尺寸标注和基本编辑命令。

1. 临时尺寸标注

单选图元后，会出现一个蓝色高亮显示的标注，该标注即为临时尺寸标注（图 3-23）。单击数字即可修改图元的位置，拖拽标注两端的基准点即可修改标注位置。

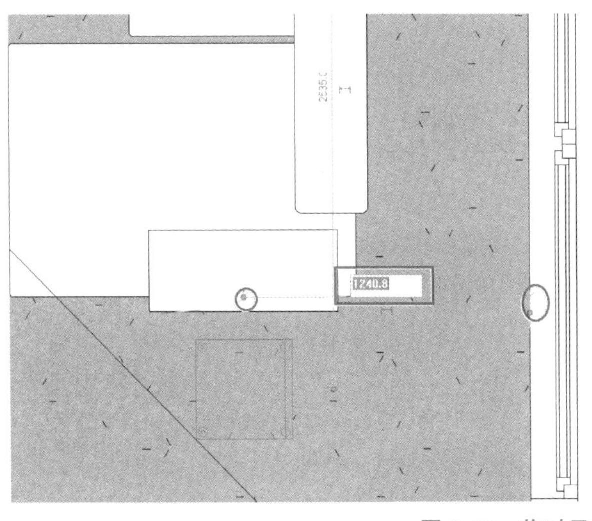

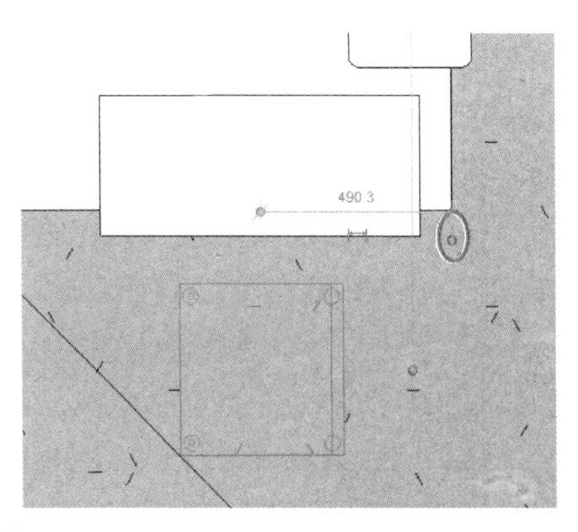

图 3-23　临时尺寸标注

2. 常用编辑命令

“修改”选项卡的“修改”面板中包括“对齐”“镜像”“移动”“复制”“旋转”“修剪”按钮（图 3-24）。

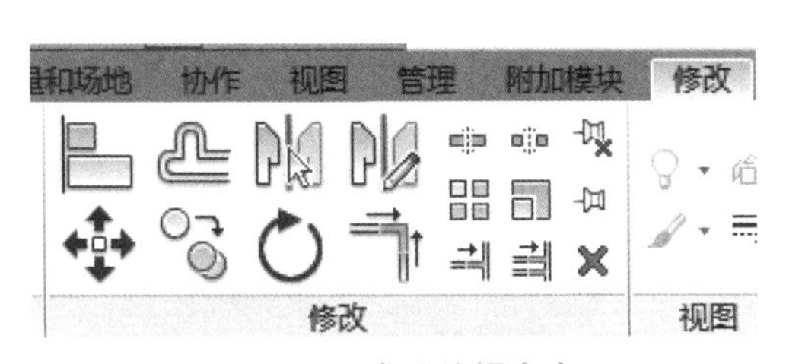

图 3-24　常用编辑命令

常用编辑命令（一）

常用编辑命令（二）

对于“对齐”和“修剪”编辑命令，先执行命令后，再选择图元进行编辑。对于其他编辑命令，均需要先选中图元，再执行命令。

第4章　Revit的设计流程

了解Revit的基本操作后，便可开始用Revit进行设计。因为Revit的工作模式与以CAD绘图为中心的常规设计方法有较大区别，在本章中将对这种差别进行阐述，并介绍设计流程及它的外延运用。

4.1 常规设计流程

从20世纪90年代初甩开图板开始，CAD（计算机辅助绘图）在国内的使用经历了从排斥到接受再到依赖的过程。在当前以二维CAD绘图为主导的工程设计模式下，设计师利用画法几何知识将三维的实体建筑变成二维图纸，工程界交流的语言也都是二维图纸语言。目前的主流工作模式大致可以描述为二维图纸加三维效果图的形式。

国内的建筑工程在设计阶段一般可划分为方案设计、初步设计和施工图设计三个逐步深入的阶段，这些阶段中均以二维CAD图纸为主线，图纸成了整个设计工作的核心，占整个项目设计周期的比重也很大。然而，各图纸之间大多没有关联，平面、立面及剖面等均各自为政，设计过程容易出错，出错后修改和变更也较为烦琐，往往一个平面图中微小的改动，在各立面、各剖面甚至详图大样和统计表格中都要进行校改。如果要进行后期效果图渲染、生态环境分析模拟等，则又需要借助其他软件或者更加专业的人员才能完成。

利用Revit进行建筑设计时，流程和设计阶段的时间在分配上会与二维CAD绘图模式有较大区别。Revit以三维模型为基础，设计过程就是一个虚拟建造的过程，图纸不再是整个过程的核心，而只是设计模型的衍生品，而且几乎可以在Revit这一个软件平台下，完成从方案设计、施工图设计、效果图渲染到漫游动画，甚至生态环境分析模拟等所有的设计工作，整个过程一气呵成。虽然前期建立模型所花费的工作时间占整个设计周期的比例较大，但是在后期成图、变更、错误排查等方面则具有很大优势。

4.2 Revit 设计流程

4.2.1 项目创建及基本设计流程介绍

在 Revit 中，基本设计流程是选择项目样板，创建空白项目，确定项目标高、轴网，创建墙体、门窗、楼板、屋顶，为项目创建场地、地坪及其他构件；完成模型后，再根据模型生成视图，对视图进行细节调整，为视图添加尺寸标注和其他注释信息，将视图布置于图纸中并打印；对模型进行渲染，与其他分析、设计软件进行交互。

使用 Revit 进行设计的流程

4.2.2 绘制标高

与大多数二维 CAD 软件不同，用 Revit 绘制模型首先需要确定的是建筑高度方向的信息，即标高。在模型的绘制过程中，很多构件都与标高紧密联系。使用“建筑”选项卡“基准”面板中的“标高”工具，可以创建标高。应注意的是，必须在立面或剖面视图中才能绘制和查看标高。通过切换至南、北、东、西等立面视图，可以浏览项目中标高的设置情况。

4.2.3 绘制轴网

绘制轴网的过程与 CAD 绘图过程没有太大的区别，但是需要注意 Revit 的轴网是含有三维信息的，它与标高共同构成了建筑模型三维网格的定位体系。

4.2.4 创建基本模型

1. 创建墙体和幕墙

Revit 提供了墙工具，用于绘制和生成墙体对象。在 Revit 中创建墙体时，要先定义好墙体的类型。在墙族的类型属性中，定义包括墙厚、做法、材质、功能等，再指定墙体的到达标高等高度参数，在平面视图中指定的位置绘制生成三维墙体。

幕墙属于 Revit 提供的 3 种墙族之一，幕墙的绘制方法、流程与基本墙类似，但幕墙的参数设置与基本墙有较大区别。

在本书第 5 章中将详细介绍墙的定义与绘制方式，在第 6 章中将介绍幕墙的详细设置。

2. 创建柱子

Revit 中提供了建筑柱和结构柱两种不同的柱子构件，但其功能有本质的区别。对于大多数结构体系，采用结构柱这个构件。用户可以根据需要在完成标高和轴网定位信息后创建结构柱，也可以在绘制墙体后再添加结构柱。

3. 创建门窗

Revit 提供了门、窗工具，用于在项目中添加门、窗图元。门、窗图元必须依附于墙、屋顶等主体图元才能被建立，同时，门、窗这些构件都可以通过创建自定义门窗族的方式进行自定义。

4. 创建楼板、屋顶

Revit 提供了 3 种创建楼板的方式，包括建筑楼板、结构楼板和面楼板。其中，建筑楼板命令使用频率最高，其参数设置类似于墙体。

Revit 提供了迹线屋顶、拉伸屋顶和面屋顶三种创建屋顶的方式。其中，迹线屋顶使用频率最高，其创建方式与建筑楼板类似，可以绘制平屋顶、坡屋顶等常见的屋顶类型。

楼板和屋顶的用法有很多相似之处。

5. 创建楼梯

使用楼梯工具，可以在项目中添加各种样式的楼梯。在 Revit 中，楼梯由楼梯和扶手两部分构成，使用楼梯前，应首先定义楼梯类型属性的各种参数。楼梯穿过楼板时的洞口不会自动开设，需要编辑楼板或者用“洞口”命令进行开洞。

6. 创建其他构件

除前述的主要构件外，还有如栏杆、坡道、散水、台阶等其他构件。其中，对于栏杆、坡道这些构件，Revit 中有相对应的命令，而散水、台阶等则没有。像这些构件，绘制时可以单独创建族，也可以用到一些变通的方式，具体绘制方法也是多种多样的，本书介绍了一些方法，可参看后续对应的内容。

用户可以将所有的模型通过三维的方式创建出来，这样会使模型更加接近实际的建筑，但同时相应的工作量也会增加，且某些信息在特定的情况和设计阶段是不必要的。例如，大部分建筑施工图，无须为一个普通门绘制铰链，也无须在方案阶段把墙体的构造层处理得面面俱到；相反，一些情况下适当采用二维绘图的方法，却可以减少建模的工作量并提高绘图速度。所以，建模之初需要考虑好哪些是需要建的，哪些是可以忽略的，或者哪些是可以用二维方式替代的，并根据设计的情况灵活使用 Revit，选择与项目相适应的处理方法。

4.2.5 复制楼层

如果建筑各层间的共用信息较多，如存在标准层，则可以复制楼层来加快建模速度。复制后的模型将作为独立的模型，对原模型的任何编辑或修改，均不会影响复制后的模型，除非使用“组”的方式进行复制。

如果标准层较多，如高层住宅的情况，可以将标准层的全部图元或者部分图元设置为“组”，“组”的概念与 AutoCAD 中的“块”有点类似，这样可以加快建模速度，且能更方便地进行模型管理。需要注意的是，如果“组”较多，则会增加计算机的运算负担。

4.2.6 生成立面、剖面和详图

Revit 中的立面图、剖面图是根据模型实时生成的，换言之，只要模型建立恰当，立面、剖面视图中的模型图元几乎不需要绘制，就像前面所介绍的，图纸只是 BIM 模型的衍生品。而且，与可以生成立面、剖面视图的传统 CAD 不同，立面、剖面图是根据模型的变化实时更新的，且每个视图都相互关联。对于详图，楼梯详图和卫生间详图等一般可以直接生成，但是对于部分节点大样，因为模型建立时不可能每个细节都面面俱到，除软件本身功能限制外，时间成本也是巨大的，因此，必须采用 Revit 提供的二维详图功能进行深化和完善。

Revit 默认情况下有东、南、西、北 4 个立面图，用户可以通过创建一个立面视图符号，生成所需要的任何立面图。一般情况下，只要模型建立恰当，Revit 所生成的立面图无须做过多调整，即能满足在立面图中的图形要求。

剖切的位置、剖面符号绘制完成，剖面视图即已生成。这里需要说明的是，Revit 中自动生成的剖面视图并不能完全达到要求，往往需要添加一些构件，如梁，以及对某些建筑构件进行视图处理，通过加工后才能满足剖面施工图的要求。

绘制详图有三种方式，即“纯三维”“ 纯二维”和“三维 + 二维”。对于楼梯、卫生间等一些部位的详图，因为模型建立时信息基本已经完善，可以通过视图索引直接生成，此时，索引视图和详图视图中模型图元部分是完全关联的。对于一些节点大样，如屋顶挑檐，大部分主体模型已经建立，只需在详图视图中补充一些二维图元即可，此时，索引视图和详图视图的三维部分是关联的。而有些大样，因为无法用三维表达或者可以利用已有的 DWG 图纸，可以在 Revit 生成的详图视图中采用二维图元的方式绘制，或者直接导入 DWG 图形，以满足出图的要求。

4.2.7 模型及视图处理

模型建立好后，要得到完全符合制图标准的图纸，还需要进行视图的调整和设置。进行视图处理最快捷也是最常用的方法就是使用视图样板。视图样板可以定义在项目样板中，也可以根据需要自由定义。

对于视图中有连接关系的图元，如剖面视图中的梁与楼板，需要使用连接工具手动处理连接构件。

4.2.8 标注及统计

在 Revit 中要实现施工图纸，除模型图元外，还必须在视图中添加注释图元，主要是标注、添加二维图元，以及统计报表等。Revit 中的标注主要有尺寸标注、标高（高程）标注、文字、其他符号标注等。与 AutoCAD 不同的是，Revit 中的注释信息可以提取模型图元中的信息，例如，在标注楼板标高时，可以自动提取出此楼面的高程，而无须手动注写，可以最大程度避免因为手工填写而带来的人为错误。

Revit 提供了强大的报表统计功能，例如，可利用明细表数量功能进行门窗表统计、房间类型及面积统计、工程量统计等。

4.2.9 生成效果图

模型建好后，就可以对模型中的图元进行材质设定，以满足渲染的需要。Revit 的渲染功能非常简单，无须做过多设置就能得到较为满意的效果图。在任何时候，都可以基于模型进行渲染操作，这个步骤不一定要在完成视图标注后进行，它可以在方案推敲过程中，甚至还只是一个初步模型时就做实时的渲染。它是一个动态、非线性的过程，建筑师可以一开始就了解方案的成熟度，而不是借助专业的效果图公司来完成三维成果的输出，并且，生成效果图使建筑师摆脱了仅在二维立面图纸上进行设计分析的弊端。

4.2.10 布图及打印输出

完成以上操作后，就可以进行图纸的布图和打印了。布图是指在 Revit 标题栏图框中布置视图，类似于 AutoCAD“布局”中布置视图的操作过程。在一个图框中可以布置任意多个视图，且图纸上的视图与模型仍然保持双向关联的。Revit 文件的打印既可以借助外部 PDF 虚拟打印机输出为 PDF 文件，也可以输出成 Autodesk 公司自有的 DWF 或 DWFx 格式的文件。同时，Revit 中的所有视图和图纸均可以导出为 DWG 文件。

4.2.11 与其他软件交互

在用 Revit 进行建筑设计的过程中，可以根据需要将 Revit 中的模型和数据导入到其他软件中做进一步的处理。例如，可以将 Revit 创建的三维模型导入到 3ds Max 中进行更为专业的渲染，或者导入到 Autodesk Ecotect Analysis 中进行生态方面的分析，还可以通过专用的接口将结构柱、梁等模型导入到 PKPM 或 Etabs 等结构建模或计算分析软件中进行结构方面的分析运算。

第二篇

BIM 建筑建模

1. 知识目标

（1）创建模型需要准备的资料。

（2）标高、轴网、结构柱、结构梁及基础、墙体、门窗、楼板、屋顶、楼梯、扶手的创建方法。

（3）利用相机命令创建相机视图。

（4）创建漫游动画。

2. 能力目标

（1）具有较好的学习新技能与新知识的能力。

（2）能根据具体情况选择合理的绘制方案。

（3）能对构造选择适合的图形表达方法。

（4）具有查找图集资料等取得信息的能力。

3. 素质目标

（1）能进行人际交往和团队协作。

（2）具有较强的口头与书面表达能力、人际沟通能力。

（3）具备优良的职业道德修养，能遵守职业道德规范。

第 5 章　绘制标高和轴网

标高可定义楼层层高及生成平面视图，标高不是必须作为楼层层高；轴网用于为构件定位，在 Revit 中，轴网确定了一个不可见的工作平面。轴网编号以及标高符号样式均可定制修改。Revit 软件目前可以绘制弧形和直线轴网，不支持折线轴网。在本章中，需重点掌握轴网和标高 2D、3D 显示模式的不同作用，轴网和标高标头的显示控制，如何生成对应标高的平面视图等功能应用。

5.1 新建项目

选择“新建”→“项目”命令，系统弹出“新建项目”对话框，选择“1- 样板文件”，如图 5-1 所示，单击“确定”按钮新建项目文件。

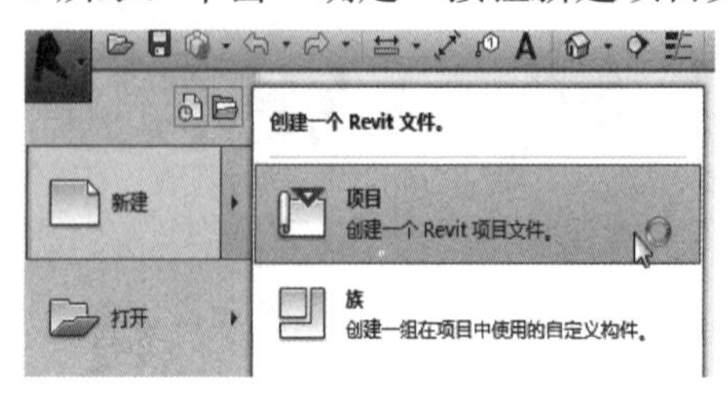

图 5-1　新建项目

别墅项目基本情况介绍

注意：在 Revit 中，项目是整个建筑物设计的联合文件。建筑的所有标准视图、建筑设计图以及明细表都包含在项目文件中。只要修改模型，所有相关的视图、施工图和明细表都会随之自动更新。创建新的项目文件是开始设计的第一步。

5.2 项目设置与保存

在“管理”选项卡的“设置”面板中选择“项目信息”选项，打开如图 5-2 所示的“项目属性”对话框，输入项目信息。

继续在“设置”面板中选择“项目单位”选项，打开“项目单位”对话框，如图 5-3 所示。

单击“长度”→“格式”列，将长度单位设置为毫米（mm），单击“面积”→“格式”列，将面积单位设置为平方米（m^2），单击“体积”→“格式”列，将面积单位设置为立方米（m^3），如图 5-4 所示。

新建项目、项目设置与保存

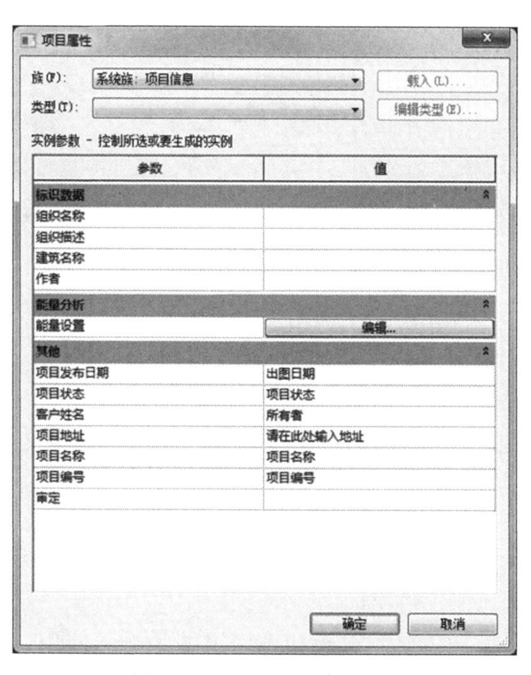

图 5-2　“项目属性”对话框

图 5-3　打开“项目单位”

图 5-4　打开单位设置界面

单击“应用程序菜单”按钮，在“另存为”下拉列表中选择“项目”命令，弹出“另存为”对话框，如图 5-5 所示。

在“另存为”对话框中单击右下角的“选项”按钮，设置最大备份数为 3。

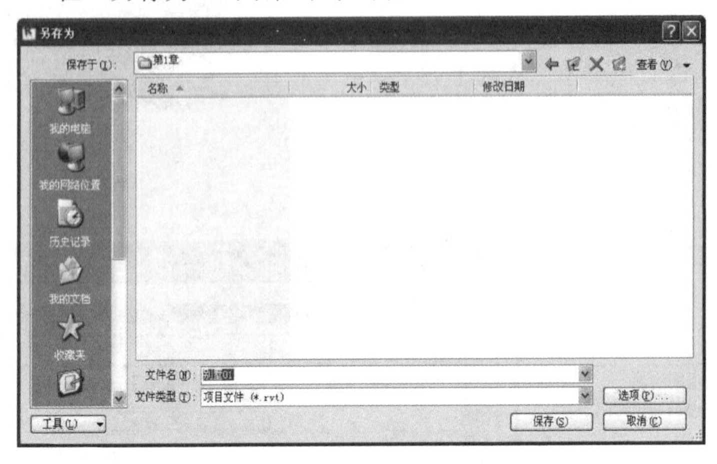

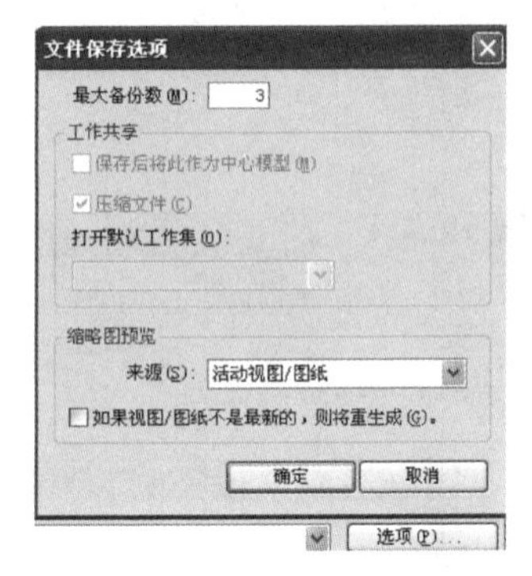

图 5-5　保存项目文件

设置保存路径，输入项目文件名为“别墅 01”，单击“保存”按钮即可保存项目文件。

5.3 创建标高

创建标高

在 Revit 中，“标高”命令必须在立面和剖面视图中才能使用，因此，在正式开始项目设计前，必须事先打开一个立面视图。

在项目浏览器中展开“立面（建筑立面）”项，双击视图名称“南”，进入南立面视图，如图 5-6 所示。调整 2F 标高，将一层与二层之间的层高修改为 3.3 m，如图 5-7 所示。

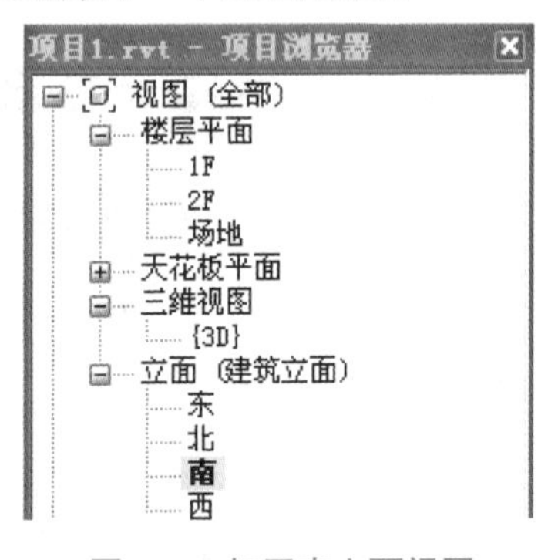

图 5-6　打开南立面视图

修改楼层名称，将“1F”改为“F1”，“2F”改为“F2”，系统自动弹出对话框，选择“是”，重命名相应的平面视图名称，如图 5-8 所示。绘制标高 F3，调整其间隔使间距为 3 000 mm，如图 5-9 所示。

利用“复制”命令，创建地坪标高和 -1F。选择标高“F2”，在“修改 | 标高”选项卡的“修改”面板中选择“复制”命令，在选项栏中勾选“约束”“多个”选项。

移动鼠标，单击标高“F2”，然后垂直向下移动光标，输入间距值 3 750 后按 Enter 键确认后复制新的标高，如图 5-10 所示。继续向下移动鼠标，输入 2 850 后按 Enter 键，输入 200 后按 Enter 键，复制出另外 2 根新的标高。分别选择新复制的 3 根标高，单击蓝色的标头名称激活文本框，分别输入新的标高名称 0F、-1F、-1F-1 后按 Enter 键确认。结果如图 5-11 所示。

图 5-7 调整层高高度

图 5-8 重命名相应的平面视图名称

图 5-9 绘制标高

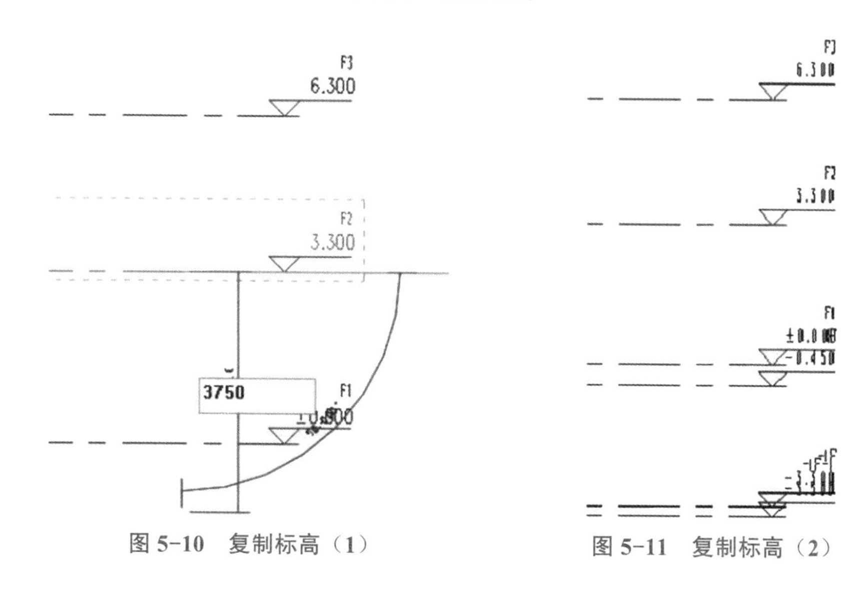

图 5-10 复制标高（1） 图 5-11 复制标高（2）

至此，建筑物的各个标高创建完成，最后保存文件。

需要注意的是，在 Revit 中复制的标高是参照标高，因此，新复制的标高标头都以黑色显示，而且在项目浏览器中的“楼层平面”项下，并没有创建新的平面视图。此外，标高标头之间有干涉，下面将对标高做局部调整。

5.4 编辑标高

编辑标高

通过 5.3 节对创建标高的学习，完成下面的标高编辑。按住 Ctrl 键，同时单击鼠标拾取标高“0F”和“-1F-1”，从类型选择器下拉列表中选择“标高：GB- 下标高符号”类型，两个标头自动向下翻转方向。结果如图 5-12 所示。

在“视图”选项卡“创建”面板的“平面视图”下拉列表中选择“楼层平面”命令，弹出“新建楼层平面”对话框，如图 5-13 所示。在“楼层平面”下拉列表中选择“-1F”，单击“确定”按钮，即可在项目浏览器中创建新的楼层平面“-1F”，并自动打开“-1F”作为当前视图。在项目浏览器中双击“立面（建筑立面）”选项下拉列表中的“南立面”，立面视图即回到南立面中，此时标高“-1F”标头变成蓝色显示，并保存文件。

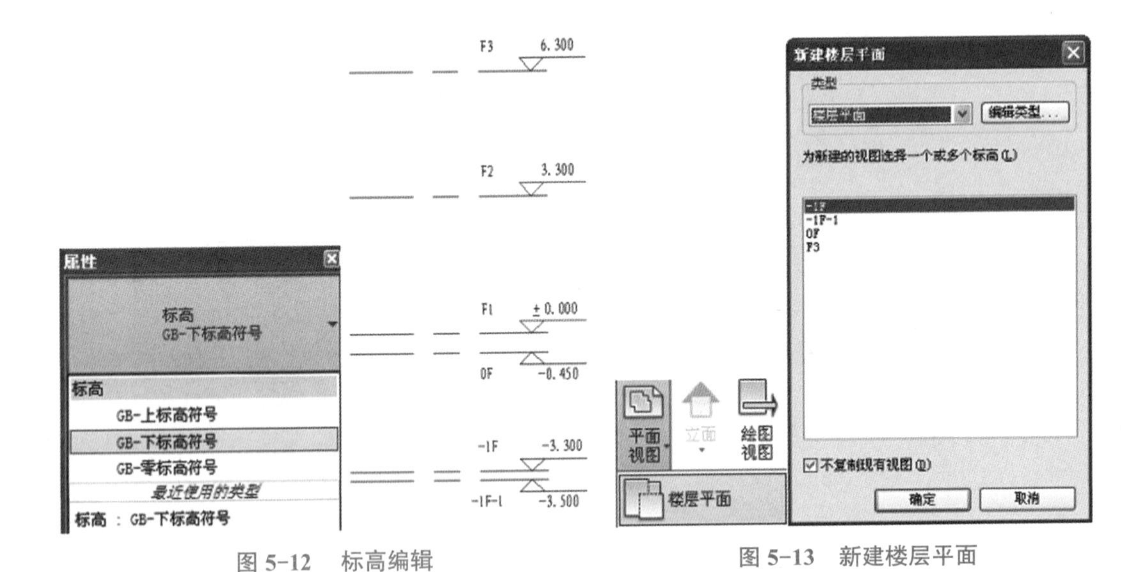

图 5-12 标高编辑

图 5-13 新建楼层平面

5.5 创建轴网

创建轴网

在 Revit 中，轴网只需要在任意一个平面视图中绘制一次，其他平面、立面和剖面视图中都将自动显示。在项目浏览器中双击“楼层平面”选项下拉列表中的“F1”视图，打开首层平面视图。绘制第一条垂直轴线，轴号为①。利用“复制”命令创建②～⑧号轴线（图 5-14）：单击选择①号轴线，移动鼠标，在①号轴线上单击，然后水平向右移动鼠标，输入间距值 1 200 后按 Enter 键，确认后复制②号轴线。保持鼠标位于新复制的轴线右侧，分别输入 4 300、1 100、1 500、3 900、3 900、600、2 400 后按 Enter 键确认，复制③～⑨号轴线。

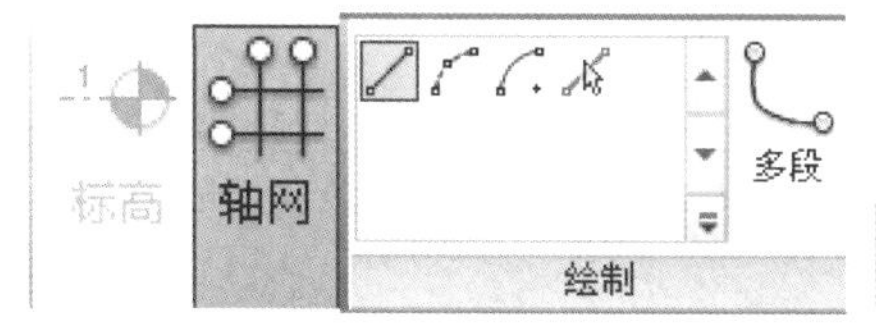

图 5-14　创建轴网

选择⑧号轴线，标头文字变为蓝色，单击文字，输入 1/7 后，按 Enter 键确认，将⑧号轴线改为附加轴线。

同理，选择后面的⑨号轴线，修改标头文字为“8”。完成后的垂直轴线结果如图 5-15 所示。

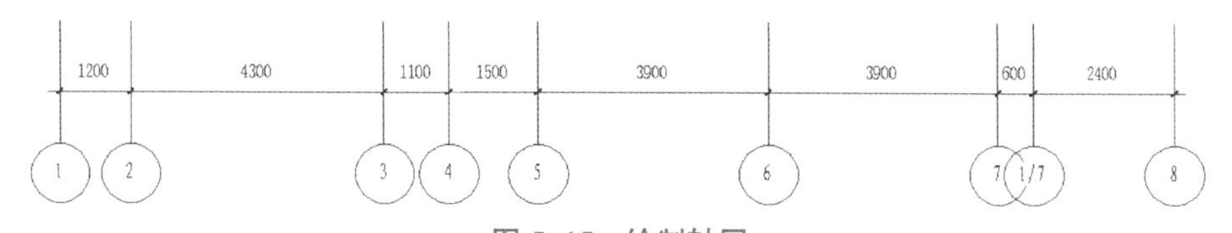

图 5-15　绘制轴网

在“建筑”选项卡“基准”面板中选择“轴网”命令，移动鼠标到视图中①号轴线标头左下方位置，单击鼠标捕捉一点，作为轴线起点，然后从左向右水平移动光标到⑧号轴线右侧一段距离后，再次单击鼠标捕捉轴线终点，创建第一条水平轴线。

选择新创建的水平轴线，修改标头文字为“A”，创建Ⓐ号轴线。

利用“复制”命令，创建Ⓑ～Ⓘ号轴线：移动鼠标，在Ⓐ号轴线上单击捕捉一点作为复制参考点，然后垂直向上移动光标，保持光标位于新复制的轴线右侧，分别输入 4 500、1 500、4 500、900、4 500、2 700、1 800、3 400 后按 Enter 键确认，完成复制。

选择 I 号轴线，修改标头文字为“J”，创建Ⓙ号轴线（目前的软件版本还不能自动排除 I、O、Z 等轴线编号）。完成后的轴网如图 5-16 所示，确保轴网在四个立面符号范围内，然后保存文件。

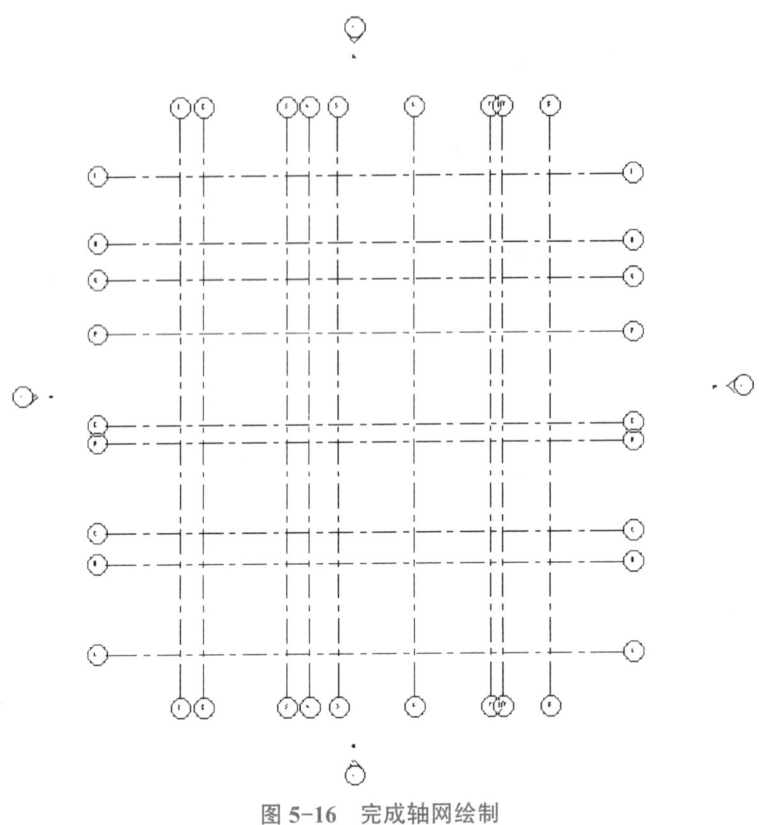

图 5-16　完成轴网绘制

5.6　编辑轴网

轴网绘制完成后，需要在平面图和立面视图中手动调整轴线标头位置，修改⑦号和1/7号轴线、Ⓓ号和Ⓔ号轴线标头位置等，以满足出图需求，偏移Ⓓ号轴、1/7号轴线标头，如图 5-17 所示。

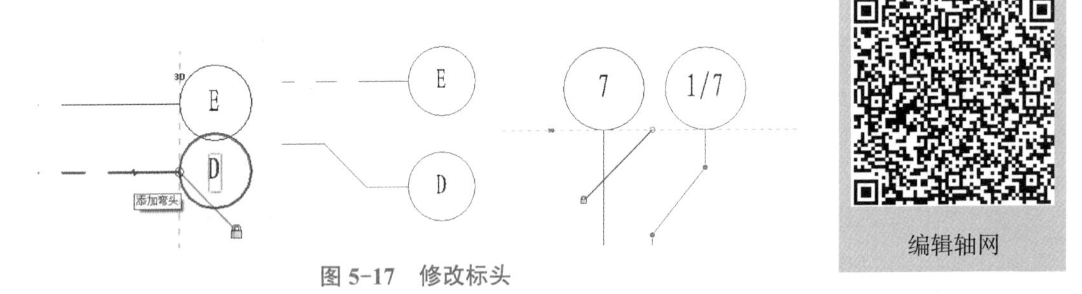

图 5-17　修改标头

在项目浏览器中双击“立面(建筑立面)”选项下拉列表中的“南”立面，进入南立面视图，使用前述编辑标高和轴网的方法，调整标头位置、添加弯头，结果如图 5-18 所示。

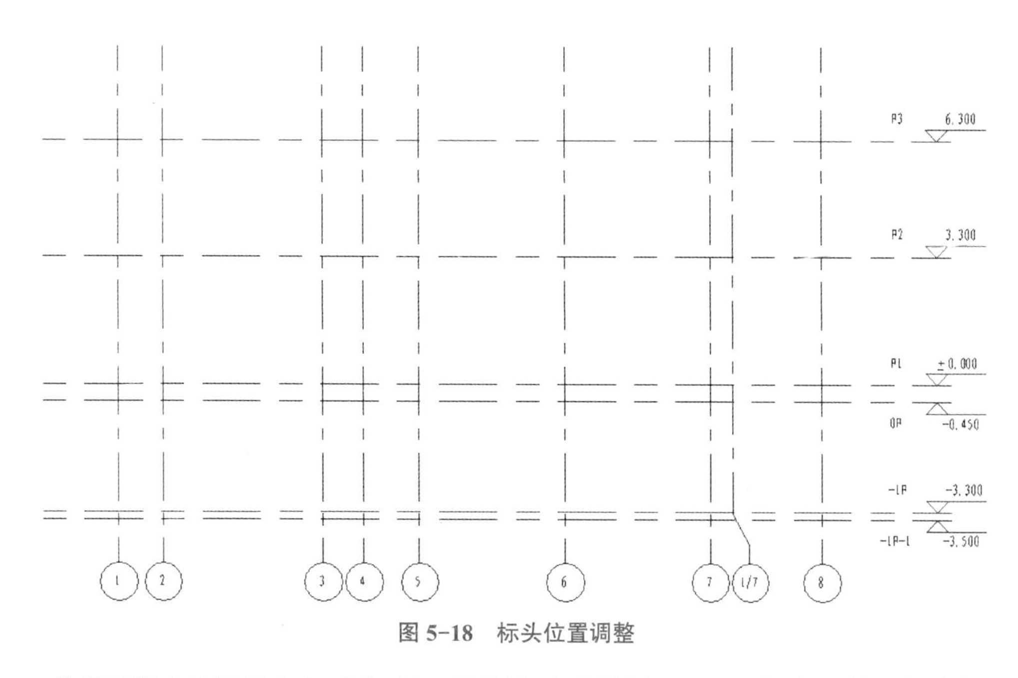

图 5-18 标头位置调整

使用同样方法调整东立面或西立面视图标高和轴网。至此，标高和轴网创建完成，保存文件。

第 6 章　墙体的绘制

完成了标高和轴网等定位依据的设计后，将从地下一层平面开始，分层逐步完成别墅三维模型的设计。

6.1　绘制地下一层外墙

创建剪力墙

绘制剪力墙

在“项目浏览器”中双击“楼层平面”选项下的“-1F”，打开地下一层平面视图。在“建筑”选项卡“构建”面板的“墙”下拉列表中选择“墙：建筑”，在“属性”选项板中调整“底部限制条件”为“-1F-1”，调整“顶部约束”为“直到标高 F1”。

进入“绘制”面板，选择“直线”命令，单击鼠标捕捉Ⓔ轴和②轴交点为绘制墙体的起点，顺时针单击捕捉Ⓔ轴和①轴交点、Ⓕ轴和①轴交点、Ⓕ轴和②轴交点、Ⓗ轴和②轴交点、Ⓗ轴和⑦轴交点、Ⓓ轴和⑦轴交点绘制上半部分墙体，如图 6-1 所示。

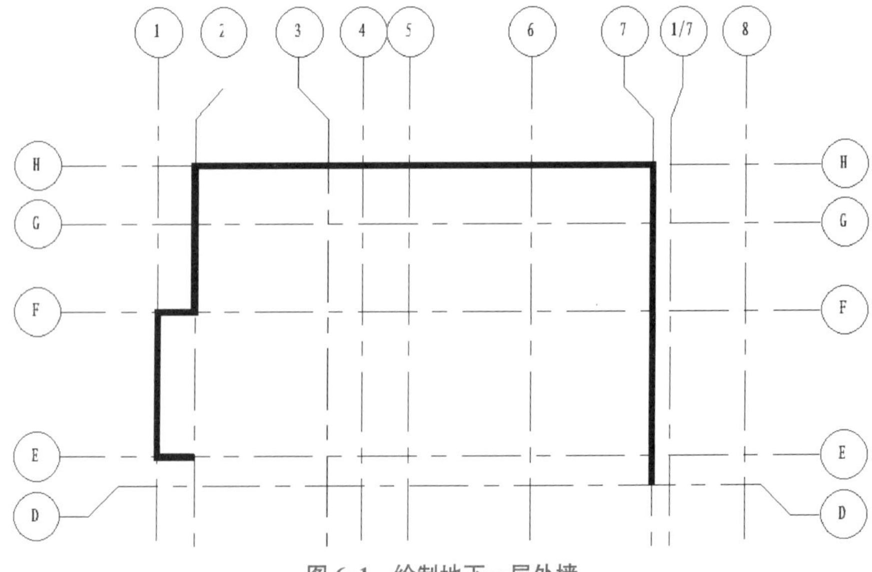

图 6-1　绘制地下一层外墙

选择“基本墙－普通砖200 mm”，单击“编辑类型”进入类型属性面板，单击“复制”按钮，设置名称为“外墙饰面砖”，单击“确定”按钮。其构造层和限制条件设置如图6-2所示。

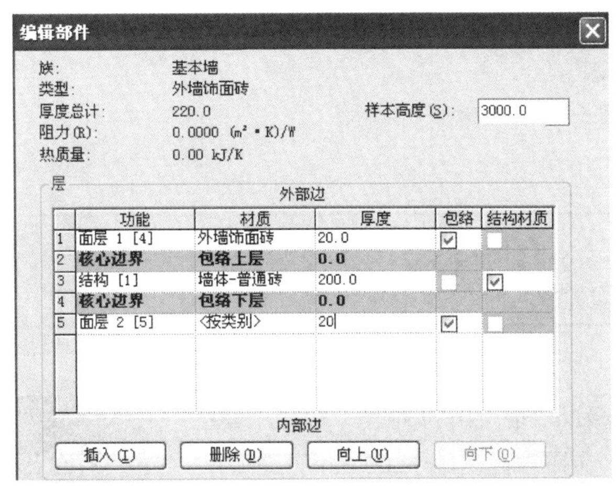

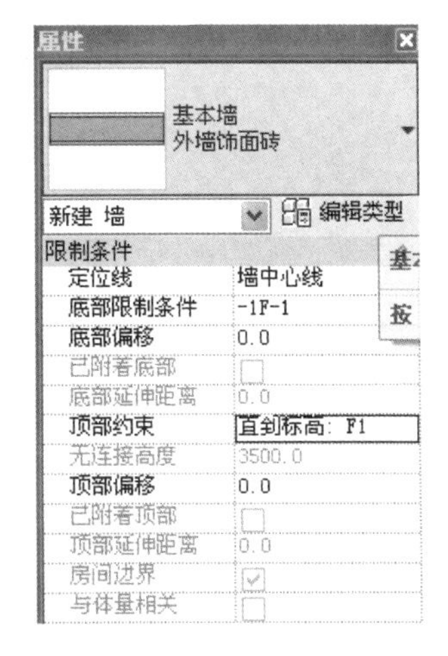

图6-2　编辑墙体类型

选择“基本墙：外墙饰面砖”→“绘制”→“直线”命令，单击鼠标捕捉Ⓔ轴和②轴交点为绘制墙体起点，然后鼠标垂直向下移动，键盘输入“8 280”按Enter键确认；鼠标水平向右移动到⑤轴，继续单击捕捉Ⓔ轴和⑤轴交点、Ⓔ轴和⑥轴交点、Ⓓ轴和⑥轴交点、Ⓓ轴和⑦轴交点绘制下半部分外墙，如图6-3所示。按住Ctrl键，选中新绘制完成的墙面，单击空格键，翻转墙面。

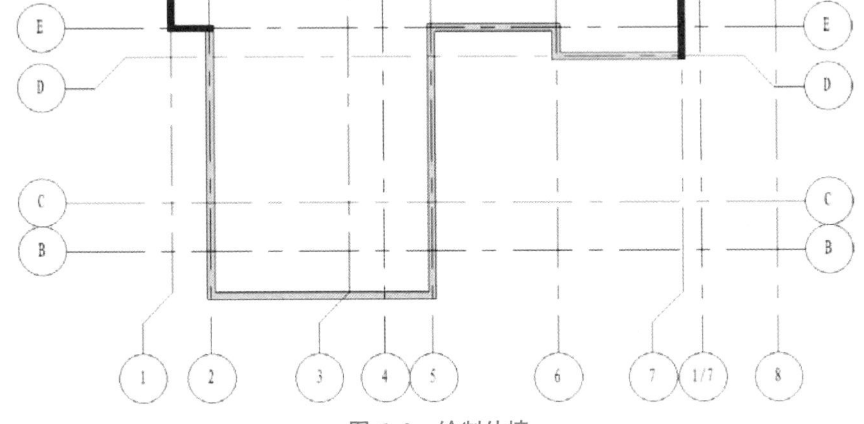

图6-3　绘制外墙

完成后的地下一层外墙如图 6-4 所示，保存文件。

图 6-4　完成地下一层外墙

6.2　绘制地下一层内墙

绘制地下一层内墙

在“建筑”选项卡“构建”面板的“墙”下拉列表中选择“墙：建筑”选项，在“属性”选项板中选择“普通砖 -200 mm”类型，在“修改 | 放置 墙”选项卡的“绘制”面板中选择“直线”命令，在选项栏中将定位线选为“墙中心线”。

在“属性”选项板中设置参数“底部限制条件”为“-1F”，“顶部约束”为“直到标高：F1”。按图 6-5 所示内墙位置捕捉轴线交点，绘制“普通砖 -200 mm”地下室内墙。

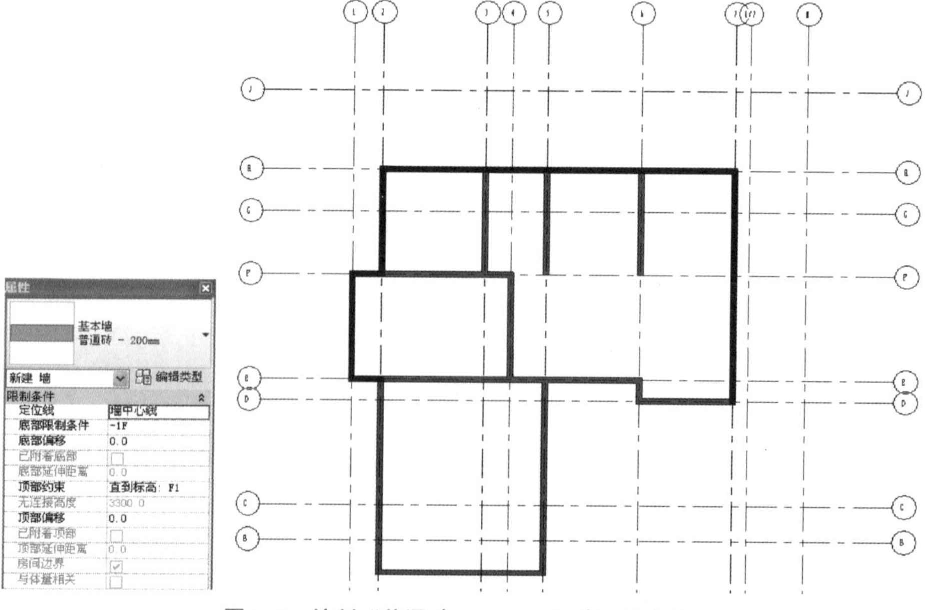

图 6-5　绘制“普通砖 -200 mm”地下室内墙

选择“基本墙：普通砖 -100 mm”，在选项栏中将定位线选为“核心面 - 外部”，在“属性”选项板中设置参数“底部限制条件”为“-1F”，“顶部约束”为“直到标高：F1”。按图 6-6 所示内墙位置捕捉轴线交点，绘制“普通砖 -100 mm”地下室内墙。

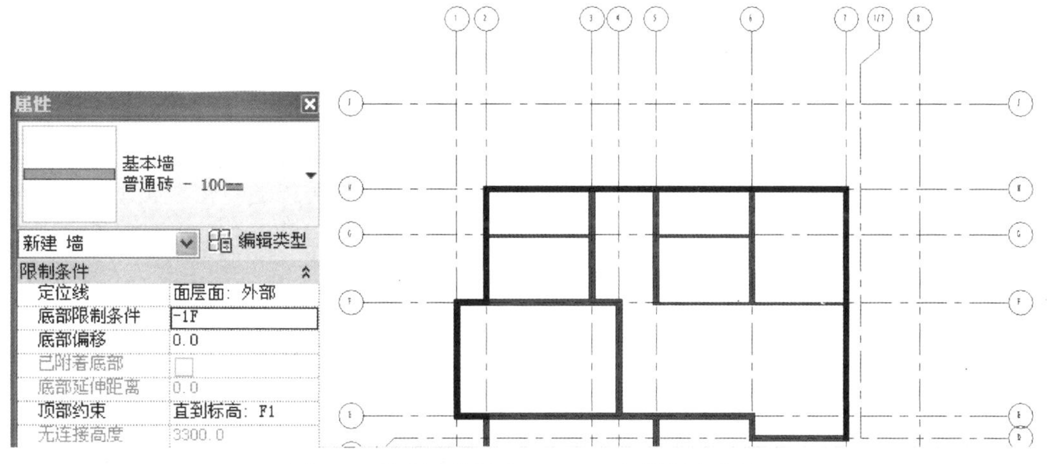

图 6-6　绘制“普通砖 -100 mm”地下室内墙

完成后的地下一层墙体如图 6-7 所示，保存文件。

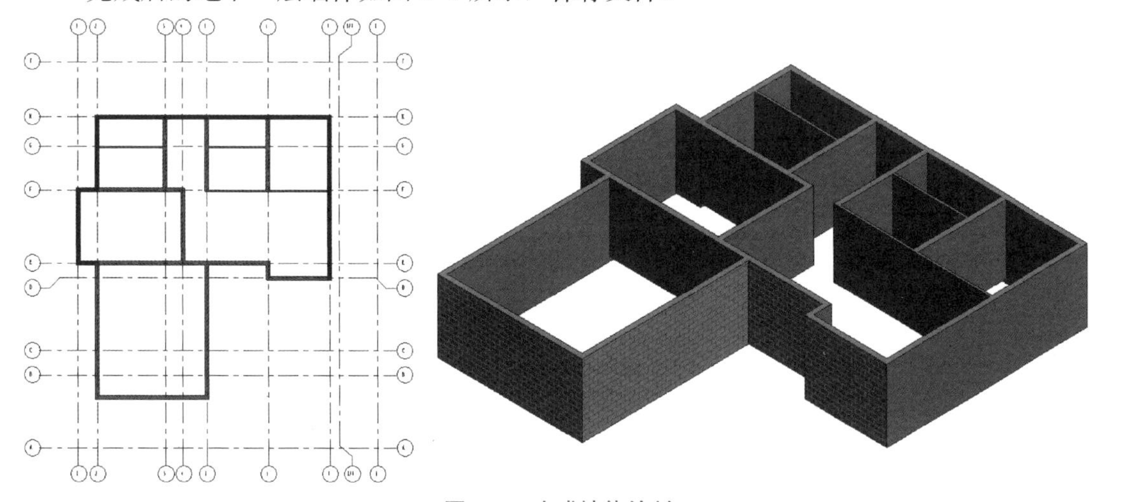

图 6-7　完成墙体绘制

第 7 章　门窗、楼板和幕墙的绘制

在三维模型中，门窗的模型与它们的平面表达并不是对应的剖切关系，这说明门窗模型与平面、立面表达可以相对独立。另外，门窗在项目中可以通过修改类型参数，如门窗的宽和高以及材质等，形成新的门窗类型。门窗主体为墙体，它们对墙体具有依附关系，删除墙体，门窗也随之被删除。

7.1　插入地下一层门

打开“-1F”视图，在“建筑”选项卡“构建”面板中选择“门”命令，在“属性”选项板中选择“装饰木门 -M0921”类型，并在“修改 | 放置 门”选项卡“标记”面板中单击“在放置时进行标记”按钮，以便对门进行自动标记，如图 7-1 所示。

图 7-1　插入地下一层门

将鼠标移动到③轴“普通砖 -200 mm”的墙上，此时会出现门与周围墙体距离的蓝色相对尺寸，如图 7-2 所示。这样可以通过相对尺寸大致捕捉门的位置。在平面视图中放置门之前，按空格键可以控制门的左右开启方向。在墙上合适位置单击鼠标，以放置门，调整临时尺寸标注的蓝色控制点，拖动蓝色控制点，移动到 Ⓕ 轴“普通砖 -200 mm”墙的上边缘，修改尺寸值为“100”，得到“大头角”的距离，如图 7-3 所示。

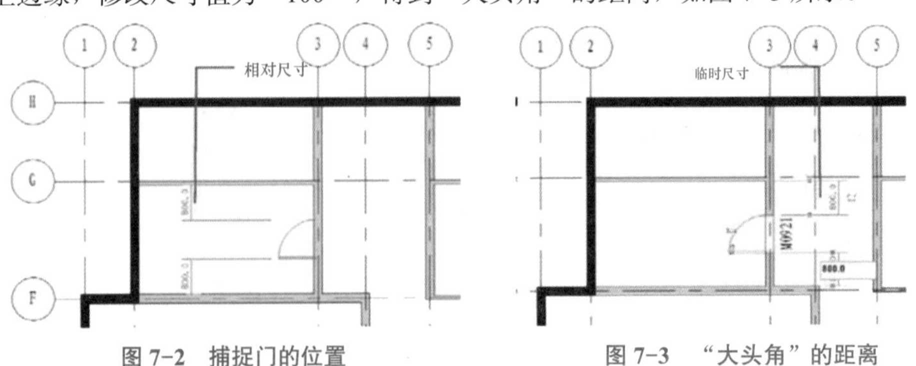

图 7-2　捕捉门的位置　　图 7-3　“大头角”的距离

“装饰木门 -M0921”修改后的位置如图 7-4 所示。

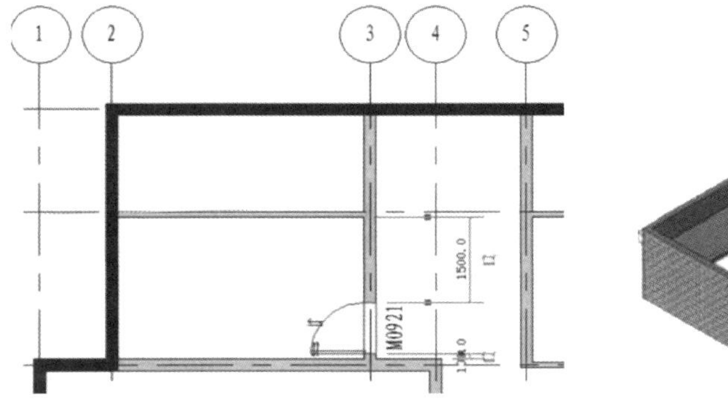

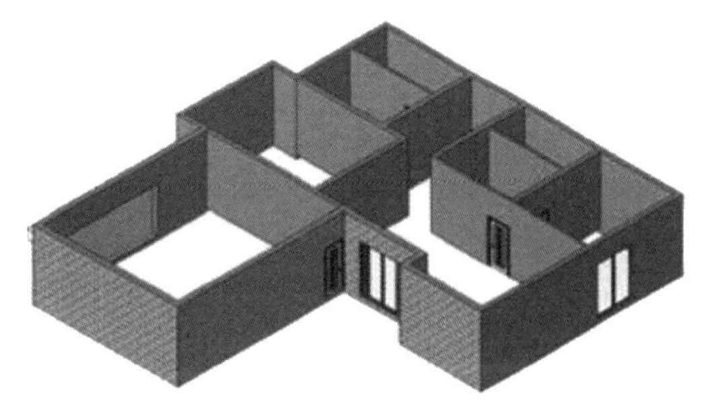

图 7-4　修改后位置

同理，在“属性”选项板类型选择器中分别选择“卷帘门：JLM5422”“装饰木门 -M0921”“装饰木门 -M0821”“YM1824：YM3267”“移门：YM2124”门类型，按图 7-5 所示位置插入地下一层墙上。

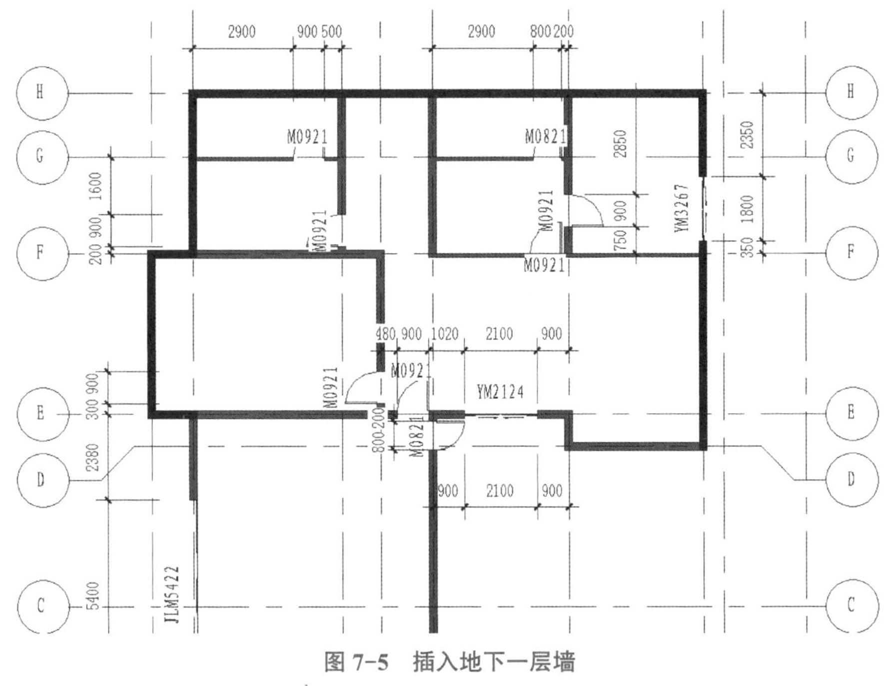

图 7-5　插入地下一层墙

插入自创门族的方法和导出门族的方法

使用默认门族和插入自带门族的方法

7.2 放置地下一层的窗

打开“-1F”视图，在“建筑”选项卡“构建”面板中选择“窗”命令，在“属性”选项板类型选择器中分别选择“推拉窗 C1206：C1206”“固定窗 0823：C0823”“C3415”“推拉窗 0624：C0624”类型，按图 7-6 所示位置，在墙上单击，将窗放置在合适位置。

窗族的插入、放置与编辑

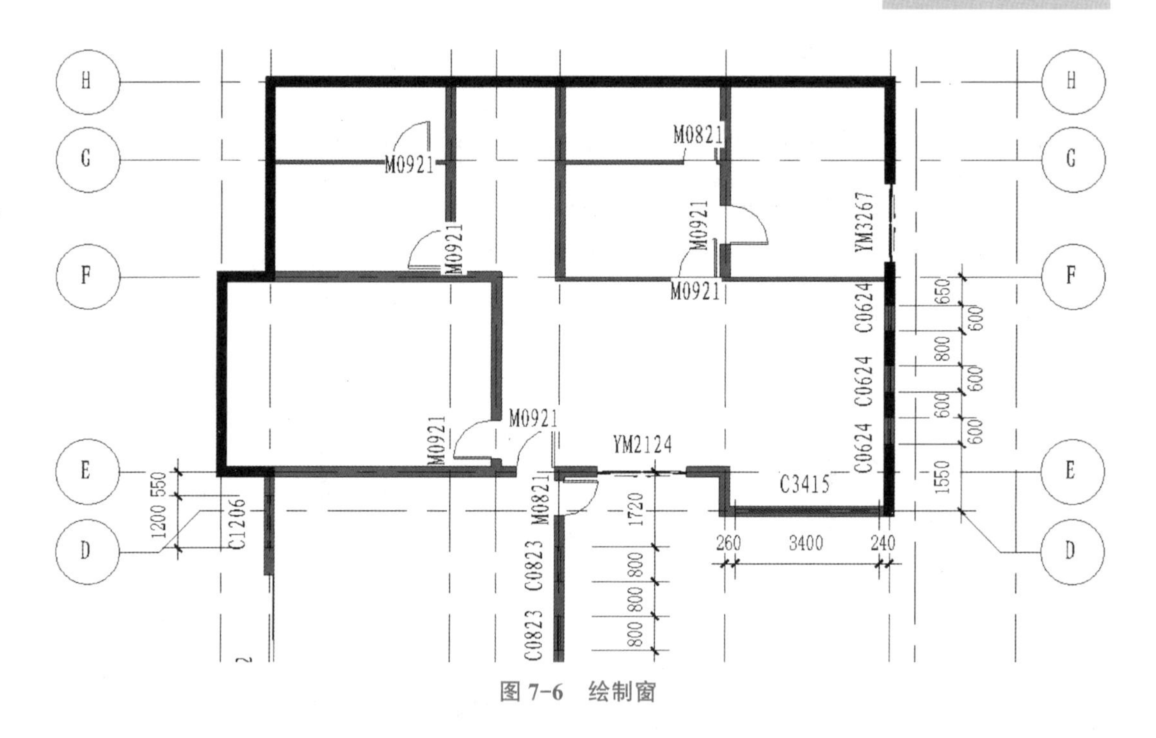

图 7-6 绘制窗

7.3 窗编辑－定义窗台高

本案例中，窗台底高度不完全一致，在插入窗后，需要手动调整窗台高度。几个窗的底高度值为 C0624-250 mm、C3415-900 mm、C0823-400 mm、C1206-1900 mm。调整方法如下：

方法一：选择“固定窗 C0823：C0823”，单击鼠标右键，在右键菜单中选择“选择全部实例”→“在视图中可见”命令→在“属性”选项板中，修改底高度值为400，如图7-7所示。

方法二：切换至立面视图，选择窗，移动临时尺寸界线，修改临时尺寸标注值。进入项目浏览器，单击“立面（建筑立面），双击“东”立面，进入东立面视图。在东立面视图（图7-8）中选择“固定窗 C0823：C0823”，移动临时尺寸控制点至“-1F“标高线，修改临时尺寸标注值为“400”后按 Enter 键确认修改。

用同样方法编辑其他窗的底高度。编辑完成后的地下一层窗如图7-9所示，并保存文件。

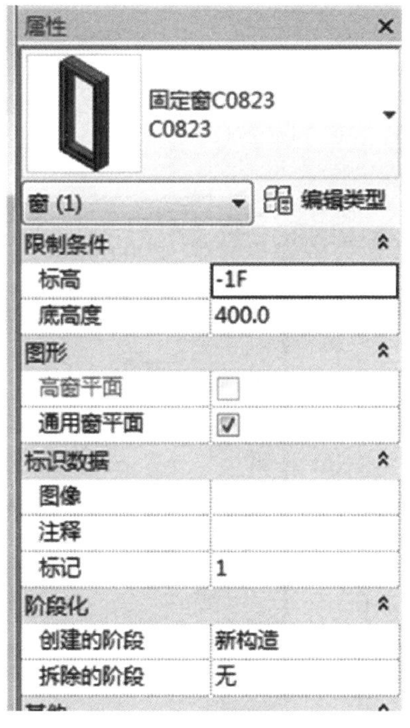

图7-7　定义窗台高

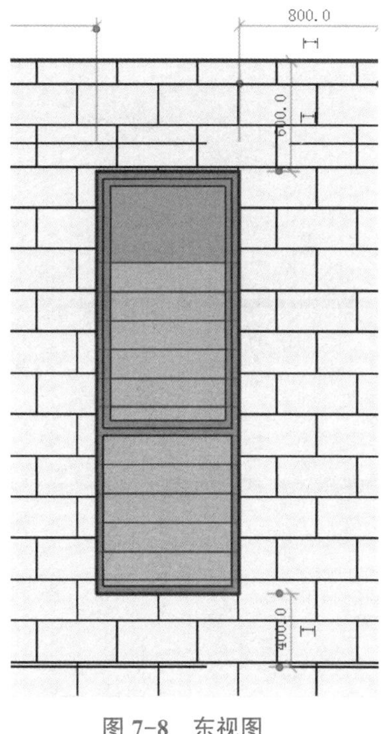

图7-8　东视图

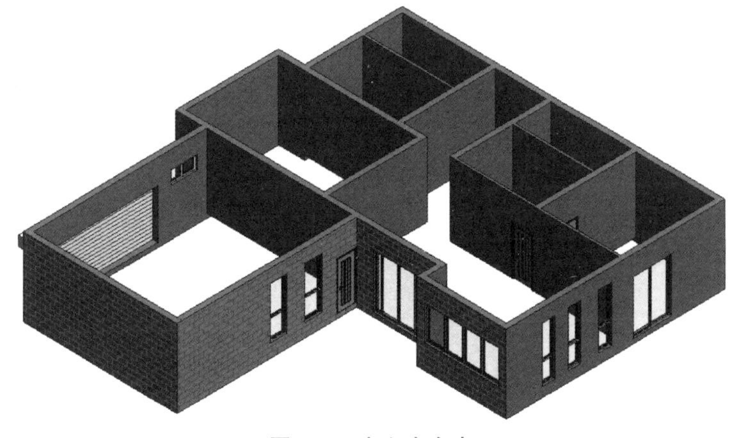

图7-9　定义窗台高

7.4 创建地下一层楼板

打开地下一层平面“-1F”，在“建筑”选项卡“构建”面板中选择“楼板”命令，进入楼板绘制模式。在“修改|创建楼层边界”选项卡“绘制”面板中选择“拾取墙”命令，在选项栏中设置偏移为“-20”，如图 7-10 所示。移动鼠标到外墙外边线上，依次单击拾取外墙外边线，自动创建楼板轮廓线，或者用 Tab 键全选外墙，如图 7-11 所示。拾取墙创建的轮廓线将自动和墙体保持关联关系。

创建地下一层楼板

偏移: -20 ☑延伸到墙中 (至核心层)

图 7-10　拾取墙

设置“属性”选项板，如图 7-12 所示，选择楼板类型为“常规 -200 mm”。

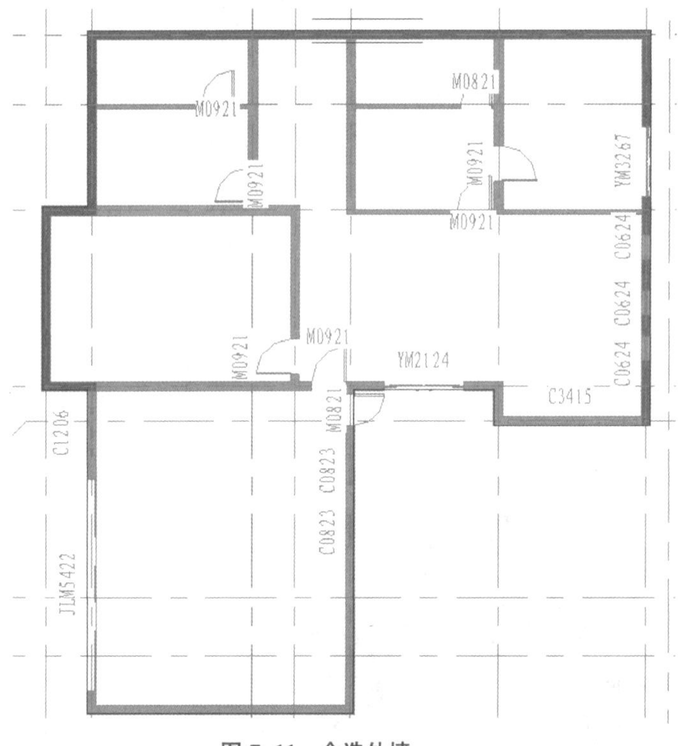

图 7-11　全选外墙

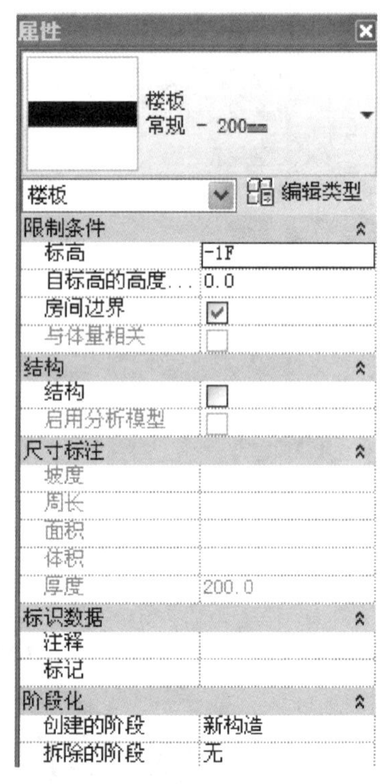

图 7-12　设置属性面板

单击“完成绘制”按钮创建地下一层楼板，系统弹出如图 7-13 所示的对话框，在对话框中单击“是”按钮，楼板与墙相交的地方将自动剪切。

创建的地下一层楼板如图 7-14 所示。至此，本项目全部地下一层构件绘制完毕。

图 7-13　弹出对话框界面

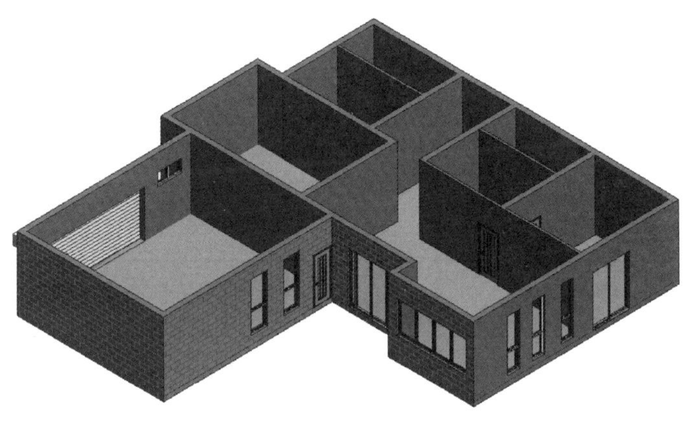

图 7-14　完成楼板绘制

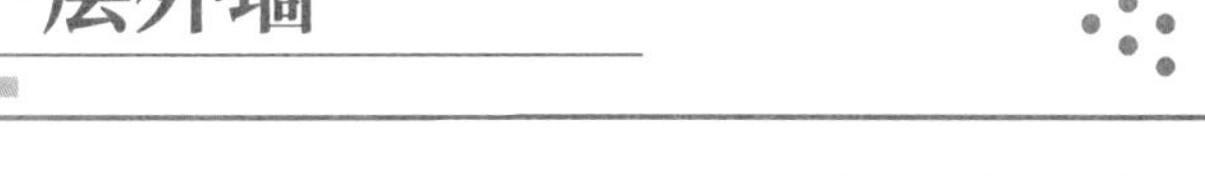

7.5　复制地下一层外墙

标准层整体复制的方法

切换到三维视图，将鼠标放在地下一层的外墙上，高亮显示后按 Tab 键，所有外墙将全部高亮显示，单击鼠标，将地下一层外墙全部选中，构件亮显，如图 7-15 所示。

在“修改”选项卡“剪贴板”面板中选择“复制到剪贴板”命令，将所有构件复制到剪贴板中备用，如图 7-16 所示。

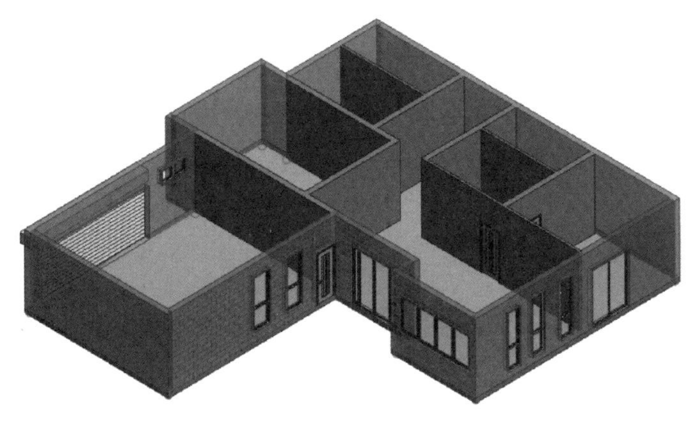

图 7-15　复制外墙

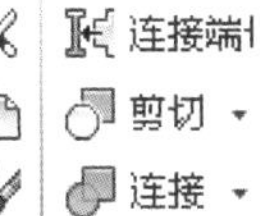

图 7-16　复制到剪贴板

在“修改”选项卡“剪贴板”面板的“粘贴”下拉列表中选择“与选定的标高对齐”命令，弹出“选择标高”对话框，如图 7–17 所示。选择“F1”，单击“确定”按钮。

地下一层平面的外墙都被复制到首层平面，同时，由于门窗默认为是依附于墙体的构件，所以一并被复制，如图 7–18 所示。

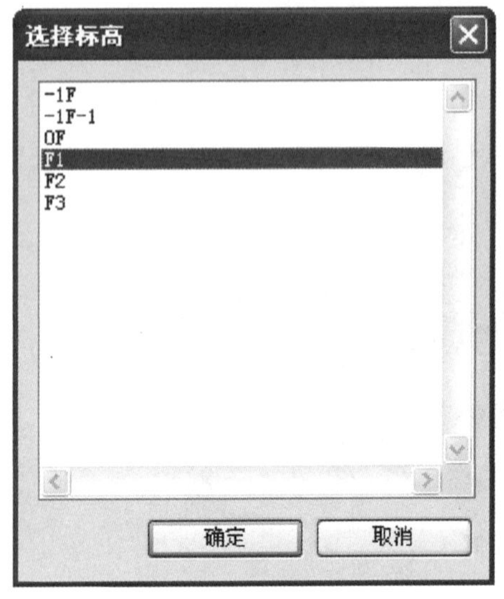

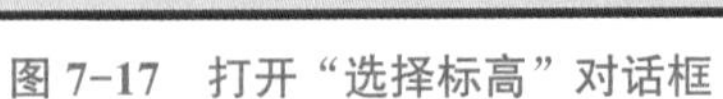

图 7–17　打开“选择标高”对话框

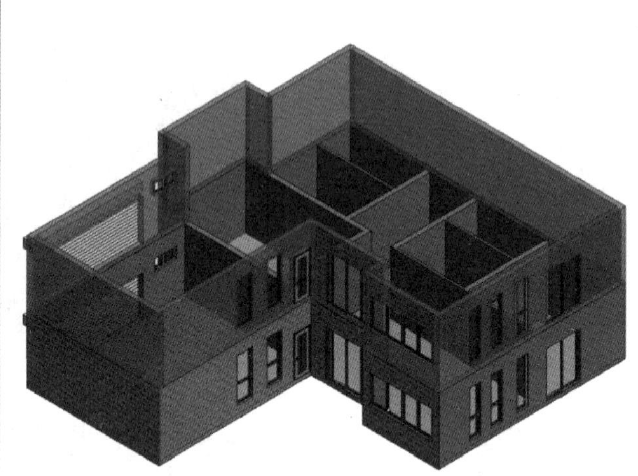

图 7–18　完成首层平面视图

在“项目浏览器”中双击“楼层平面”选项下的“F1”，打开一层平面视图。

如图 7–19 所示，框选所有构件，单击右下角的“过滤器”按钮，系统弹出“过滤器”对话框，在对话框中取消勾选“墙”，如图 7–20 所示，单击“确定”按钮选择所有门窗，按 Delete 键删除所有门窗。

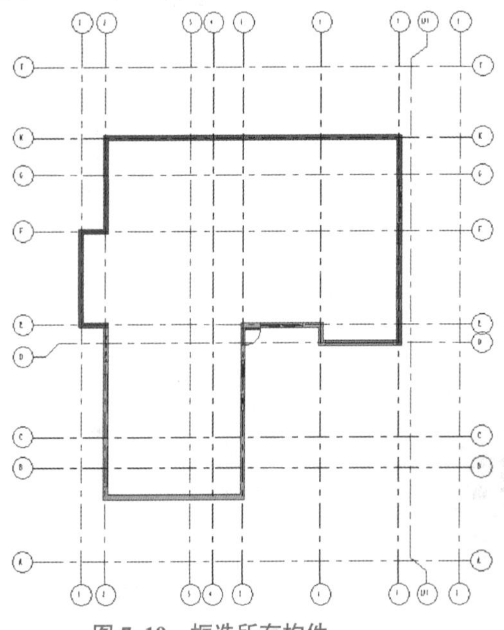

图 7–19　框选所有构件

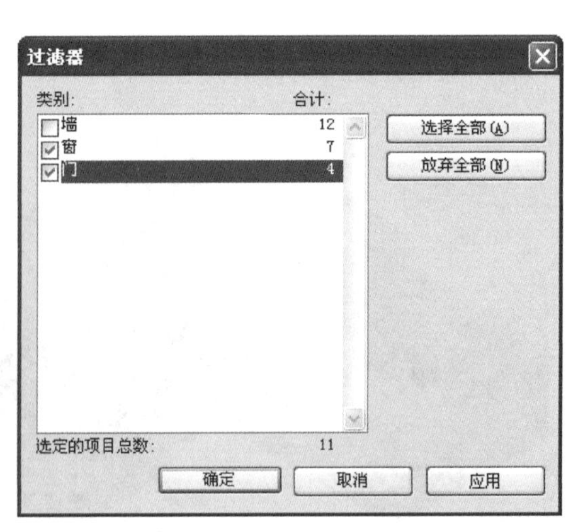

图 7–20　取消勾选“墙”

7.6 编辑首层外墙

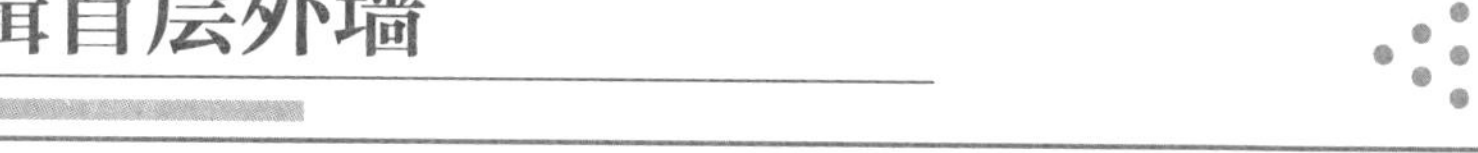

编辑首层外墙

（1）调整外墙位置：在“修改”选项卡“修改”面板中选择“对齐”命令，移动鼠标，单击拾取 Ⓑ 轴线作为对齐的目标位置，再移动鼠标到 Ⓑ 轴下方的墙上，按 Tab 键并单击墙的中心线位置拾取，移动墙的位置，使其中心线与 Ⓑ 轴对齐，如图 7-21 所示。

1）在“建筑”选项卡“构建”面板的“墙”下拉列表中选择“墙：建筑”命令，在“属性”选项板类型选择器中选择“外墙 – 机刨横纹灰白色花岗石墙面”类型，如图 7-22 所示。

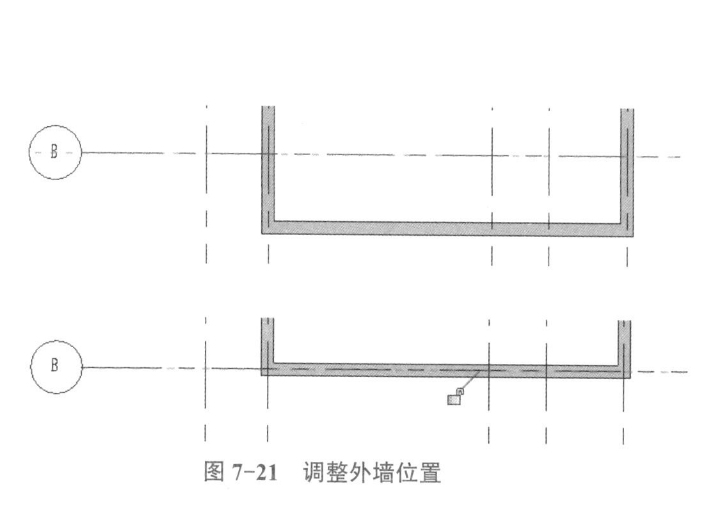

图 7-21　调整外墙位置

属性

基本墙
外墙 – 机刨横纹灰白色花岗石墙面

新建 墙　编辑类型

限制条件	
定位线	墙中心线
底部限制条件	F1
底部偏移	0.0
已附着底部	
底部延伸距离	0.0
顶部约束	直到标高：F2
无连接高度	3300.0
顶部偏移	0.0
已附着顶部	
顶部延伸距离	0.0
房间边界	☑
与体量相关	

图 7-22　“属性”选项板

2）设置实例参数“底部限制条件”为“F1”，“顶部约束”为“直到标高：F2”。

3）打开 F1 平面，单击“墙”按钮，激活“绘制”面板，“定位线”选择“墙中心线”，单击鼠标，捕捉Ⓗ轴和⑤轴交点为绘制墙体起点，然后逆时针单击捕捉Ⓖ轴与⑤轴交点、Ⓖ轴与⑥轴交点、Ⓗ轴与⑥轴交点，绘制三面墙体，位置如图 7-23 所示。

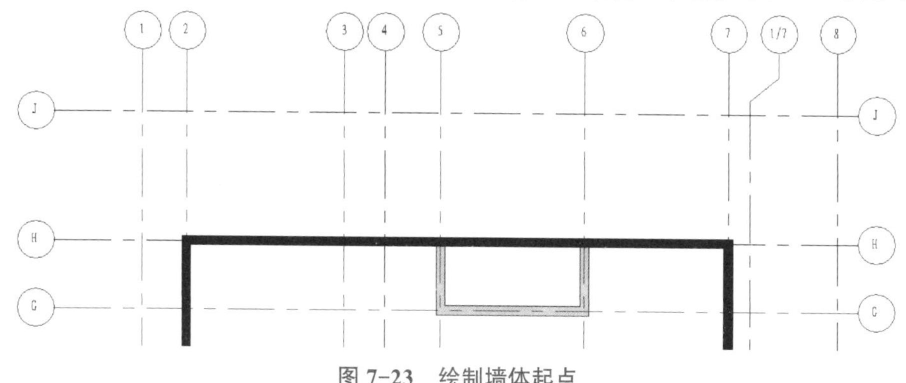

图 7-23　绘制墙体起点

4）在“修改”面板中选择“对齐”命令，按前述方法，将Ⓖ轴墙的外边线与Ⓖ轴对齐，结果如图 7-24 所示。

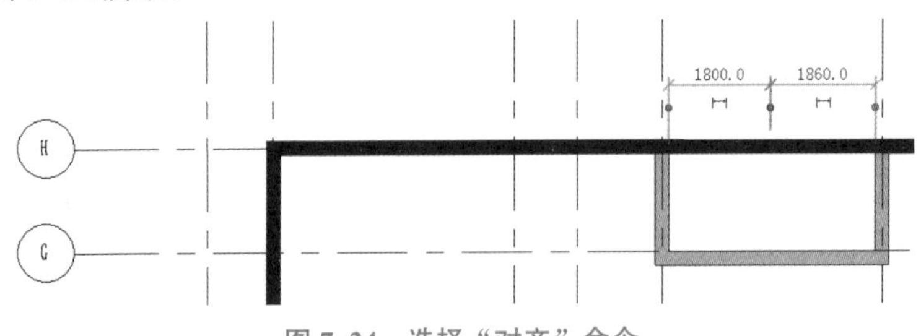

图 7-24 选择“对齐”命令

（2）在“修改”面板中选择“拆分图元”命令，移动鼠标到Ⓗ轴上的墙⑤、⑥轴之间任意位置，单击鼠标将墙拆分为两段。

（3）在“修改”面板中选择“修剪”命令，移动鼠标到Ⓗ轴与⑤轴左边的墙上单击，再移动鼠标到⑤轴的墙上单击，这样右侧多余的墙被修剪掉。同理，Ⓗ轴与⑥轴右边的墙也用此方法修剪，结果如图 7-25 所示。

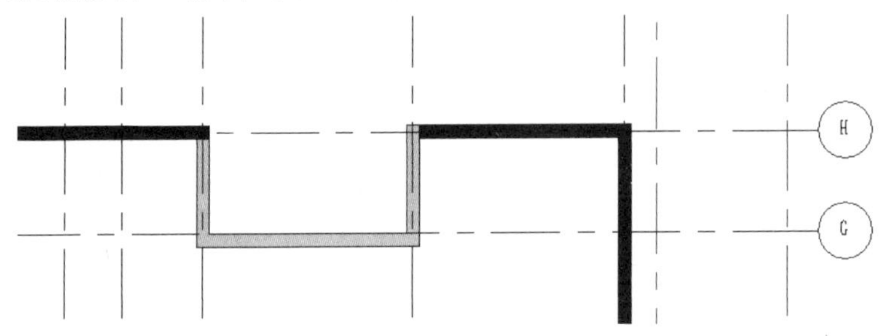

图 7-25 单击工具栏“修剪”命令

1）移动鼠标到复制的外墙上，按 Tab 键，当所有外墙链亮显时，单击鼠标选择所有外墙，从“属性”选项板中的类型选择器下拉列表中选择“外墙 - 机刨横纹灰白色花岗石墙面”类型，更新所有外墙类型。

2）一层平面外墙部分绘制完成，如图 7-26 所示，保存文件。

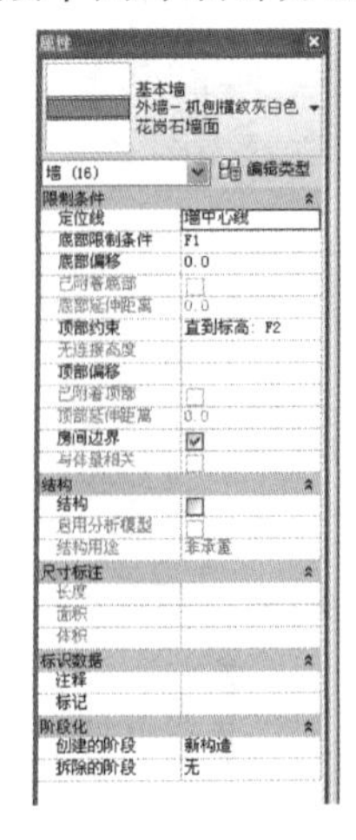

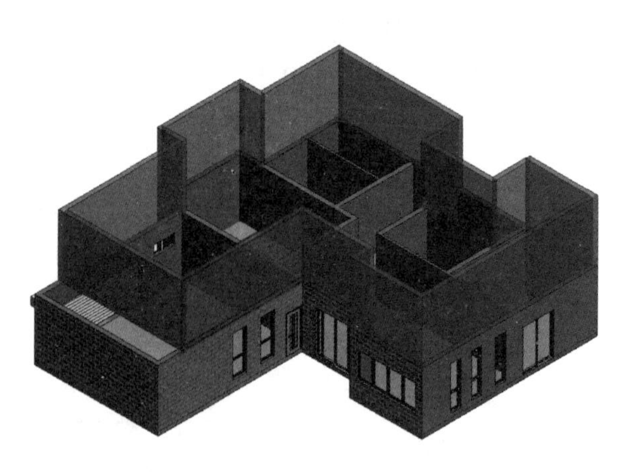

图 7-26 一层平面外墙绘制完成

7.7 绘制首层内墙

绘制首层内墙

（1）在选项卡“构建”面板“墙”下拉列表中选择“墙：建筑”命令，在“属性”选项板类型选择器中选择“普通砖 -200 mm”类型，在选项栏中将“定位线”设置为“墙中心线”。

（2）设置实例参数“底部限制条件”为“F1”，“顶部约束”为“直到标高：F2”，绘制 200 mm 内墙，如图 7-27 所示。

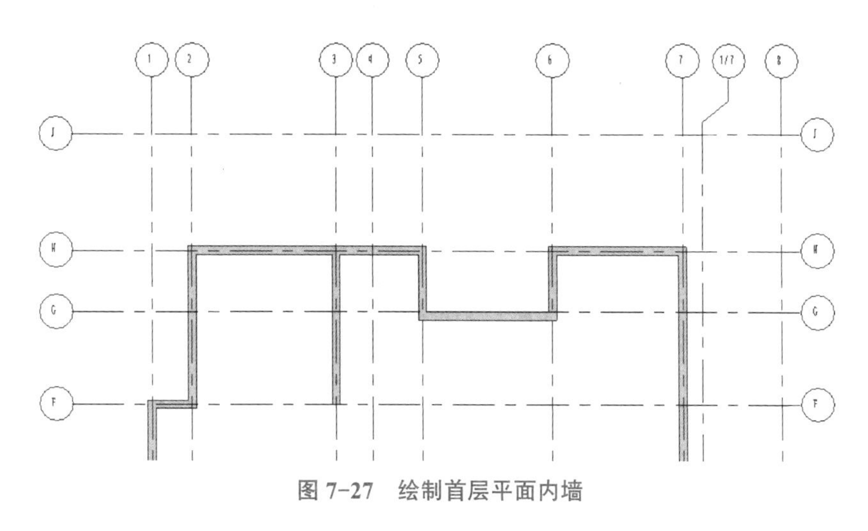

图 7-27　绘制首层平面内墙

（3）在“属性”选项板类型选择器中选择“普通砖 -100 mm”类型，在“绘制”面板中选择“直线”命令。

（4）设置实例参数“底部限制条件”为“F1”，“顶部约束”为“直到标高：F2”，绘制 100 mm 内墙，如图 7-28 所示。

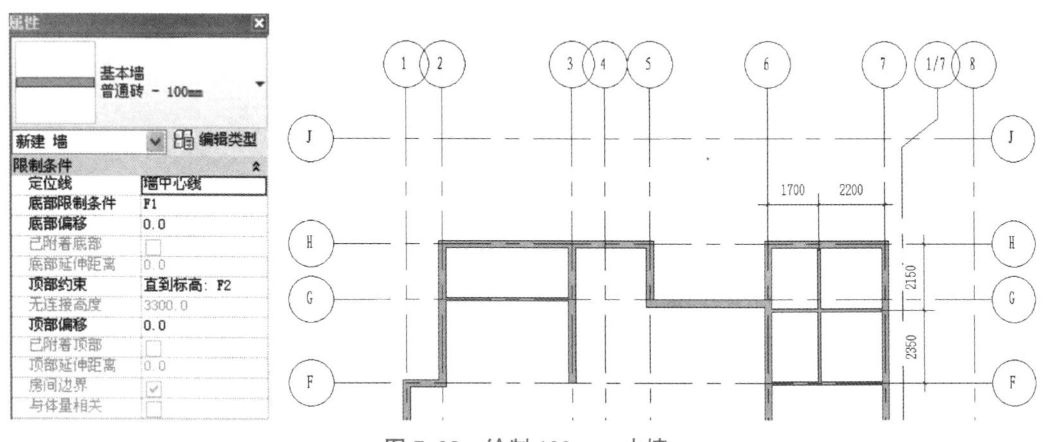

图 7-28　绘制 100 mm 内墙

（5）完成一层内墙后的效果如图 7-29 所示，保存文件。

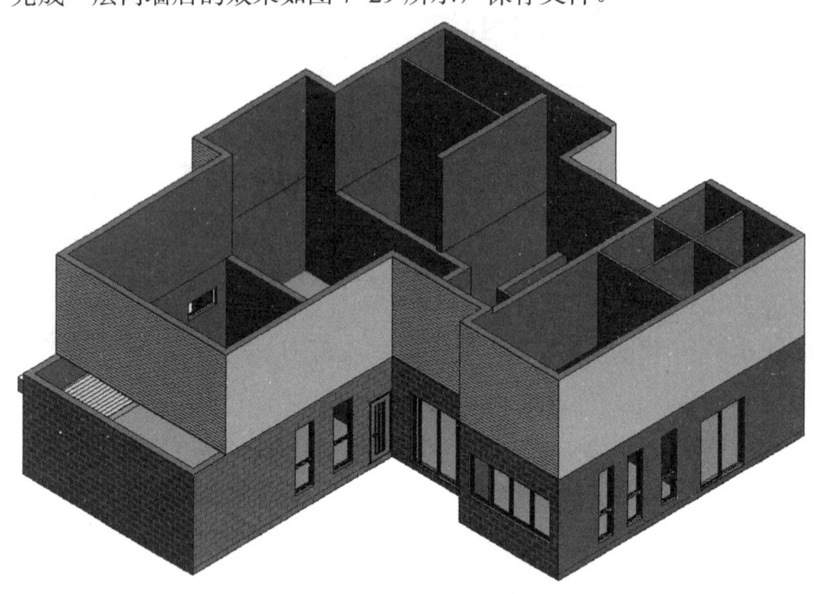

图 7-29　完成一层墙体绘制

7.8 插入和编辑门窗

插入和编辑门窗

编辑完成首层平面内外墙体后，即可创建首层门窗。门窗的插入和编辑方法同 7.2 节相应内容，本节不再详述。

（1）在“项目浏览器”中双击“楼层平面”选项下的“F1”，打开首层楼层。

（2）编辑窗台高：在平面视图中选择窗，在“属性”选项板实例属性中设置参数“底高度”参数值，调整窗户的窗台高。各窗的窗台高为：C2406-1200 mm、C0609-1400 mm、C0615-900 mm、C0915-900 mm、C3423-100 mm、C0823-100 mm、C0825-150 mm、C0625-300 mm。

首层楼层平面图如图 7-30 所示。

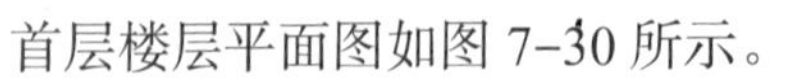

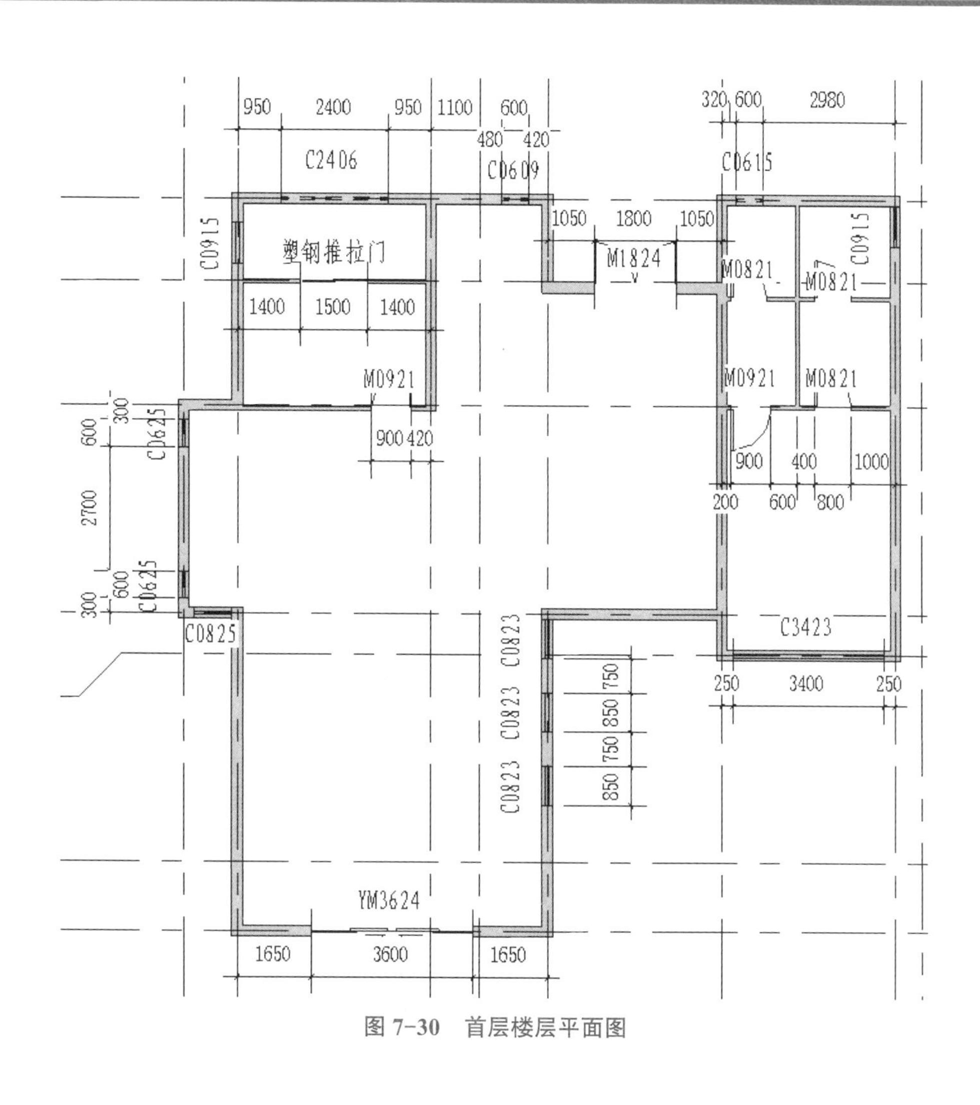

图 7-30　首层楼层平面图

7.9 创建首层楼板

Revit 可以根据墙来创建楼板边界轮廓线并自动创建楼板，在楼板和墙体之间保持关联关系，当墙体位置改变后，楼板也会自动更新。

创建首层楼板

（1）打开首层平面 F1，在“建筑”选项卡“构建”面板的“楼板”下拉列表中选项“楼板：建筑”命令，进入楼板绘制模式，系统激活“修改 | 创建楼层边界”选项卡，出现“绘制”面板，如图 7-31 所示。

（2）选择“拾取墙”命令，移动鼠标到外墙外边线上，依次单击拾取外墙外边线，自动创建楼板轮廓线，如图 7-32 所示，拾取墙创建的轮廓线自动和墙体保持关联关系。

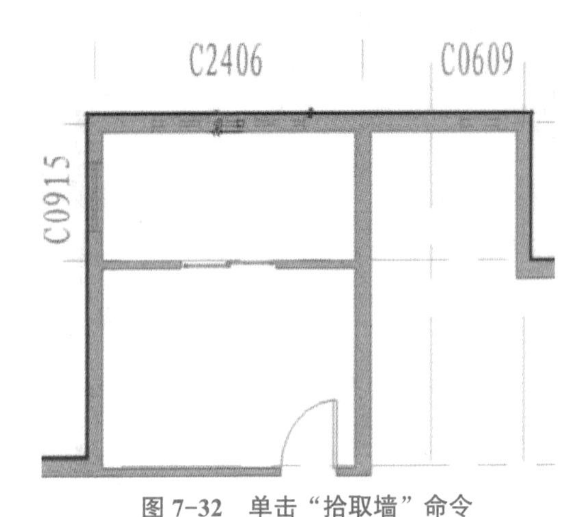

图 7-31　绘制面板

图 7-32　单击“拾取墙”命令

（3）检查确认轮廓线完全封闭。可以通过“修改”面板中“修剪”命令修剪轮廓线使其封闭，也可以通过鼠标拖动迹线端点，将其移动到合适位置实现。Revit 将会自动捕捉附近的其他轮廓线的端点。当完成楼板绘制时，如果轮廓线没有闭合，系统将会报错。

（4）也可以在“绘制”面板中选择“直线”命令，绘制封闭楼板轮廓线。

（5）设置偏移：在“修改”面板中选择“偏移”命令，在选项栏中选择“数值方式”，设置楼板边缘的“偏移”量为 20，取消勾选“复制”，如图 7-33 所示。

图 7-33　设置偏移参数

（6）移动鼠标到一条楼板轮廓线的内侧，在轮廓线内侧出现一条绿色虚线预览后，按 Tab 键直到出现一圈绿色虚线预览，如图 7-34 所示。单击鼠标完成偏移，结果如图 7-35 所示。

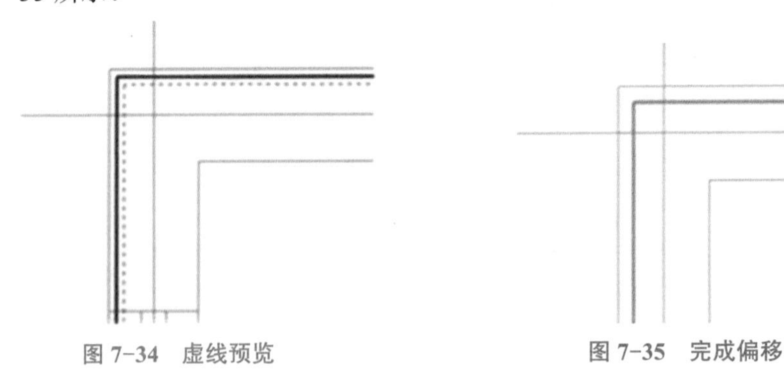

图 7-34　虚线预览　　　　图 7-35　完成偏移

楼板轮廓线如图 7-36 所示。

选择Ⓑ轴下面的轮廓线，在“修改”面板中选择“移动”命令，鼠标往下移动，输入 4490，如图 7-37 所示。在“绘制”面板中选择“直线”命令，用“直线”命令绘制如图 7-38 所示的线。在“修改”面板中选择“修剪”命令，完成绘制，如图 7-39 所示。

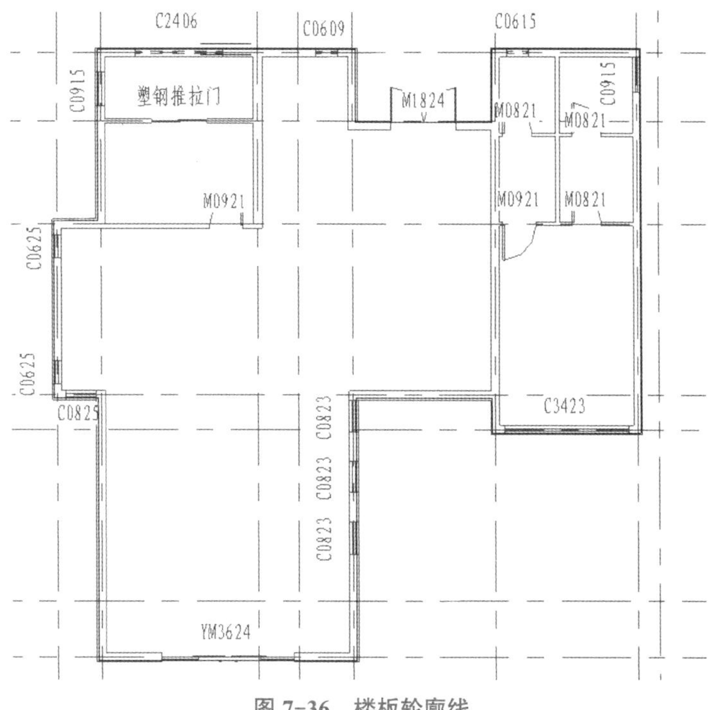

图 7-36　楼板轮廓线

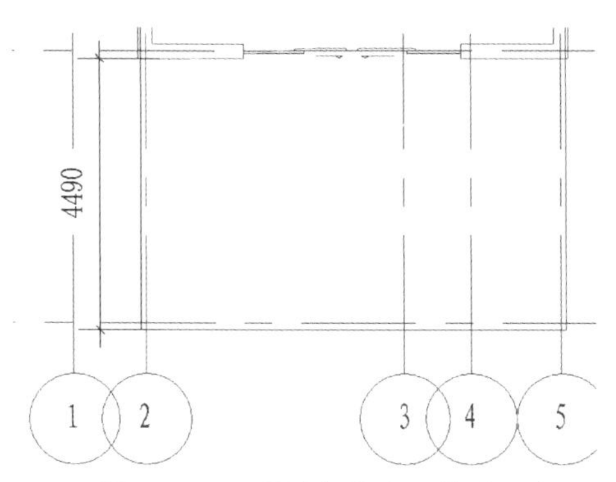

图 7-37　设置楼板轮廓线偏移距离

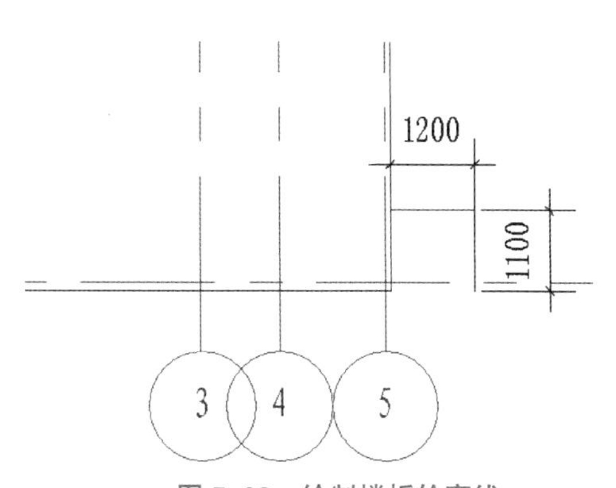

图 7-38　绘制楼板轮廓线

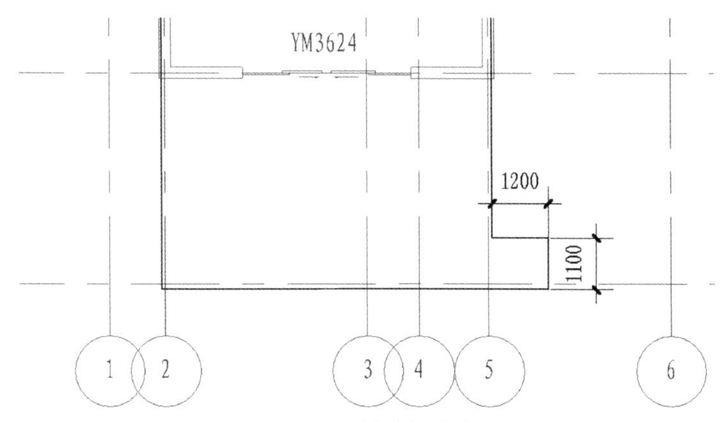

图 7-39　修剪楼板轮廓线

完成后的楼板轮廓线草图如图 7-40 所示。

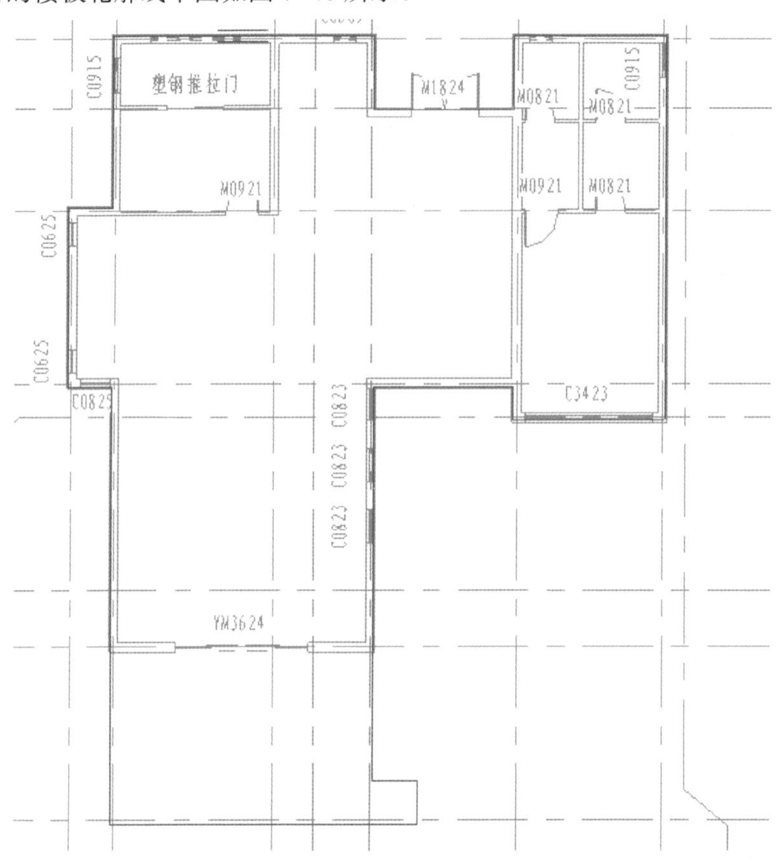

图 7-40　完成后的楼板轮廓线草图

在“属性”选项板中选择楼板“类型”为“常规 -100 mm”，单击创建首层楼板。弹出提示对话框，单击“否”按钮，如图 7-41 所示。

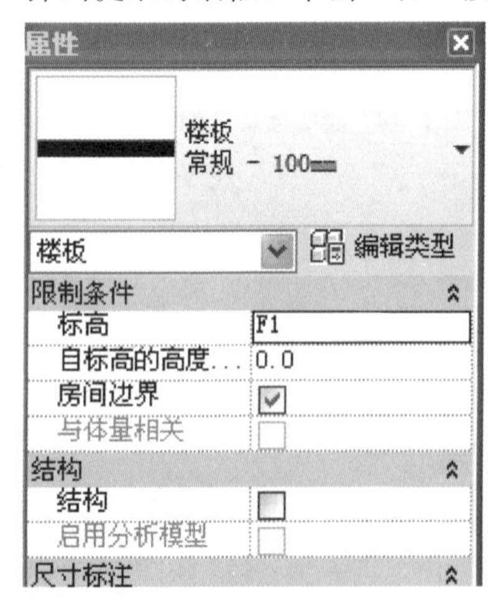

图 7-41　创建首层楼板

结果如图 7-42 所示。至此，一层平面的主体都已经绘制完成，并保存文件。

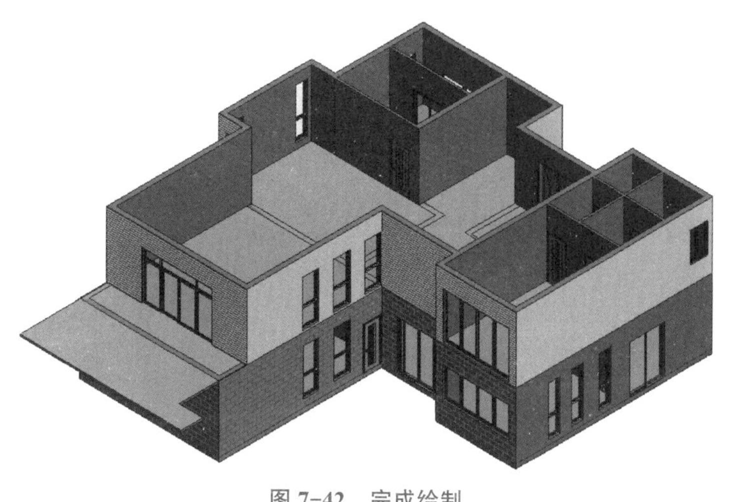

图 7-42　完成绘制

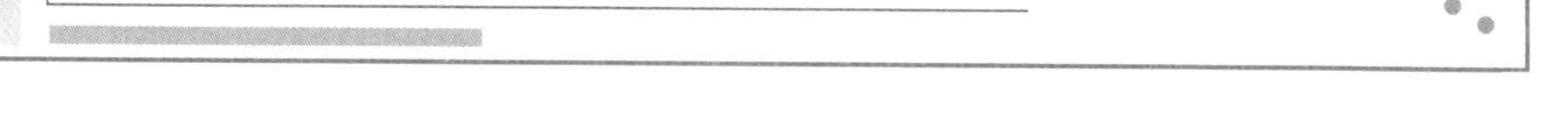

7.10　整体复制首层构件

（1）在“项目浏览器”中“立面”选项下双击“南”立面，进入“南立面”视图。

（2）在“南立面”视图中，从首层构件左上角位置到首层构件右下角位置，按住鼠标拖拽选择框，框选首层所有构件，如图 7-43 所示。

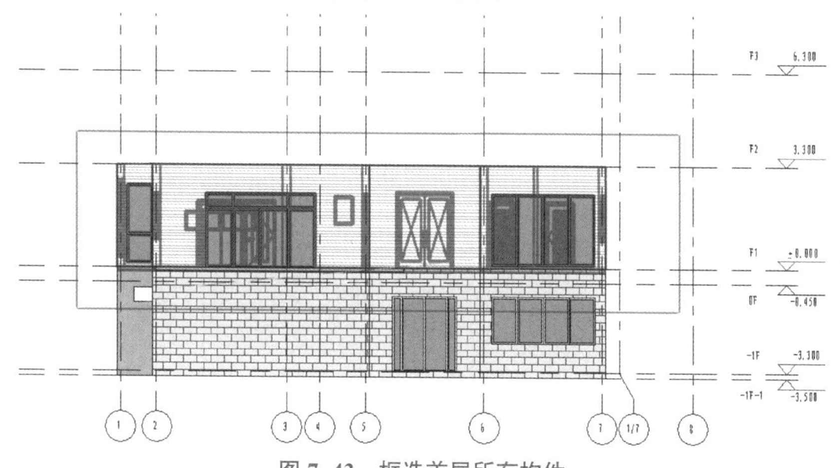

图 7-43　框选首层所有构件

（3）在构件选择状态下，在屏幕右下角的状态栏中单击过滤器按钮，系统弹出“过滤器”对话框，勾选“墙”“门”“窗”类别，单击“确定”按钮，关闭对话框。

（4）在“修改 | 选择多个”选项卡“剪贴板”面板中选择“复制到剪贴板”命令，将首层平面的所有构件复制到剪贴板中备用。

（5）在“修改 | 选择多个”选项卡“剪贴板”面板“粘贴”下拉列表中选择“与选

定的标高对齐”命令，系统弹出“选择标高”对话框，选择“F2”选项，首层平面所有的构件都被复制到二层平面，如图 7-44 所示。

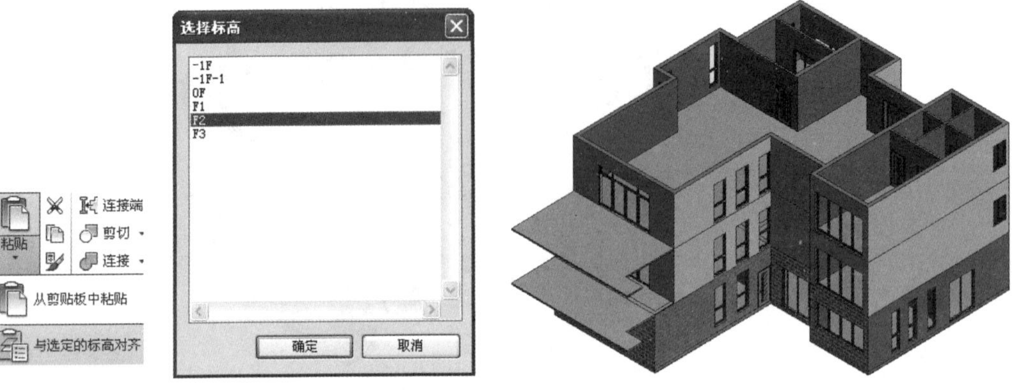

图 7-44　被复制到二层平面

（6）在复制的二层构件处于选择状态时（如果已经取消选择，则在南立面视图中再次框选二层所有构件），在状态栏中单击过滤器按钮，系统弹出“过滤器”对话框，只勾选“门”“窗”类别，单击“确定”按钮选择所有门窗。按 Delete 键，删除所有门窗，并保存文件。

7.11　编辑二层外墙

编辑二层外墙

（1）打开 F2 平面视图，按住 Ctrl 键连续单击选择所有的内墙，再按 Delete 键删除所有内墙。

（2）调整外墙位置：在“修改”面板中选择“对齐”命令，如图 7-45 所示，移动鼠标，单击拾取Ⓒ轴线作为对齐目标位置，再移动光标到Ⓑ轴的墙上，按 Tab 键拾取墙的中心线位置，单击拾取，移动墙的位置，使其中心线与Ⓑ轴对齐，如图 7-46 所示。系统弹出提示错误对话框，选择“删除图元”，如图 7-47 所示。

（3）同理，以④轴线作为对齐目标位置，对⑤轴线上的墙拾取墙中心线，使其对齐至④轴线，如图 7-48 所示。

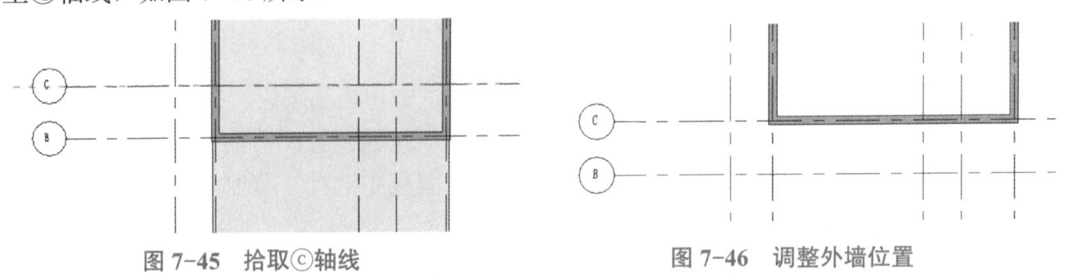

图 7-45　拾取ⓒ轴线　　　图 7-46　调整外墙位置

图 7-47　选择“删除图元”

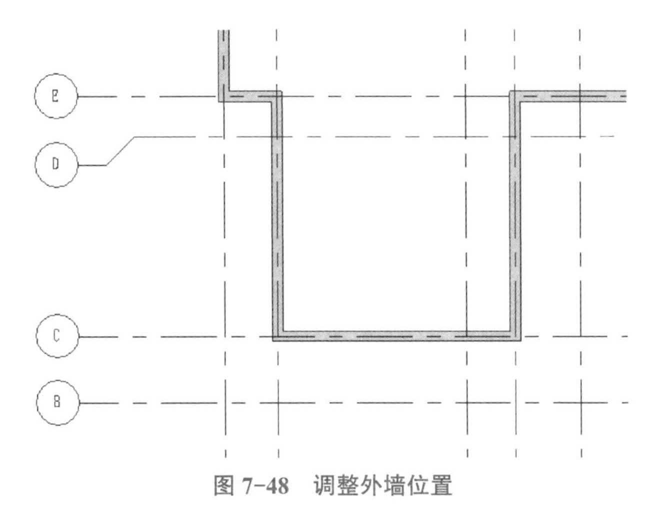

图 7-48　调整外墙位置

（4）其余部分外墙可以通过“修剪”命令修改墙的位置，如图 7-49 所示。

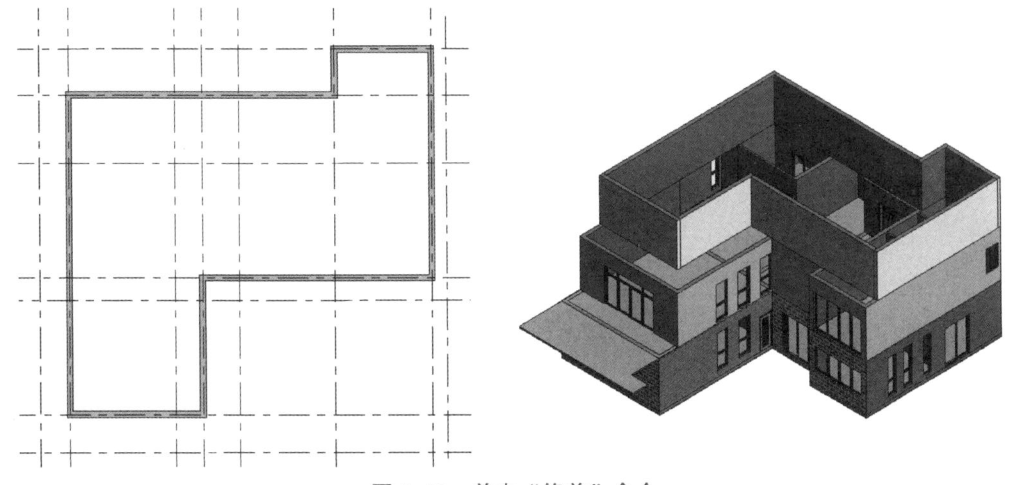

图 7-49　单击“修剪”命令

（5）在“类型属性”对话框中新建外墙“基本墙：外墙 - 白色涂料”，其结构如图 7-50 所示，选择二层外墙，在“属性”选项板类型选择器中将墙体替换为“基本墙：外墙 - 白色涂料”，更新所有外墙类型。

（6）在“属性”选项板中设置二层墙体的“顶部约束”为“直到标高：F3”，如图 7-51 所示。

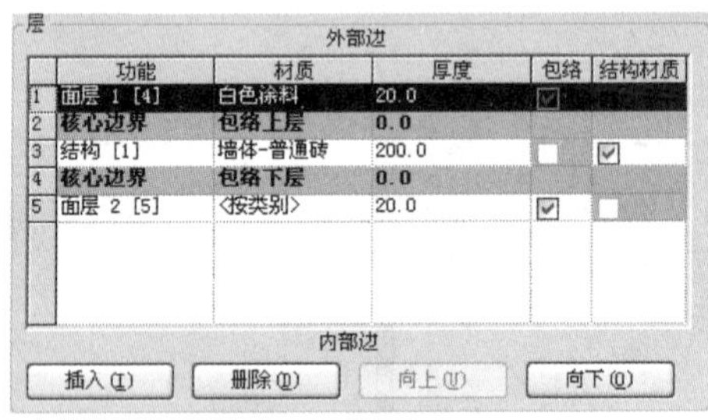

图 7-50　新建外墙

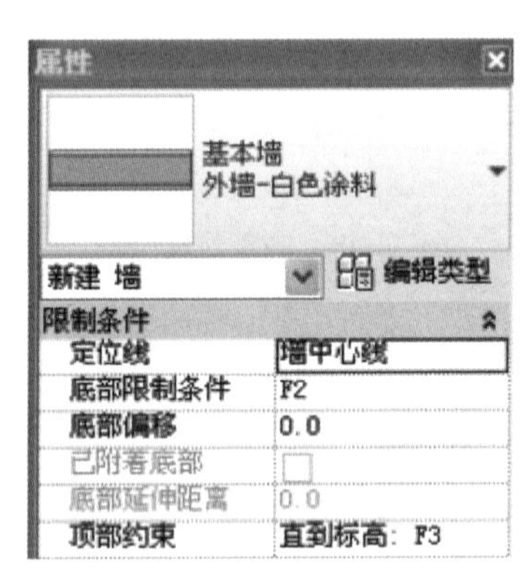

图 7-51　设置墙体顶部限制条件

7.12　绘制二层内墙

绘制二层内墙

（1）打开 F2 平面视图，在“建筑”选项卡“构建”面板的“墙”下拉列表中选择“墙：建筑”命令，在“属性”选项板类型选择器中选择“基本墙：普通砖 -200 mm”类型，设置实例参数“底部限制条件”为“F2”，“顶部约束”为“直到标高：F3”，“定位线”选择“墙中心线”，按图 7-52 所示位置绘制“普通砖 -200 mm”内墙。

（2）在“属性”选项板类型选择器中选择“基本墙：普通

砖 -100 mm”，选用绘制命令，设置实例参数“底部限制条件”为“F2”，“顶部约束”为“直到标高：F3”，如图 7-53 所示，绘制“普通砖 -100 mm”内墙。

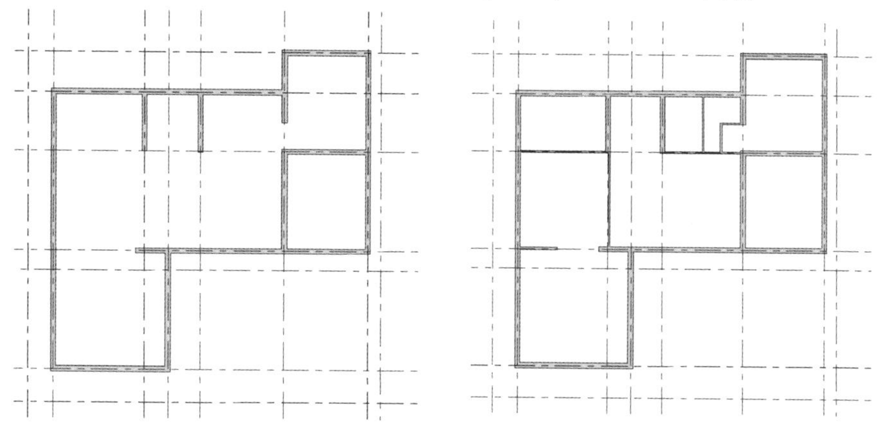

图 7-52　绘制“普通砖 -200 mm”内墙

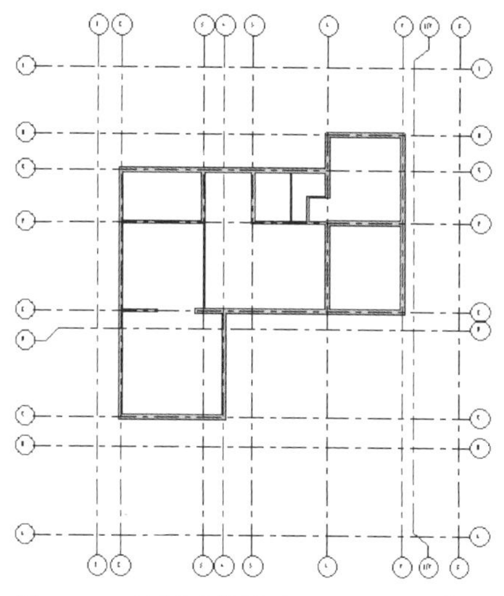

图 7-53　绘制“普通砖 -100 mm”内墙

（3）完成后的二层墙体如图 7-54 所示，并保存文件。

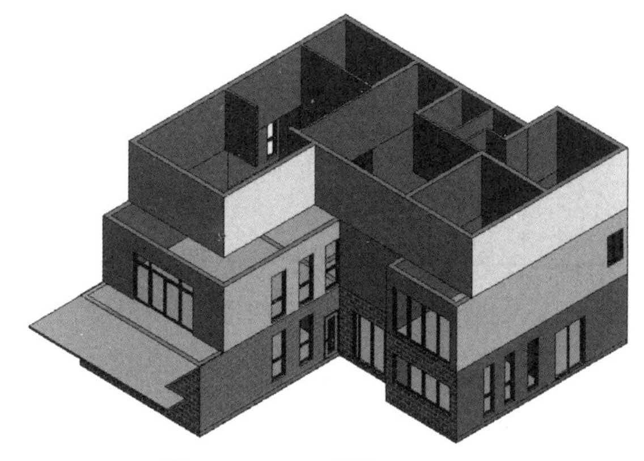

图 7-54　二层墙体绘制完成

7.13 插入和编辑门窗

编辑完成二层平面内外墙体后，即可创建二层门窗。

插入和编辑门窗

（1）在“项目浏览器”中双击“楼层平面”下拉列表中的“F2”命令，进入二层楼层平面。

（2）在“建筑”选项卡“构建”面板中选择“门”命令，在“属性”选项板类型选择器中分别选择“移门：YM3324”“装饰木门 -M0921”“装饰木门 -M0821”“LM0924”“YM1824：YM3267”“门 - 双扇平开 1 200×2 100 mm”，按图 7-55 所示位置移动鼠标到墙体上，单击放置门，并编辑临时尺寸，按图 7-55 所示尺寸位置精确定位。

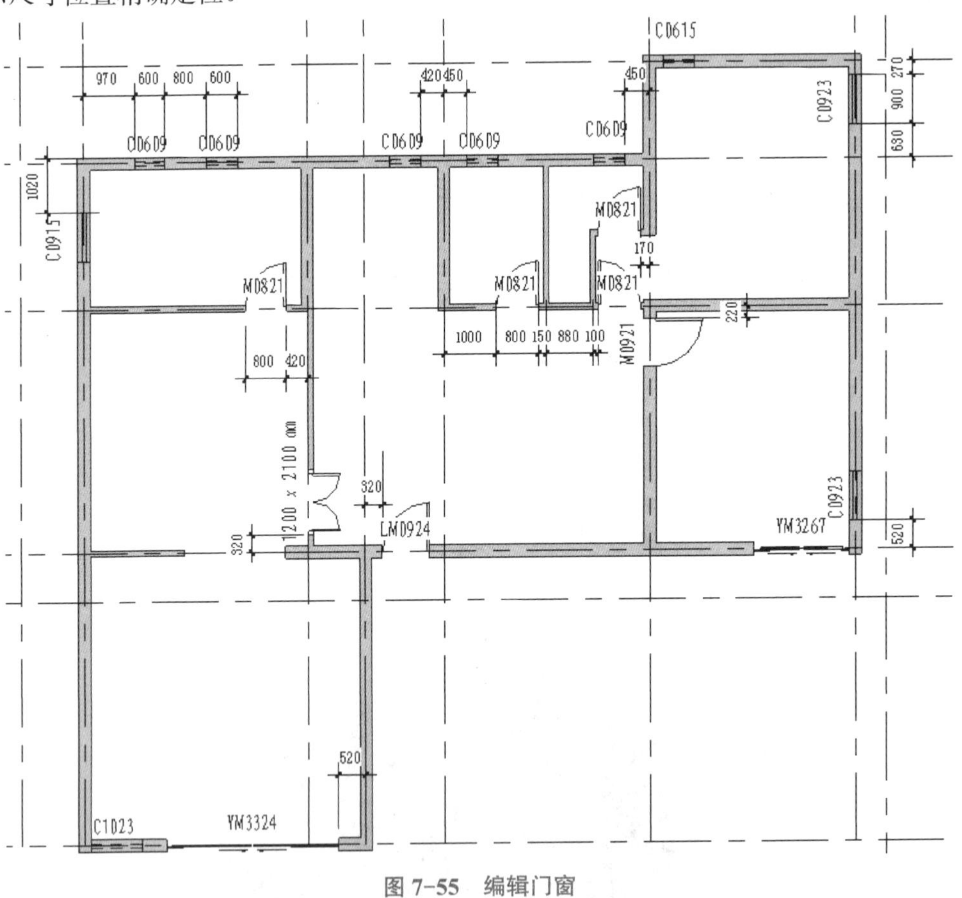

图 7-55　编辑门窗

（3）编辑窗台高：在平面视图中选择窗，在“属性”选项板中设置“底高度”参数值，调整窗户的窗台高。各窗的窗台高为 C0609-1700 mm、C0615-850 mm、C0923-100 mm、C1023-100 mm、C0915-900 mm。

7.14 编辑二层楼板

编辑二层楼板

（1）打开 F2 视图平面，在“建筑”选项卡“构建”面板的“楼板”下拉列表中选择“楼板：建筑”命令，在“属性”选项板类型选择器中选择“常规 -100 mm”，进入楼板绘制模式。

（2）在“修改 | 创建楼层边界”选项卡“工作平面”面板中选择“参照平面”命令，在当前视图中绘制一条相对于Ⓑ轴距离“100 mm”的辅助线，如图 7-56 所示。

（3）在“绘制”面板中选择“直线”命令，在辅助线处绘制轮廓，统一向内偏移 20。完成的轮廓如图 7-57 所示。

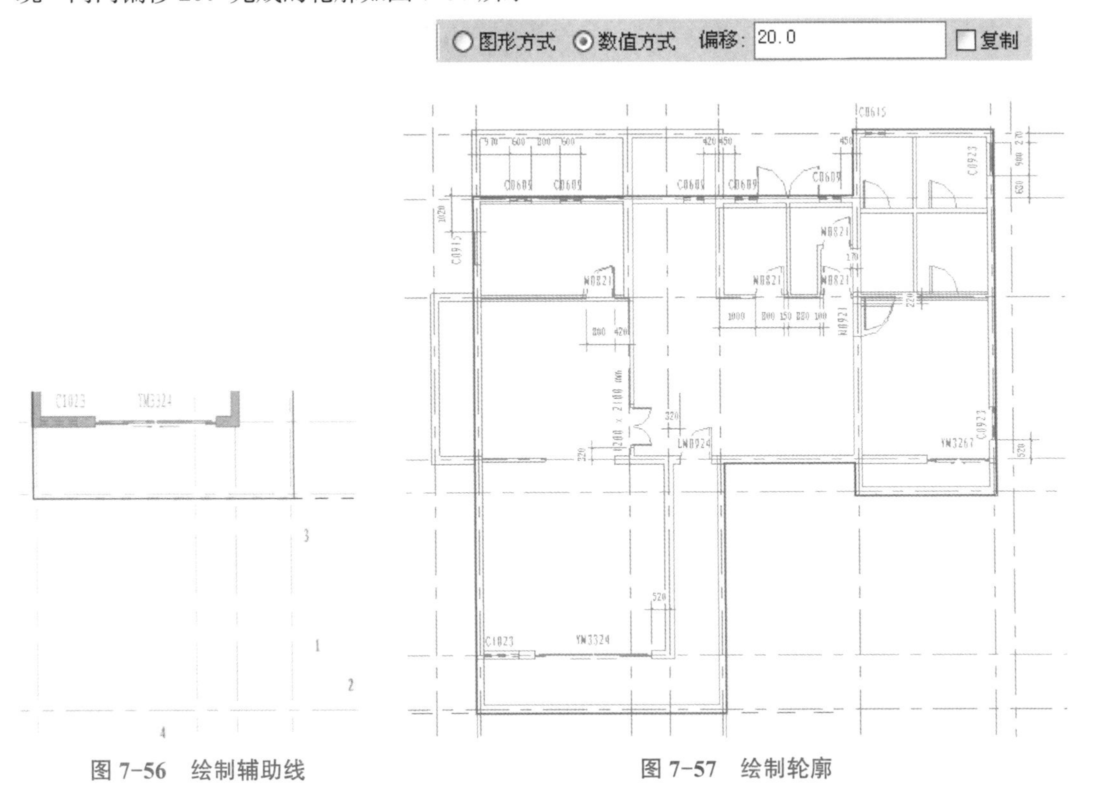

图 7-56　绘制辅助线

图 7-57　绘制轮廓

（4）完成轮廓绘制后，选择“完成绘制”命令创建二层楼板，系统弹出提示对话框，单击“否”按钮，如图 7-58 所示。

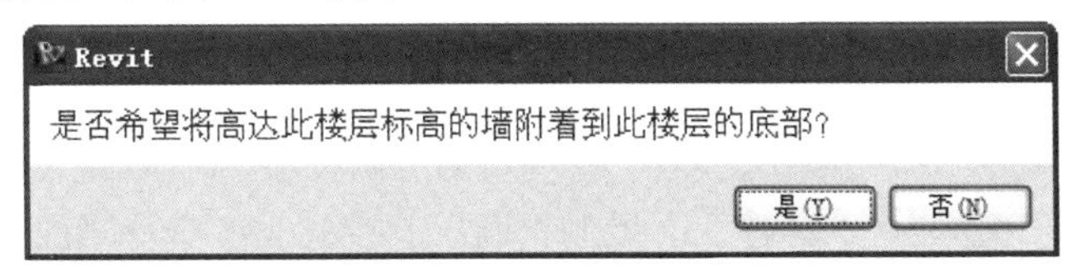

图 7-58　提示对话框

（5）系统继续弹出提示对话框，单击“是”按钮，如图 7-59 所示。

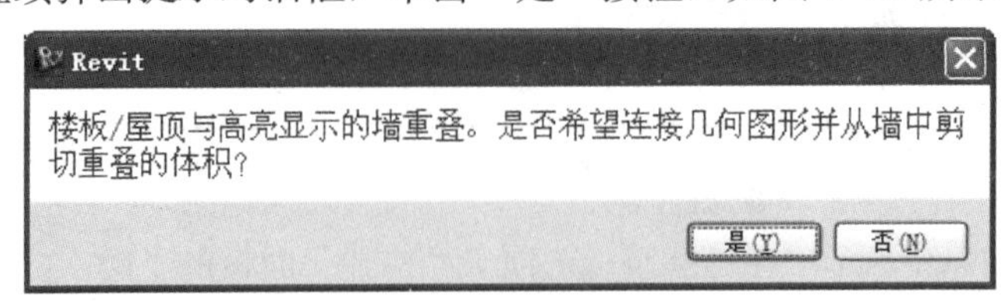

图 7-59　提示对话框

（6）完成绘制后的效果如图 7-60 所示。

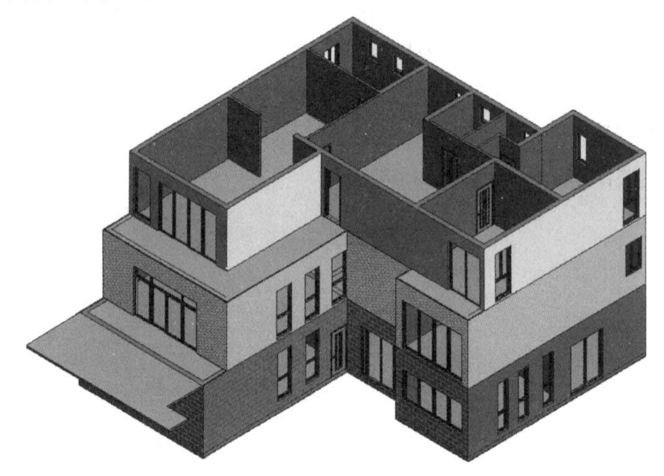

图 7-60　二层主体绘制完成后的效果

至此，二层平面的主体都已经绘制完成，保存文件。

7.15　玻璃幕墙

玻璃幕墙

幕墙是现代建筑设计中被广泛应用的一种建筑构件，由幕墙网格、竖梃和幕墙嵌板组成，如图 7-61 所示。在 Revit 中，根据幕墙的复杂程度，分为常规幕墙、规则幕墙系统和面幕墙系统三种创建幕墙的方法。常规幕墙是墙体的一种特殊类型，其绘制方法和常规墙体相同，并具有常规墙体的各种属性，可以像编辑常规墙体一样用“附着”“编辑立面轮廓”等命令编辑常规幕墙。

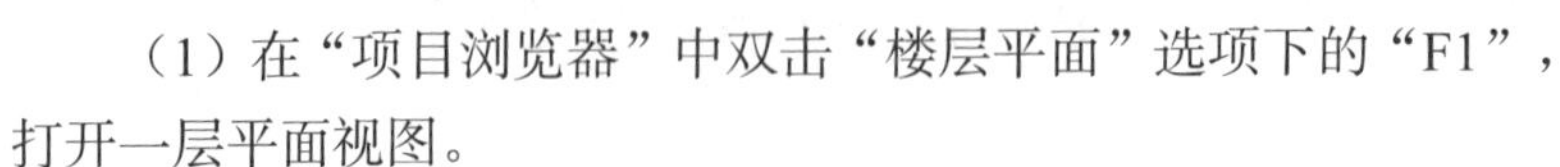

（1）在“项目浏览器”中双击“楼层平面”选项下的“F1”，打开一层平面视图。

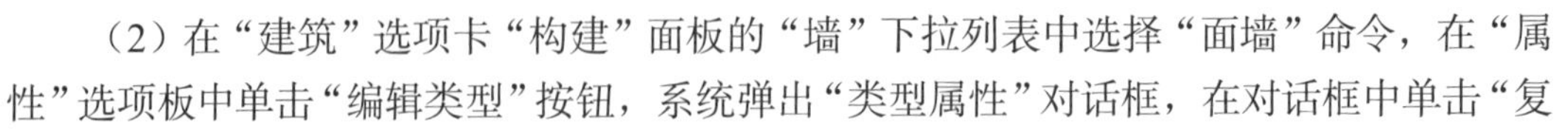

（2）在“建筑”选项卡“构建”面板的“墙”下拉列表中选择“面墙”命令，在“属性”选项板中单击“编辑类型”按钮，系统弹出“类型属性”对话框，在对话框中单击“复

制”按钮，创建新的幕墙类型，输入新的名称“C2156”，如图 7-62 所示。

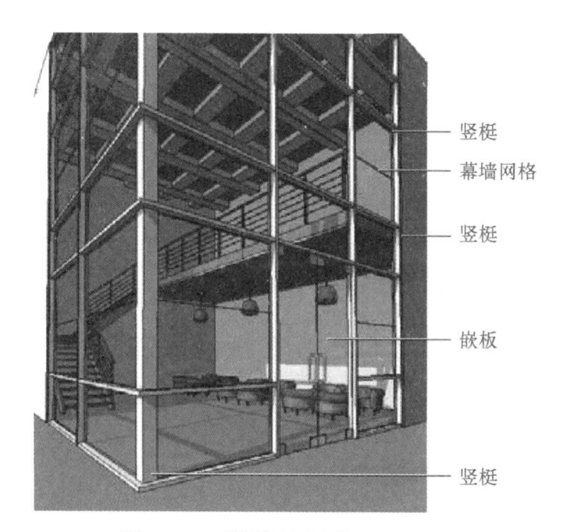

图 7-61　幕墙的组成

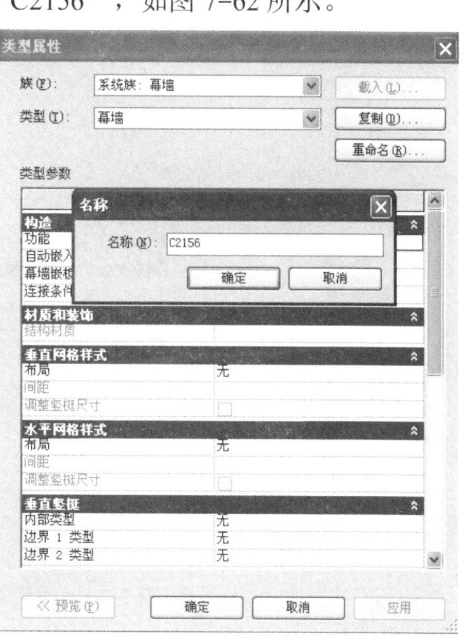

图 7-62　创建新的幕墙类型

（3）在“属性”选项板中，如图 7-63 所示设置“底部限制条件”为“F1”，“底部偏移”为“100.0”，“顶部约束”为“未连接”，“无连接高度”为“5600.0”，单击“编辑类型”按钮，打开“类型属性”对话框，勾选“自动嵌入”。

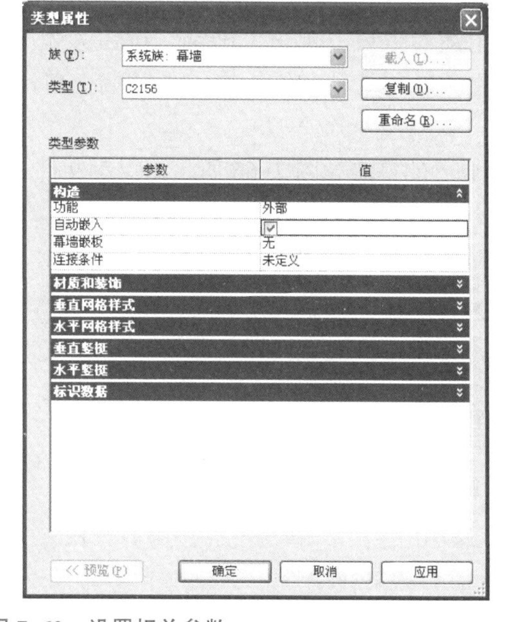

图 7-63　设置相关参数

（4）本案例中的幕墙分割与竖梃添加是通过参数设置自动完成的，按图 7-64 所示在幕墙“C2156”的“类型属性”对话框中设置有关参数。

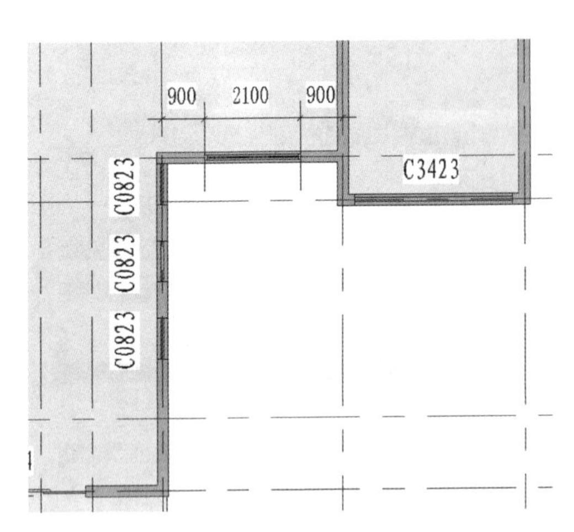

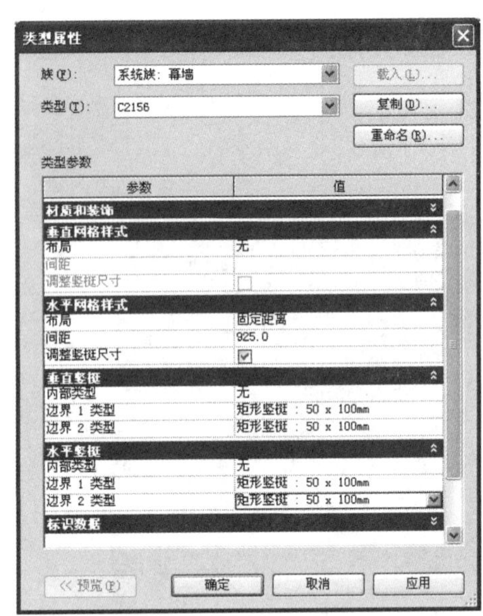

图 7-64　设置幕墙分割与竖梃的参数

幕墙分割线设置："垂直网格样式"的"布局"参数选择"无"；"水平网格样式"的"布局"参数选择"固定距离"，"间距"设置为"925"，勾选"调整竖梃尺寸"参数。

幕墙竖梃设置："垂直竖梃"栏中"内部类型"选择"无"，"边界 1 类型"和"边界 2 类型"选为"矩形竖梃：50×100 mm"；"水平竖梃"栏中的"内部类型""边界 1 类型""边界 2 类型"都选为"矩形竖梃：50×100 mm"。

设置完上述参数后，单击"确定"按钮关闭"类型属性"对话框。按照与绘制墙一样的方法在Ⓔ轴与⑤轴和⑥轴交点处的墙上单击捕捉两点绘制幕墙，位置如图 7-65 所示。

（5）完成后的幕墙如图 7-66 所示，保存文件。

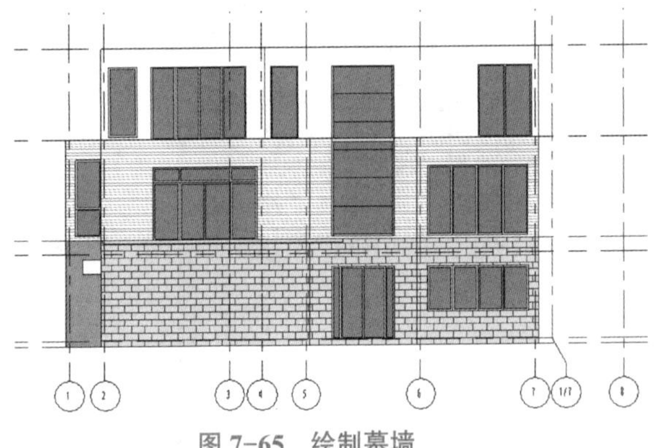

图 7-65　绘制幕墙

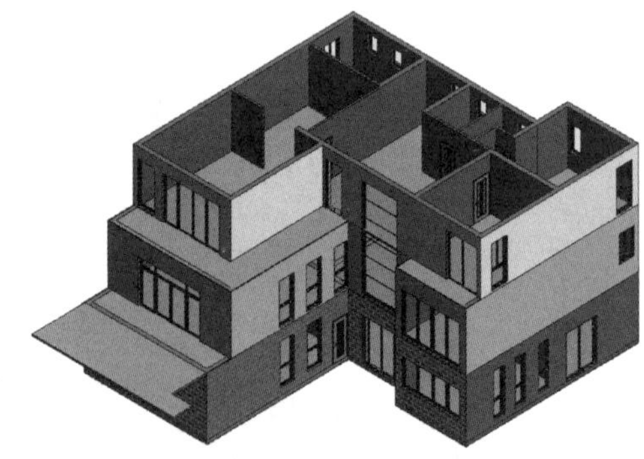

图 7-66　幕墙绘制完成后的效果

第 8 章　屋顶和天花板的绘制

屋顶是建筑的重要组成部分，在 Revit 中提供了多种建模工具，如迹线屋顶、拉伸屋顶、面屋顶、玻璃斜窗等创建屋顶的常规工具。另外，对于一些特殊造型的屋顶，还可以通过内建模型的工具来创建。

8.1 创建拉伸屋顶

本节以首层左侧凸出部分墙体的双坡屋顶为例，详细讲解“拉伸屋顶”命令的使用方法。

拉伸屋顶的预备知识

屋顶的创建

在“项目浏览器”中双击“楼层平面”选项下的“F2”，打开二层平面视图。

在二层平面视图的“属性”选项板中，设置参数“基线”为“F1”，如图 8-1 所示。

在“建筑”选项卡“工作平面”面板中选择“参照平面”命令，如图 8-2 所示，在Ⓕ轴和Ⓔ轴向外 800 mm 处各绘制一个参照平面，在①轴向左 800 mm 处绘制一个参照平面。

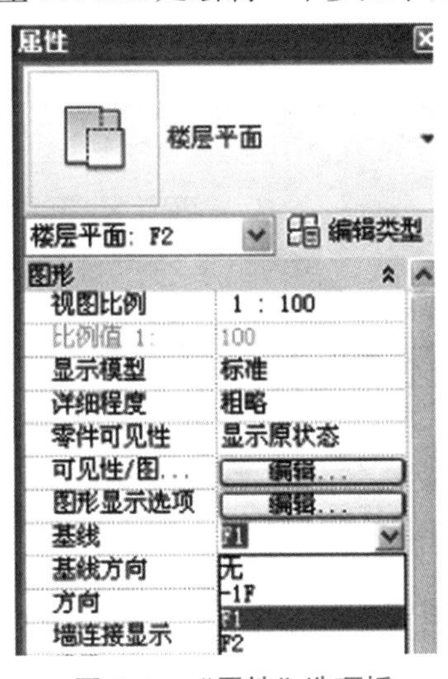

图 8-1　“属性”选项板

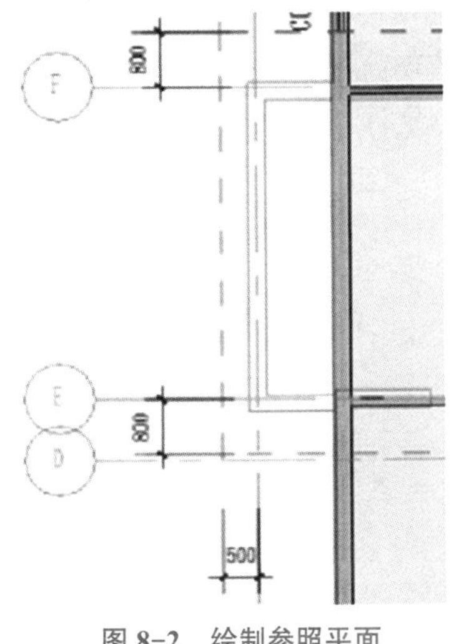

图 8-2　绘制参照平面

第一篇
第二篇
第三篇
第四篇
第五篇

在“建筑”选项卡“构建”面板的“屋顶”下拉列表中选择“拉伸屋顶”命令，系统弹出如图 8-3 所示的“工作平面”对话框，提示设置工作平面。

在“工作平面”对话框中选择“拾取一个平面”，单击“确定”按钮，移动鼠标，单击拾取新绘制的垂直参照平面，弹出“转到视图”对话框，如图 8-4 所示。选择“立面 - 西”选项，单击“打开视图”按钮，进入“西立面”视图。

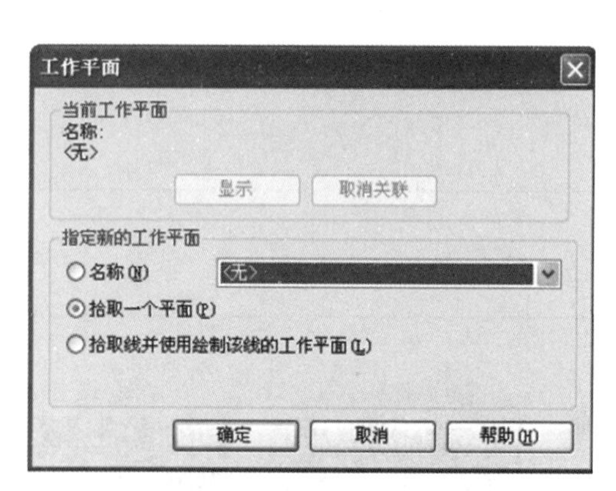

图 8-3 “工作平面”对话框

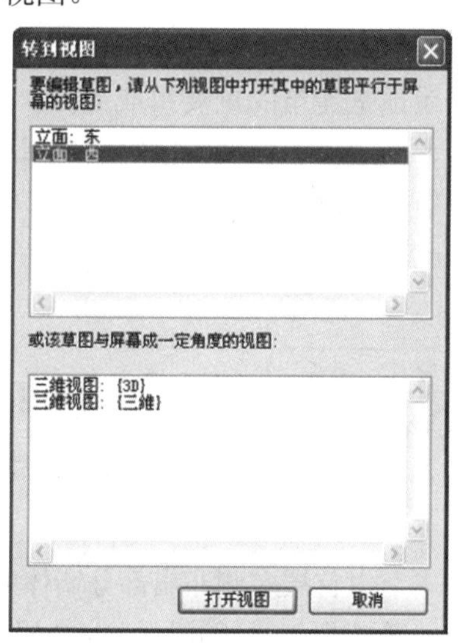

图 8-4 “转到视图”对话框

在西立面视图中墙体两侧可以看到两个竖向的参照平面，这是在 F2 平面视图中绘制的两个水平参照平面在西立面的投影，用来在创建屋顶时精确定位（图 8-5）。

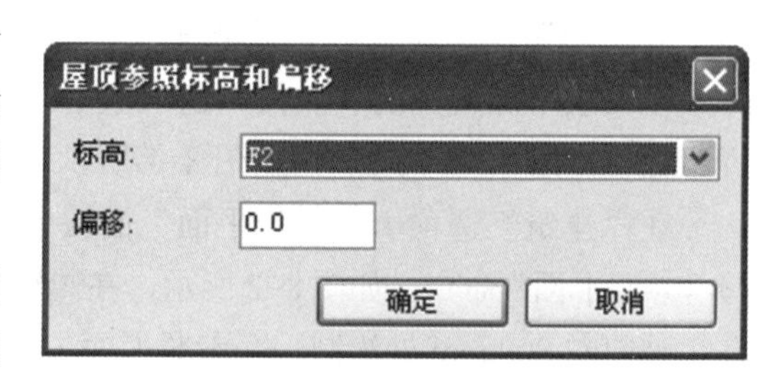

图 8-5 “屋顶参照标高和偏移”对话框

单击绘制面板中的“直线”命令，按图 8-6 所示尺寸绘制拉伸屋顶截面形状线。在“属性”选项板类型选择器下拉列表中选择“青灰色琉璃筒瓦”，单击“确定”按钮完成使用屋顶命令创建拉伸屋顶，结果如图 8-7 所示，保存文件。

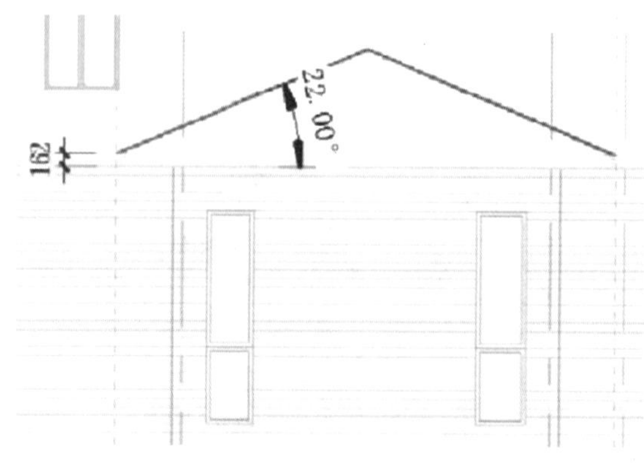

图 8-6 绘制拉伸屋顶截面形状线

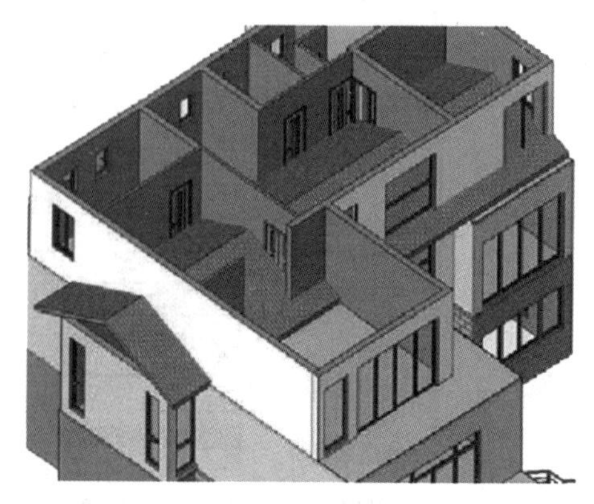

图 8-7 创建拉伸屋顶完成后的效果

8.2 修改屋顶

屋顶的编辑

在三维视图中观察上节创建的拉伸屋顶，可以看到屋顶长度过长，延伸到了二层屋内，同时，屋顶下面没有山墙，下面将逐一完善这些细节。

8.2.1 连接屋顶

打开三维视图，在“修改”选项卡的“几何图形”面板中选择“连接/取消连接屋顶”命令。单击拾取延伸到二层屋内的屋顶边缘线，如图 8-8 所示，单击拾取左侧二层外墙墙面，如图 8-9 所示，即可自动调整屋顶长度，使其端面和二层外墙墙面对齐，最后结果如图 8-10 所示。

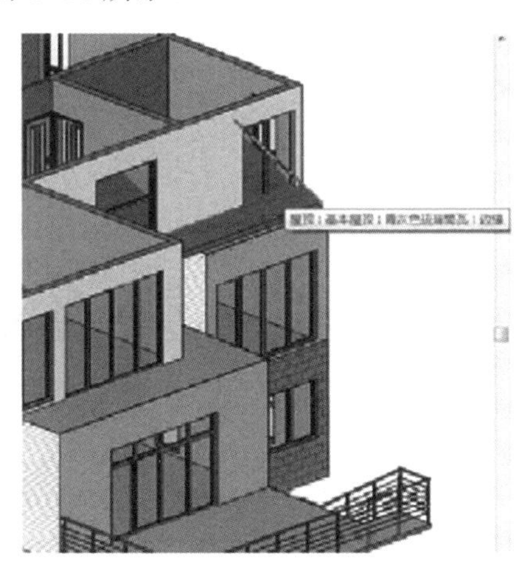

图 8-8 拾取屋顶边缘线

图 8-9 拾取左侧二层外墙墙面

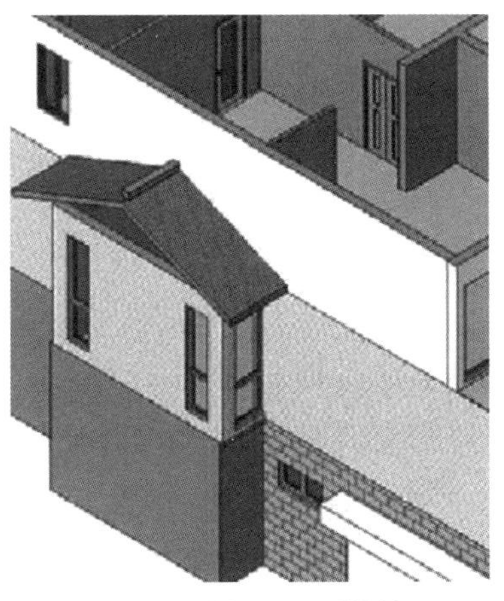

图 8-10 连接屋顶后的效果

8.2.2 附着墙

按住 Ctrl 键连续单击选择屋顶下面的三面墙，在“修改 | 墙”选项卡“修改墙”面板中选择“附着顶部 / 底部”命令，在选项栏中选择“顶部”，并选择屋顶作为被附着的目标，墙体自动将其顶部附着到屋顶下面，如图 8-11 所示。这样即可在墙体和屋顶之间创建关联关系。

修改 | 墙　附着墙: ⊙顶部 ○底部

图 8-11　“附着顶部 / 底部”选项栏

8.2.3 创建屋脊

在“结构”选项卡“结构”面板中选择“梁”命令，在“属性”选项板类型选择器下拉列表中选择梁类型为“屋脊：屋脊线”，在选项栏中勾选“三维捕捉”，设置参数如图 8-12 所示，在三维视图中捕捉屋脊线的两个端点来创建屋脊。

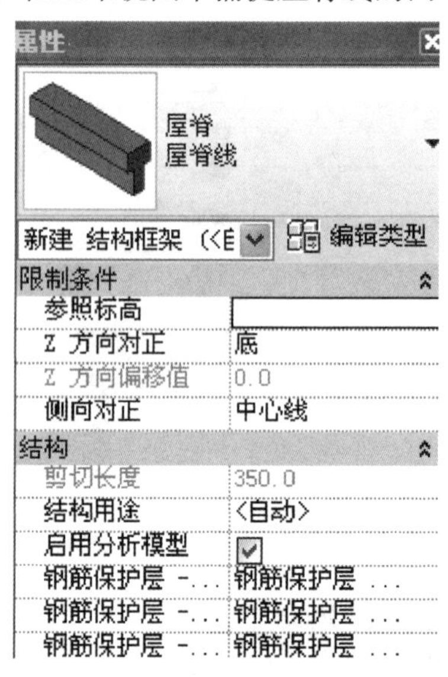

图 8-12　“属性”选项板

屋脊线的绘制

8.2.4 连接屋顶和屋脊

在“修改”选项卡“几何图形”面板中选择“连接几何图形”命令，先选择要连接的第一个几何图形屋顶，再选择要与第一个几何图形连接的第二个几何图形屋脊，系统自动将两者连接在一起，如图 8-13 所示。按 Esc 键结束连接命令，并保存文件。

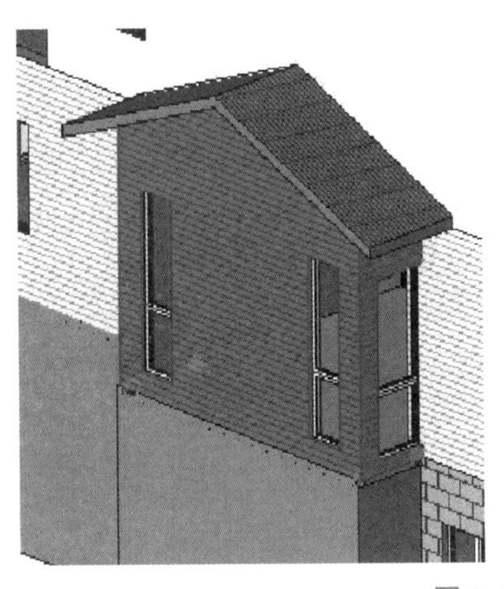

图 8-13　屋顶和屋脊连接后的效果

8.3　二层多坡屋顶

用迹线的方式创建二层多坡屋顶

下面使用“迹线屋顶”命令创建项目北侧二层的多坡屋顶。

（1）在“项目浏览器”中双击“楼层平面”选项下的“F2”，打开二层平面视图，在“属性”选项板中选择基线为“无”。

（2）在“建筑”选项卡“构建”面板的“屋顶”下拉列表中选择“迹线屋顶”命令，进入绘制屋顶轮廓迹线草图模式，在“修改 | 创建屋顶迹线”选项卡“绘制”面板中选择“直线”命令，如图 8-14 所示，绘制屋顶轮廓迹线，轮廓线沿相应轴网向外偏移 800 mm。

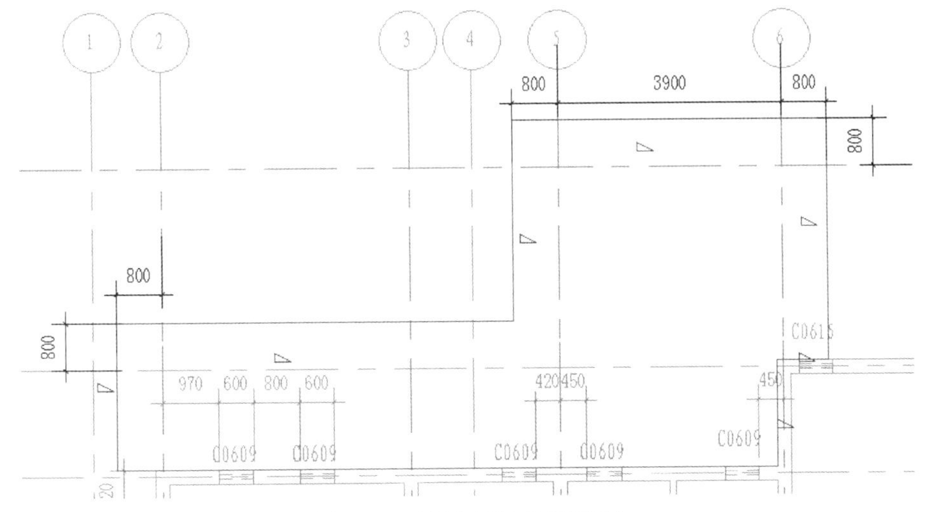

图 8-14　绘制迹线屋顶轮廓线

（3）在“属性”选项板类型选择器中选择“青灰色琉璃筒瓦”类型。

（4）修改屋顶坡度：选中所有绘制的迹线，在“属性”选项板中设置“坡度”参数为 22°，如图 8-15 所示，按住 Ctrl 键连续单击选择最上面、最下面和右侧最短的那条水平迹线，以及下方左右两条垂直迹线，在选项栏中取消勾选“定义坡度”选项，取消这些边的坡度，如图 8-16 所示。

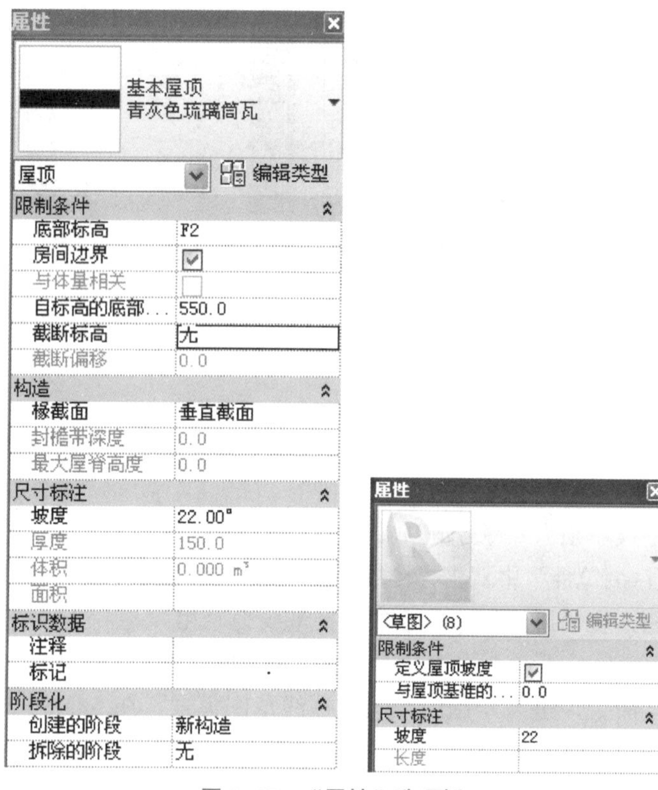

图 8-15 “属性”选项板

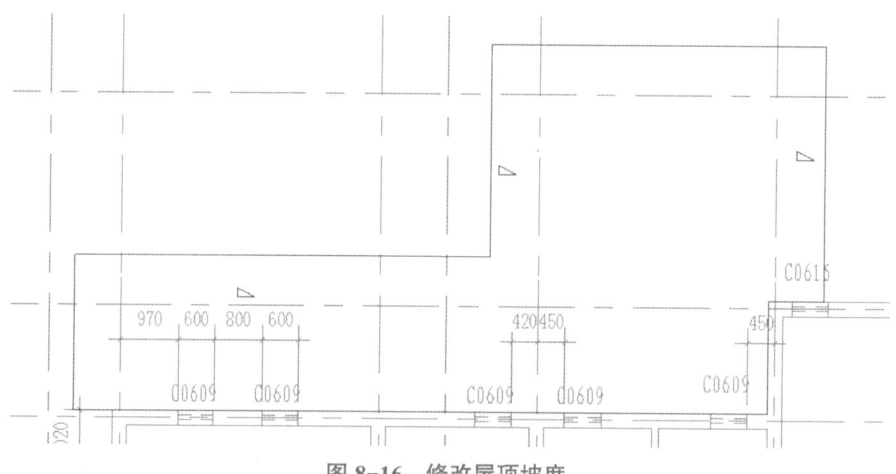

图 8-16 修改屋顶坡度

（5）单击“完成”按钮创建了二层多坡屋顶。选择屋顶下的墙体，选择“附着顶

部 / 底部”命令，拾取新创建的屋顶，将墙体附着到屋顶下。同前所述新建屋顶屋脊，如图 8-17 所示，保存文件。

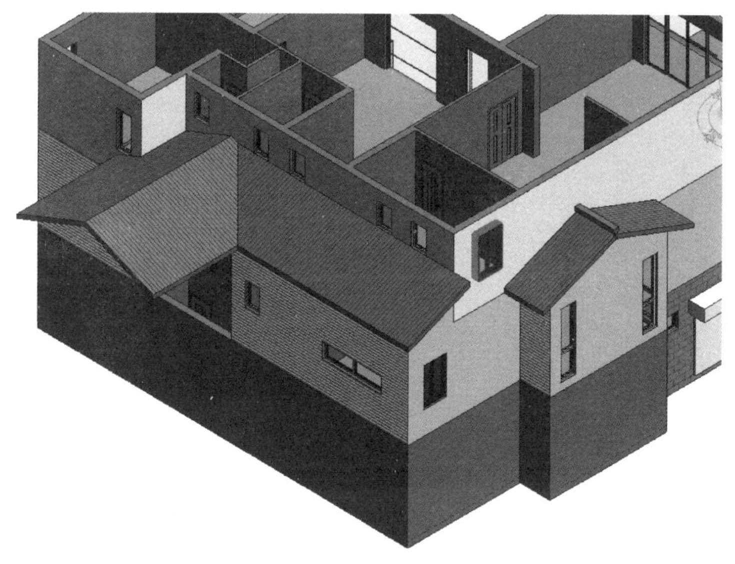

图 8-17　新建屋顶屋脊后的效果

8.4　三层多坡屋顶

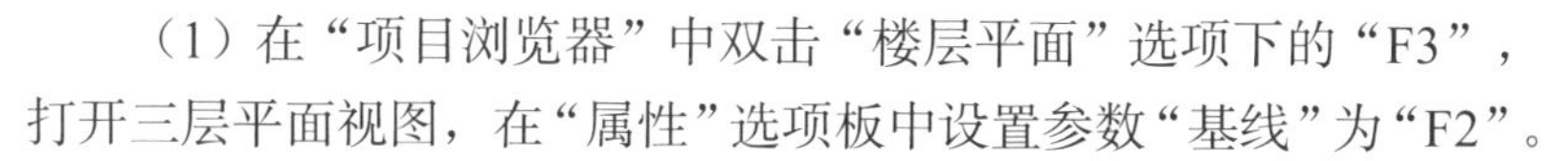

（1）在“项目浏览器”中双击“楼层平面”选项下的“F3”，打开三层平面视图，在“属性”选项板中设置参数“基线”为“F2”。

用迹线的方式创建三层多坡屋顶

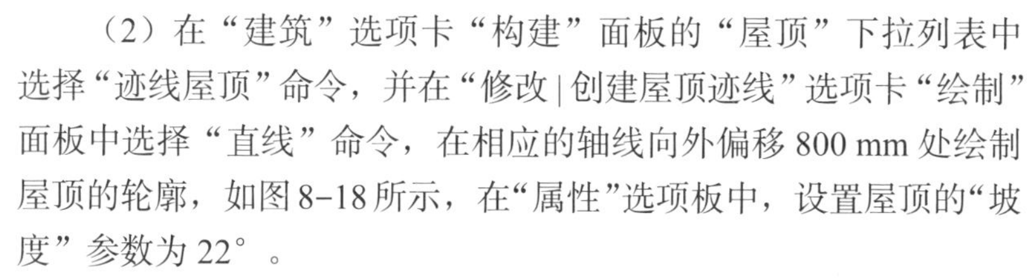

（2）在“建筑”选项卡“构建”面板的“屋顶”下拉列表中选择“迹线屋顶”命令，并在“修改 | 创建屋顶迹线”选项卡“绘制”面板中选择“直线”命令，在相应的轴线向外偏移 800 mm 处绘制屋顶的轮廓，如图 8-18 所示，在“属性”选项板中，设置屋顶的“坡度”参数为 22°。

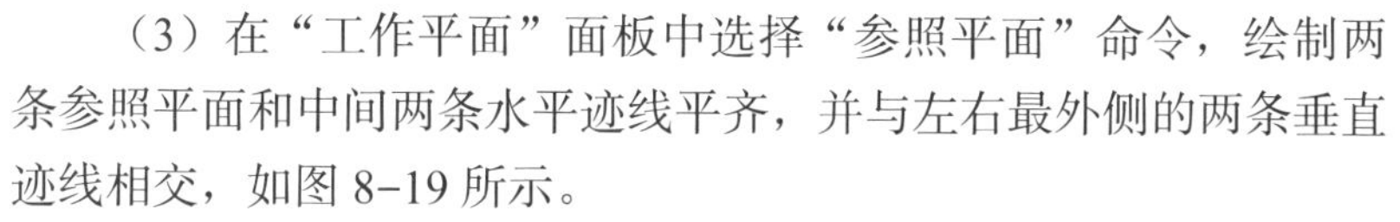

（3）在“工作平面”面板中选择“参照平面”命令，绘制两条参照平面和中间两条水平迹线平齐，并与左右最外侧的两条垂直迹线相交，如图 8-19 所示。

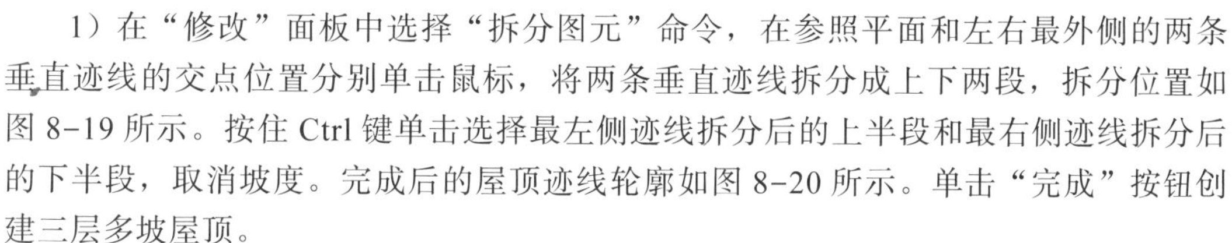

1）在“修改”面板中选择“拆分图元”命令，在参照平面和左右最外侧的两条垂直迹线的交点位置分别单击鼠标，将两条垂直迹线拆分成上下两段，拆分位置如图 8-19 所示。按住 Ctrl 键单击选择最左侧迹线拆分后的上半段和最右侧迹线拆分后的下半段，取消坡度。完成后的屋顶迹线轮廓如图 8-20 所示。单击“完成”按钮创建三层多坡屋顶。

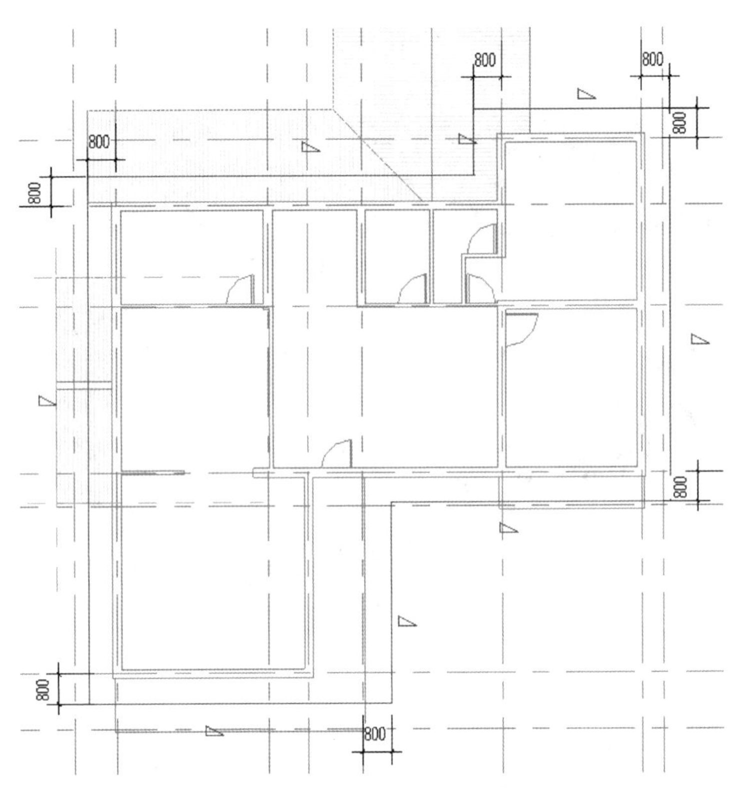

图 8-18　绘制屋顶迹线轮廓

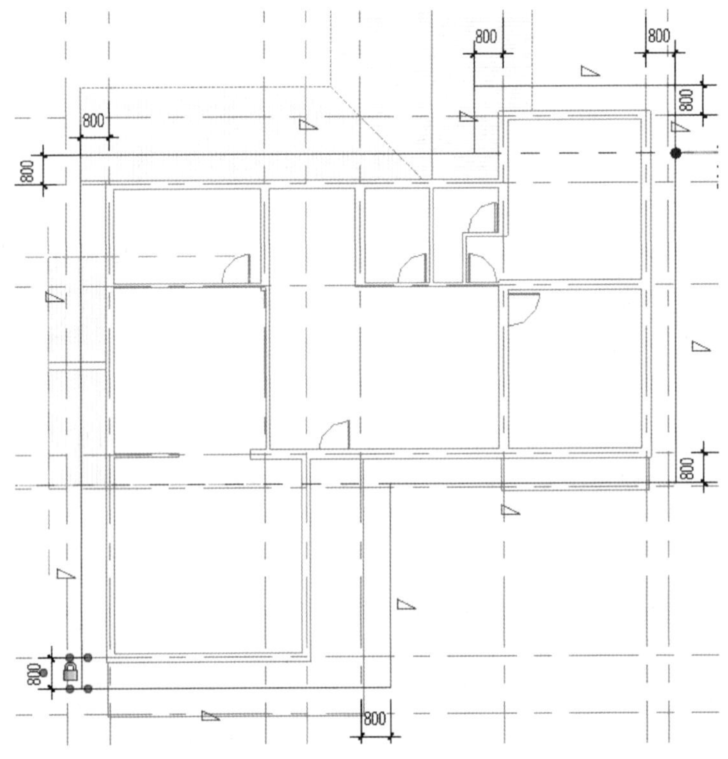

图 8-19　绘制参照平面

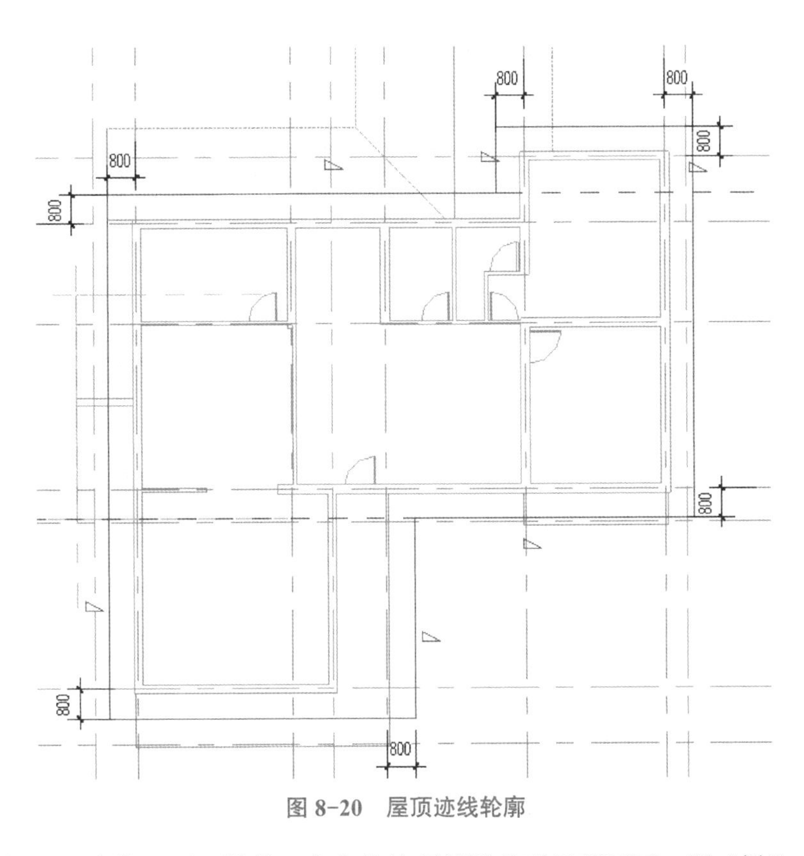

图 8-20　屋顶迹线轮廓

2）选择三层墙体，用“附着”命令将墙顶部附着到屋顶下面。用“梁”命令捕捉三条屋脊线创建屋脊，完成后的效果如图 8-21 所示，保存文件。

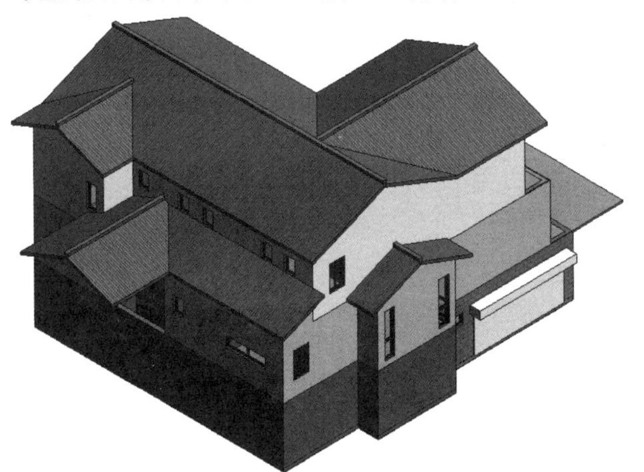
图 8-21　屋顶创建完成后的效果

第 9 章　楼梯等其他构件的绘制

本章采用功能命令和案例讲解相结合的方式，详细介绍楼梯、扶手、坡道、柱和其他建筑构配件的创建和编辑的方法，并对项目应用中可能遇到的各类问题进行了细致讲解。

9.1　创建室外楼梯

在“项目浏览器”中双击“楼层平面”选项下的“-1F-1”，打开地下一层平面视图。

在“建筑”选项卡“楼梯坡道”面板中选择“楼梯（按草图）”命令，进入绘制草图模式。在“属性”选项板中选择楼梯类型为“室外楼梯”，设置楼梯的“底部标高”为-1F-1，“顶部标高”为F1、“宽度”为1 150、“所需踢面数”为20、“实际踏板深度”为280，如图9-1所示。

在“绘制”面板中选择“梯段”，选择“直线”命令，在建筑外单击一点作为第一跑起点，垂直向下移动光标，直到显示“创建了 10 个踢面，剩余 10 个”时，单击鼠标捕捉该点作为第一跑终点，创建第一跑草图。按 Esc 键结束绘制命令。

在“建筑”选项卡“工作平面”面板中选择“参照平面”命令，在草图下方绘制一个水平参照平面作为辅助线，改变临时尺寸距离为900，如图9-2所示。

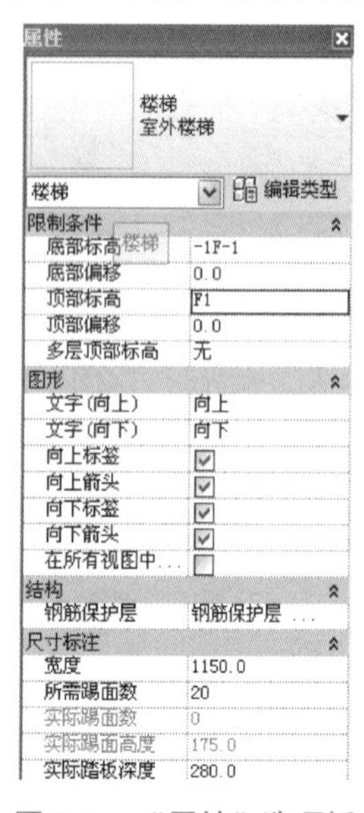

图 9-1　“属性”选项板

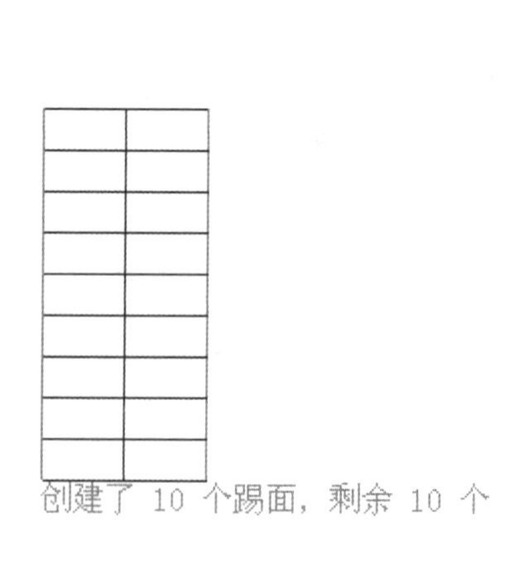

图 9-2　绘制参照平面

室外楼梯的设置

室外楼梯的绘制

继续选择“梯段”命令，移动鼠标至水平参照平面上与梯段中心线延伸相交的位置，当参照平面亮显并提示“交点”时，单击捕捉交点作为第二跑起点位置，向下垂直移动光标到矩形预览框之外，单击鼠标，创建剩余的踏步，结果如图 9-3 所示。

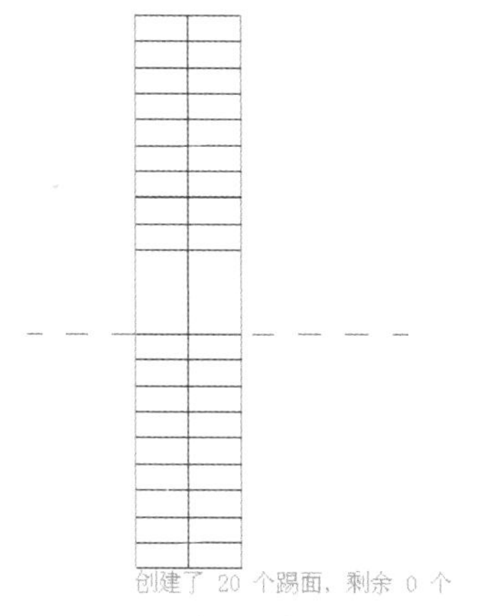

图 9-3　创建剩余踏步

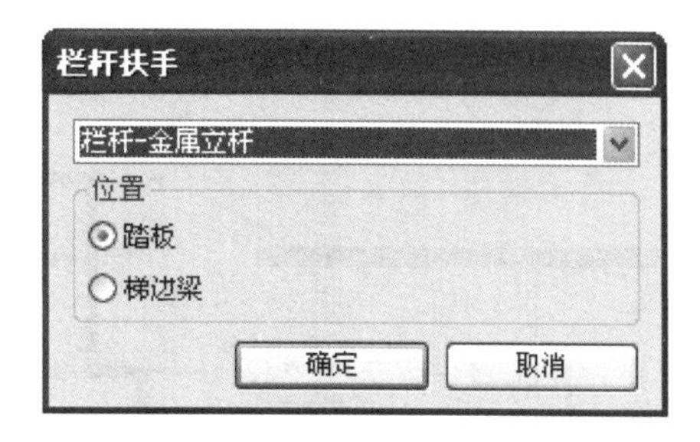

图 9-4　“栏杆扶手”对话框

在“工具”面板中选择“栏杆扶手”命令，弹出“拦杆扶手”对话框，在对话框下拉列表中选择扶手类型为“栏杆－金属立杆”（图 9-4），单击“确定”按钮完成室外楼梯的创建。

打开一层平面，将楼梯移动到图 9-5 所示位置，绘制结果如图 9-6 所示。

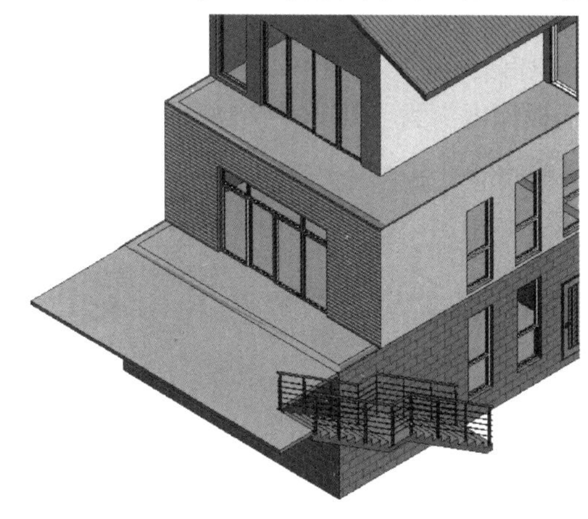

图 9-5　室外楼梯的位置

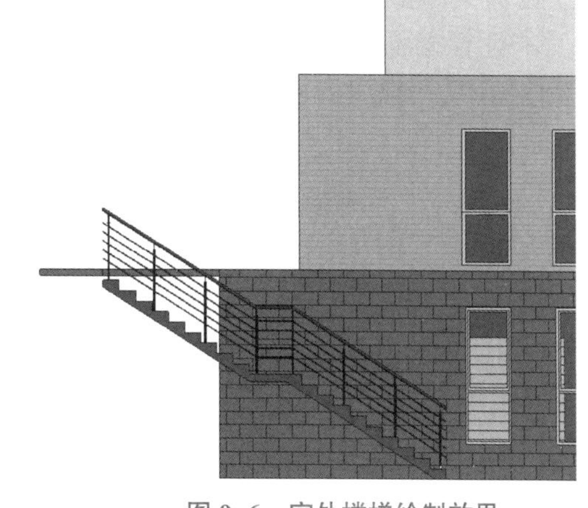

图 9-6　室外楼梯绘制效果

9.2　用梯段命令创建楼梯

在“项目浏览器”中双击“楼层平面”选项下的“-1F”，打开地下一层平面视图。在“建筑”选项卡“楼梯坡道”面板中选择“楼梯”命令，激活“修改 | 创建楼梯”

选项卡，进入绘制草图模式。

室内楼梯的绘制

绘制参照平面：在“工作平面”面板中选择“参照平面”命令，在地下一层楼梯间绘制四条参照平面，并用临时尺寸精确定位参照平面与墙边线的距离。其中，左右两条垂直参照平面到墙边线的距离为 575 mm，是楼梯梯段宽度的一半；下面水平参照平面到下面墙边线的距离为 1 380 mm，为第一跑起跑位置；上面水平参照平面距离下面参照平面的距离为 1 820 mm，如图 9–7 所示。

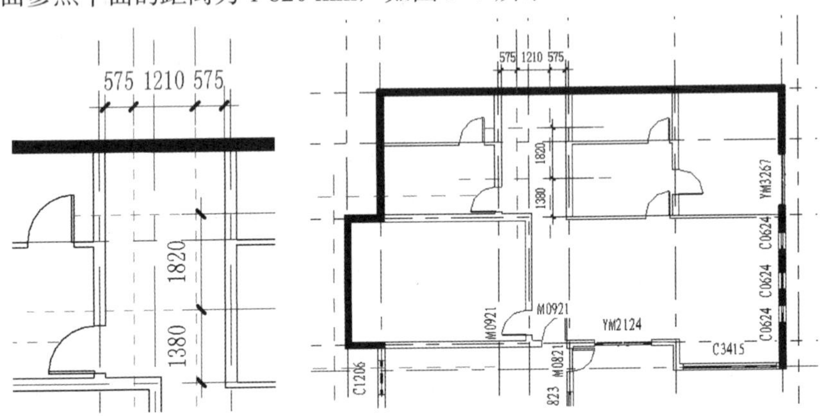

图 9–7　绘制参照平面

楼梯实例参数设置：在“属性”选项板的类型选择器中选择楼梯类型为“整体式楼梯”，设置楼梯的“底部标高”为“-1F”，“顶部标高”为“F1”，梯段“宽度”为“1 150.0”，“所需踢面数”为“19”，“实际踏板深度”为“260.0”，如图 9–8 所示。

属性

楼梯
整体式楼梯

楼梯　编辑类型

限制条件	
底部标高	-1F
底部偏移	0.0
顶部标高	F1
顶部偏移	0.0
多层顶部标高	无
图形	
文字（向上）	向上
文字（向下）	向下
向上标签	☑
向上箭头	☑
向下标签	☑
向下箭头	☑
在所有视图中...	☐
结构	
钢筋保护层	钢筋保护层 ...
尺寸标注	
宽度	1150.0
所需踢面数	19
实际踢面数	-1
实际踢面高度	173.7
实际踏板深度	260.0

图 9–8　楼梯实例参数设置

楼梯类型参数设置：在“属性”选项板中单击“编辑类型”按钮，弹出“类型属性”对话框，在“梯边梁”选项中设置参数“楼梯踏步梁高度”为“80.0”，“平台斜梁高度”为“100.0”，如图 9–9 所示。在“材质和装饰”项中设置楼梯的“整体式材质”参数为“钢筋混凝土”，如图 9–10、图 9–11 所示。设置完成后单击“确定”按钮关闭所有对话框。

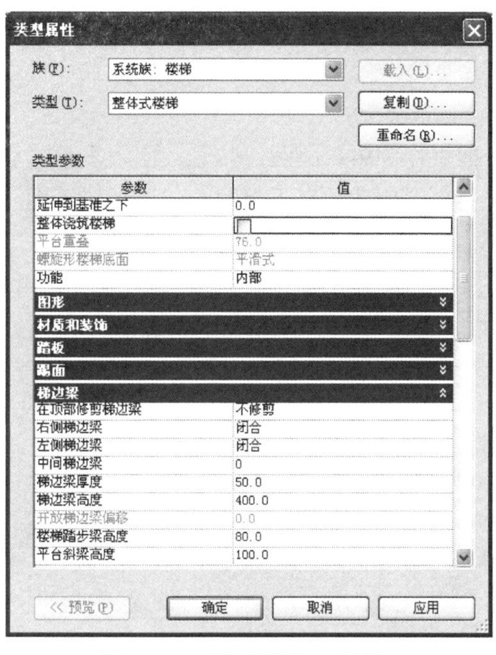

图 9–9　“类型属性”对话框

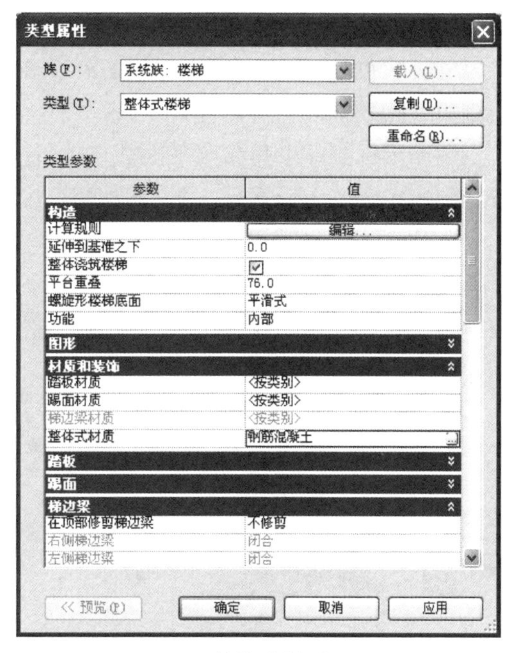

图 9–10　整体式材质设置

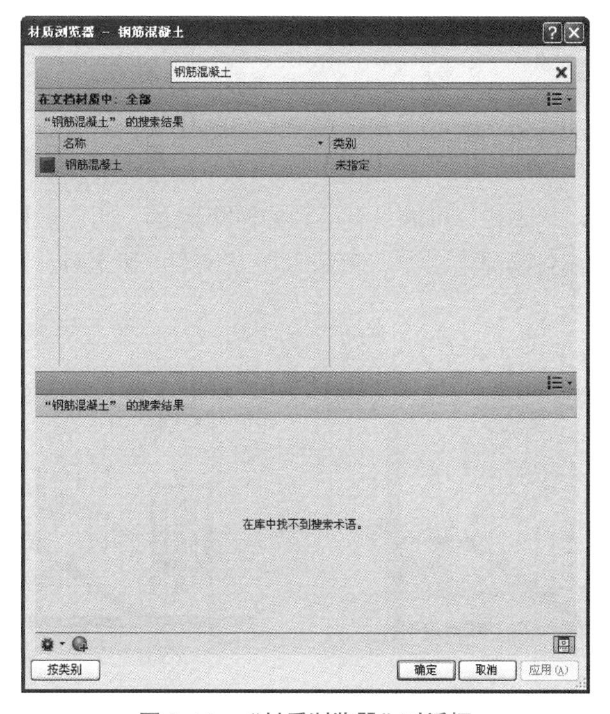

图 9–11　“材质浏览器”对话框

选择“梯段”命令，默认选项栏选择“直线”绘图模式，移动鼠标至参照平面右下角交点位置，两条参照平面亮显，同时，系统提示“交点”时，单击捕捉该交点作为第一跑起跑位置。

向上垂直移动鼠标至右上角参照平面交点位置，同时，在起跑点下方出现灰色显示的“创建了 7 个踢面，剩余 12 个”的提示字样和蓝色的临时尺寸，表示从起点到鼠标所在尺寸位置创建了 7 个踢面，还剩余 12 个。单击捕捉该交点作为第一跑终点位置，自动绘制第一跑踢面和边界草图。

移动鼠标到左上角参照平面交点位置，单击捕捉作为第二跑起点位置。向下垂直移动鼠标到矩形预览图形之外，单击捕捉一点，系统会自动创建休息平台和第二跑梯段草图，如图 9-12 所示。单击选择楼梯顶部的绿色边界线，鼠标拖拽其与顶部墙体内边界重合。

扶手类型：在“工具”面板中选择“栏杆扶手”命令，从“栏杆扶手”对话框下拉列表中选择需要的扶手类型。本案例中选择默认的扶手类型。单击“完成楼梯”按钮，创建如图 9-13 所示的地下一层的 U 形不等跑楼梯。

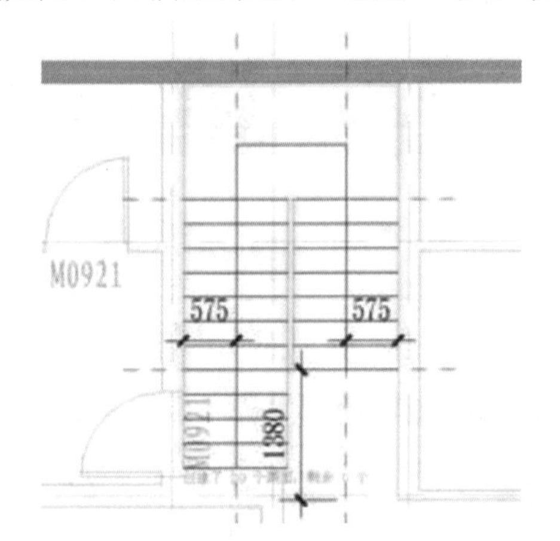

图 9-12　绘制平台和第二跑梯段草图

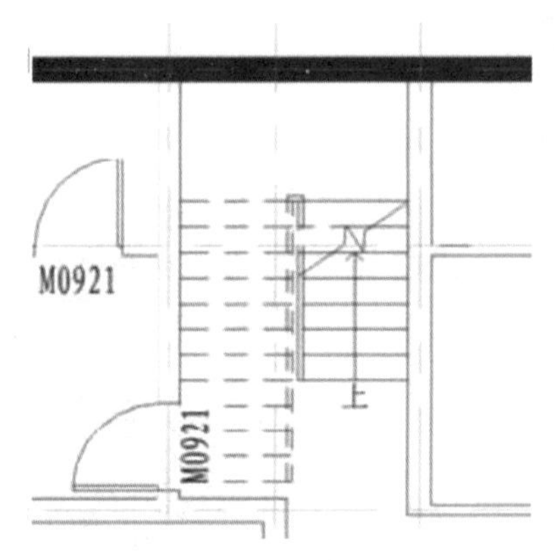

图 9-13　设置扶手

楼梯完成绘制后，扶手栏杆可能没有落到楼梯踏步上，如图 9-14 所示。可以在视图中选择此扶手，单击鼠标右键，选择“翻转方向”命令，扶手自动调整，使栏杆落到楼梯踏步上，结果如图 9-15 所示。

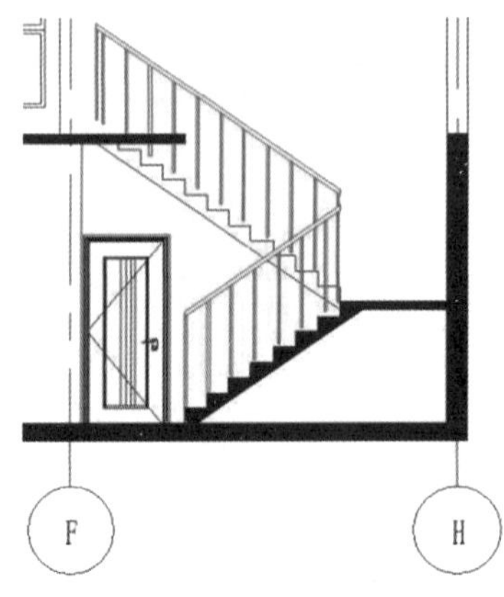

图 9-14　调整扶手栏杆的位置

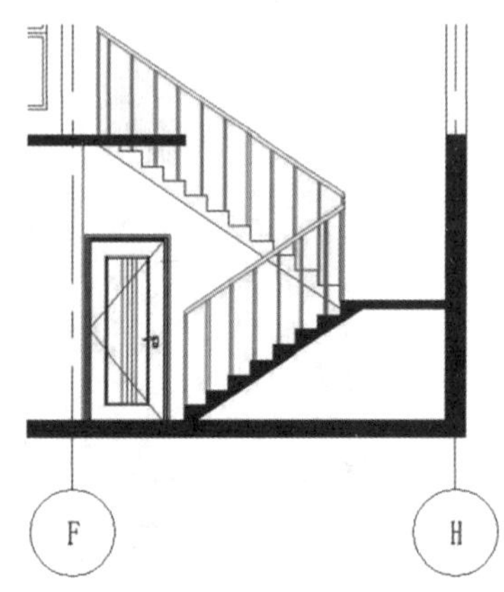

图 9-15　最终绘制效果

9.3 编辑踢面和边界线

选择上节绘制的楼梯，弹出“修改 | 楼梯”选项卡，在“模式”面板中选择“编辑草图”命令，重新回到绘制楼梯边界和踢面草图模式，系统弹出“修改 | 楼梯 > 编辑草图”选项卡。选择右侧第一跑的踢面线，按 Delete 键删除，在“绘制”面板中选择“踢面”，选择“三点画弧”命令，单击捕捉下面水平参照平面左右两边踢面线端点，再捕捉弧线中间一个端点绘制一段圆弧，复制 7 条该圆弧踢面，如图 9-16 所示。在“模式”面板中选择“完成楼梯”命令，即可创建圆弧踢面楼梯，如图 9-17 所示。

编辑踢面和边界线

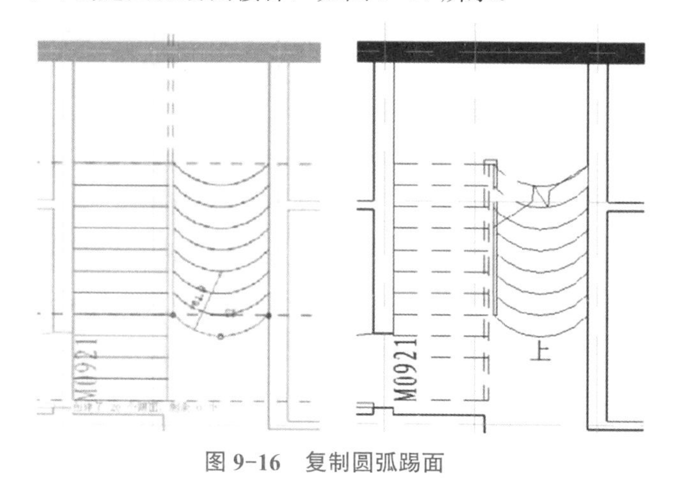

图 9-16　复制圆弧踢面

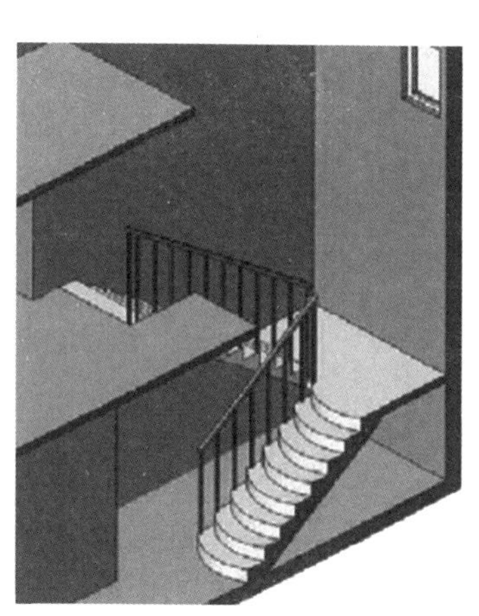

图 9-17　圆弧踢面楼梯创建效果

9.4 多层楼梯

在“项目浏览器”中双击“楼层平面”选项下的“-1F”，打开地下一层平面视图。选择地下一层的楼梯，设置属性参数。设置参数“多层顶部标高”为“F2”，如图 9-18 所示。单击“确定”按钮后即可自动创建其余楼层的楼梯和扶手，如图 9-19 所示，保存文件。

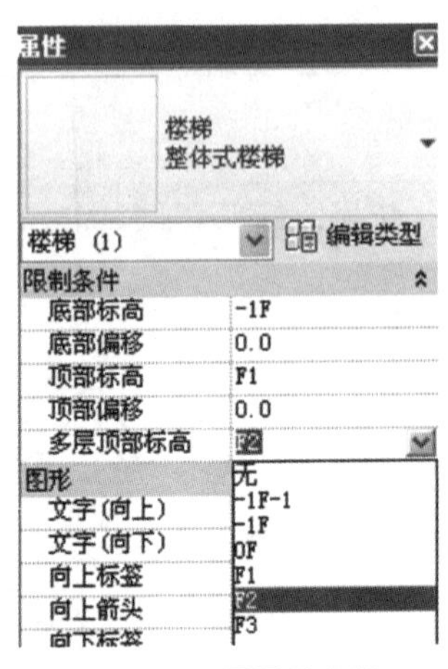

图 9-18　设置属性参数

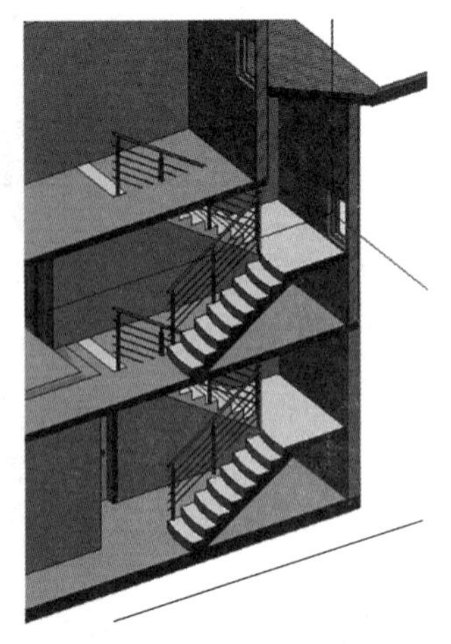

图 9-19　创建完成的楼梯和扶手

9.5 洞口

在楼梯处开竖井洞口：在“项目浏览器”中双击“F1”，打开一层平面视图，在“建筑”选项卡“洞口”面板中选择“竖井”命令，激活“修改 | 创建竖井洞口草图”选项卡，进入到绘制界面。在“绘制”面板中选择“直线”命令，按照楼梯轮廓进行绘制，如图 9-20 所示，绘制结束后单击“完成”按钮。

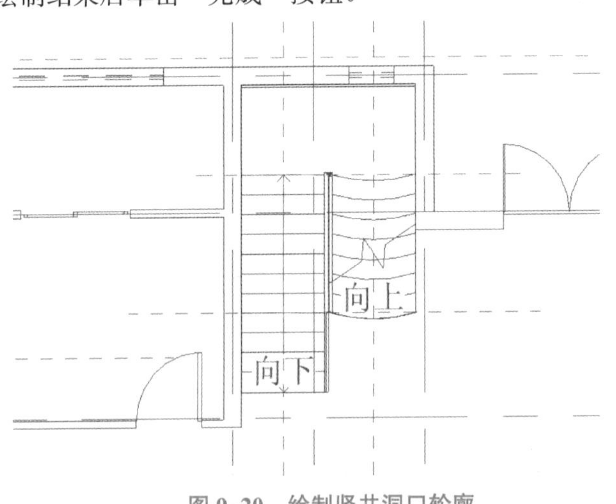

用洞口命令创建楼梯间

图 9-20　绘制竖井洞口轮廓

在三维视图“属性”选项面板中，勾选“剖面框”选项，调整到合适角度，观察楼梯和洞口，如图 9-21 所示。

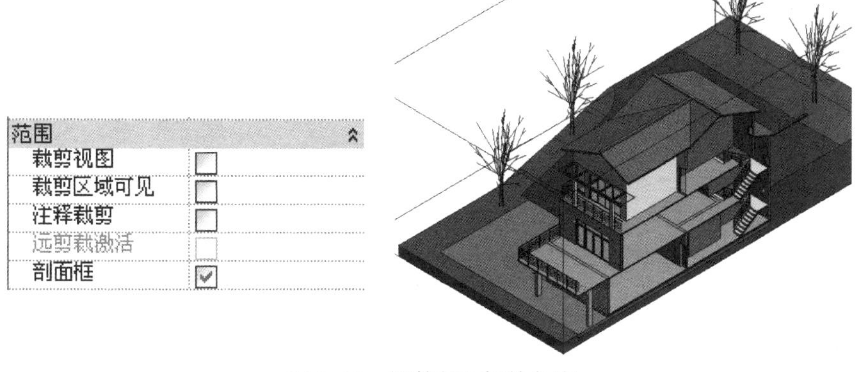

图 9-21　调整剖面框的角度

选中绘制的竖井洞口，在属性选项板中调整其属性参数，如图 9-22 所示。

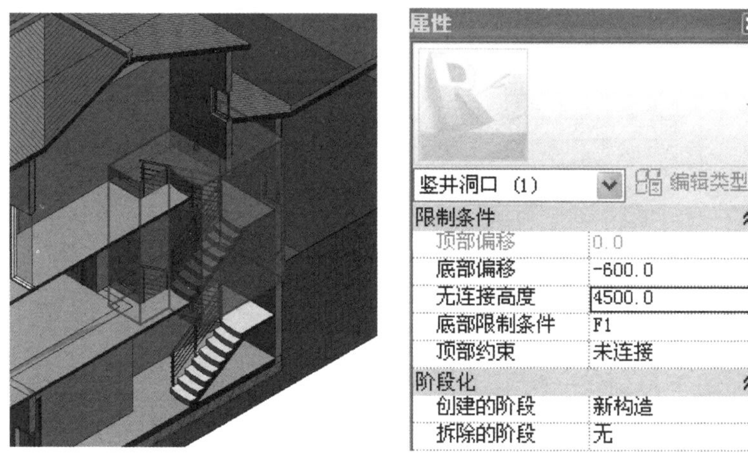

图 9-22　调整竖井洞口属性参数

9.6 坡道

Revit 中的“坡道”创建方法和“楼梯”创建方法非常相似，本节只进行简要讲解。

创建入口处坡道

在“项目浏览器”中双击“楼层平面”选项下的“-1F-1”，打开地下一层平面视图。在“建筑”选项卡“楼梯坡道”面板中选择“坡道”命令，激活“修改 | 创建坡道草图”选项卡，进入绘制模式。

在“属性”选项板中设置参数“底部标高”和“顶部标高”均为“-1F-1”，“顶部偏移”为“200.0”，“宽度”为“2 500.0”，如图 9-23 所示。

打开坡道“类型属性”对话框，设置参数“最大斜坡长度”为“6 000.0”，“坡道最大坡度（1/x）”为“2.000000”，“造型”为“实线”，如图 9–24 所示。设置完成后，单击“确定”按钮关闭对话框。在“工具”面板中选择“栏杆扶手”命令，在“栏杆扶手”对话框中设置“扶手类型”参数为“无”，单击“确定”按钮。

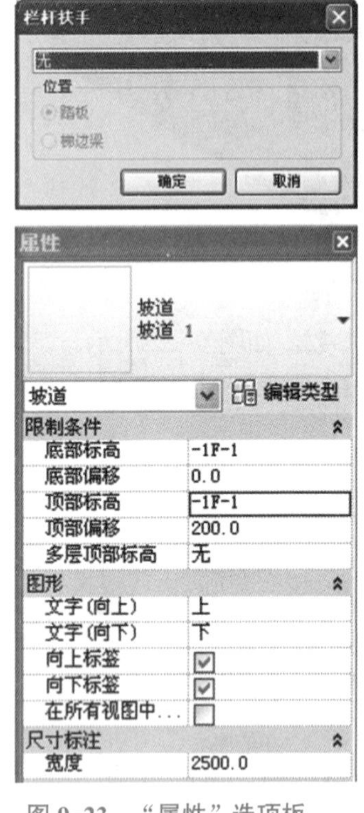

图 9–23 “属性”选项板

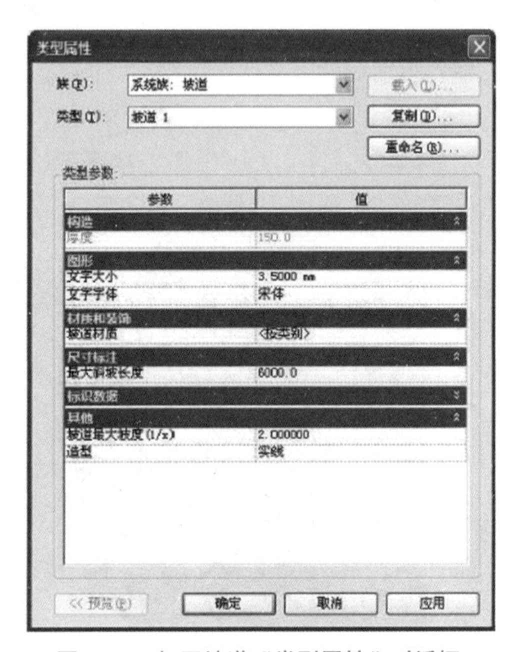

图 9–24 打开坡道“类型属性”对话框

在“绘制”面板中选择“梯段”命令，选项栏选择“直线”工具，移动鼠标到绘图区域中，从右向左拖拽光标绘制坡道，如图 9–25 所示（可框选所有草图线，将其移动到图示位置），单击“完成”按钮，创建的坡道如图 9–26 所示，保存文件。

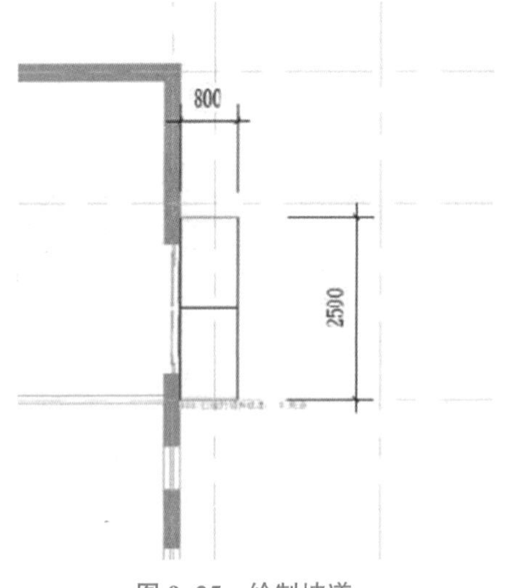

图 9–25 绘制坡道

图 9–26 坡道创建后的效果

9.7 带边坡的坡道

前述“坡道”命令不能创建两侧带边坡的坡道，因此推荐使用“楼板”命令来创建。

创建车库处带边坡的坡道

在“项目浏览器”中双击“楼层平面”选项下的“-1F”，打开平面视图。在“建筑”选项卡“构建”面板的“楼板”下拉列表中选择“楼板：建筑”命令，激活“修改 | 创建楼层边界”选项卡；单击“属性”选项板中的“编辑类型”按钮，弹出“类型属性”对话框，在对话框中单击“复制”按钮，新建楼板类型为“边坡坡道”，单击“编辑”按钮，弹出“编辑部件”对话框，设置其结构厚度为 200 mm（图 9-27），单击“确定”按钮关闭对话框。

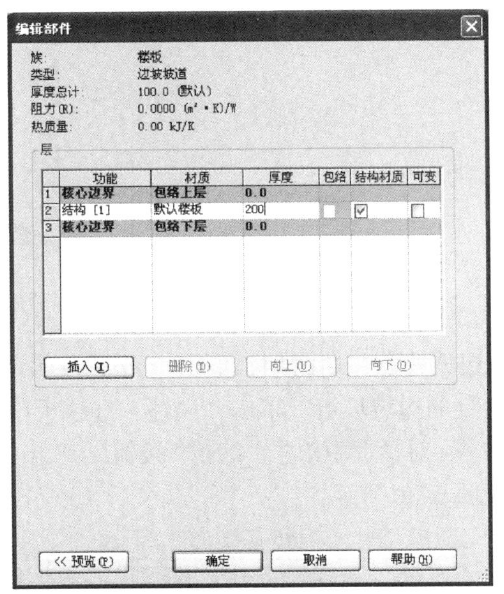

图 9-27 设置坡道参数

在“修改 | 创建楼层边界”选项卡的“绘制”面板中选择“直线”命令，在左下角车库入口处绘制如图 9-28 所示的楼板轮廓，单击“完成”按钮完成楼板的创建。

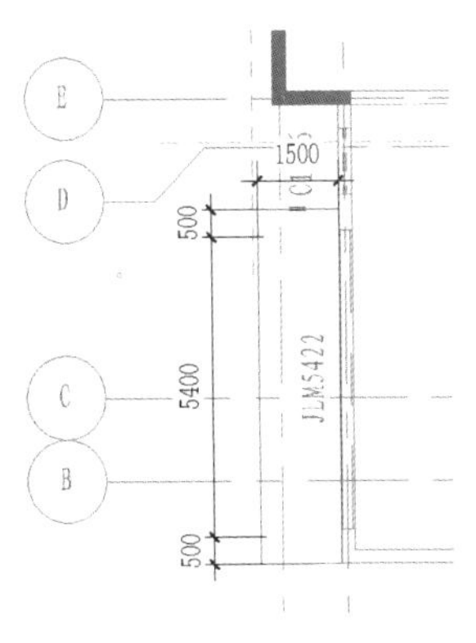

图 9-28 绘制楼板轮廓

选择新绘制的楼板，出现“形状编辑”面板，显示几个形状编辑工具，其功能见表 9-1。选择“添加分割线”工具，楼板边界变成绿色虚线显示。如图 9-29 所示，在上下角部位置各绘制一条蓝色分割线。

选择“修改子图元”工具。如图 9-29 所示，分别单击楼板边界4个点，出现蓝色临时相对高程值(默认为0)，单击文字，输入“-200”后按Enter键。

表 9-1　形状编辑工具的功能

工具名称	功　能
修改子图元	拖拽点或分割线，以修改其位置或相对高程
添加点	可以向图元几何图形添加单独的点，每个点可设置不同的相对高程
添加分割线	可以绘制分割线，将板的现有面分割成更小的子区域

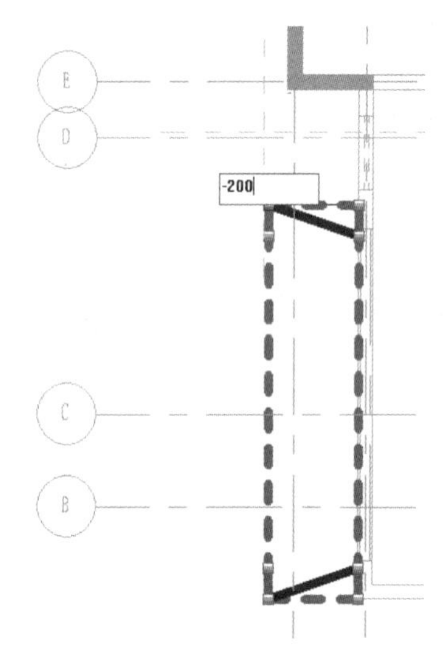

图 9-29　添加分割线

打开“边坡坡道”类型属性面板，打开“编辑部件”面板，勾选结构“可变”复选框。

选中绘制的边坡坡道，单击“属性”选项板中的“编辑类型”按钮，弹出“类型属性”对话框，在对话框中单击“编辑”按钮，弹出“编辑部件”对话框，勾选结构“可变”复选框，如图 9-30 所示。

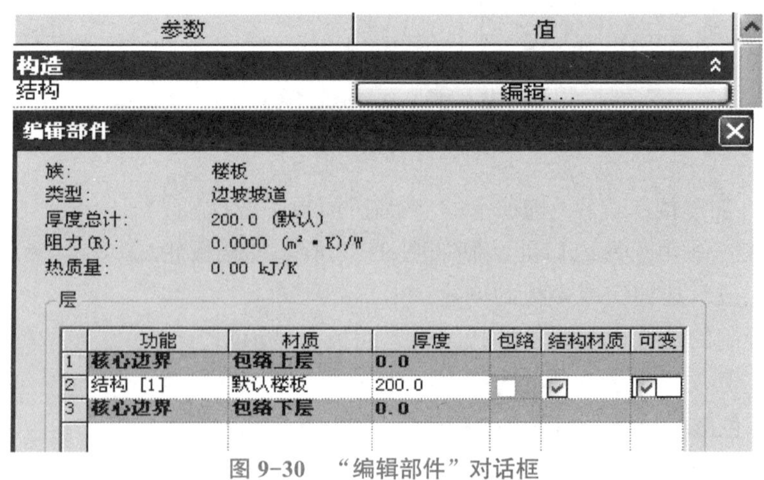

图 9-30　“编辑部件”对话框

完成后按 Esc 键结束编辑命令，平楼板变为带边坡的坡道，结果如图 9-31 所示。

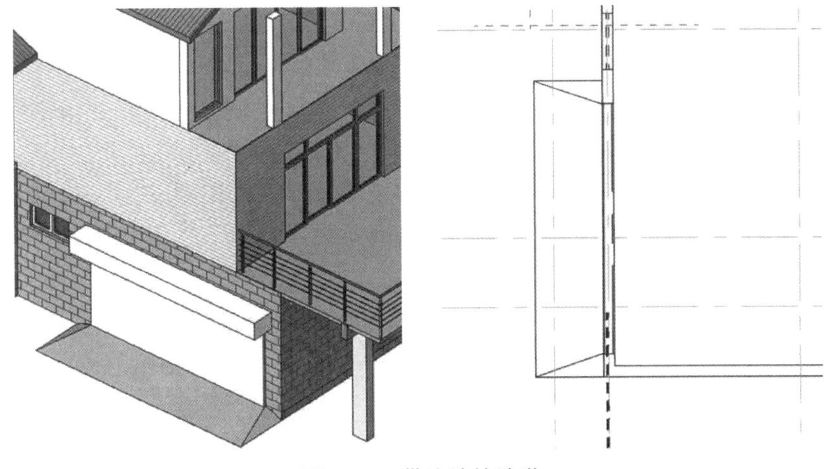

图 9-31　带边坡的坡道

9.8 主入口台阶

Revit 中没有专用的“台阶”命令，用户可以采用创建在位族、外部构件族、楼板边缘，甚至楼梯等方式创建各种台阶模型。本节讲述用“楼板：楼板边”命令创建台阶的方法。

创建主入口台阶

在“项目浏览器”中双击“楼层平面”选项下的“F1”，打开“一层”平面视图。首先绘制北侧主入口处的室外楼板，在“建筑”选项卡“构建”面板的“楼板”下拉列表中选择“建筑：楼板”命令，用“直线”命令绘制如图 9-32 所示楼板的轮廓；在“属性”选项板类型选择器中选择类型为“常规 -450 mm”，单击“完成”按钮，完成后的室外楼板如图 9-33 所示。

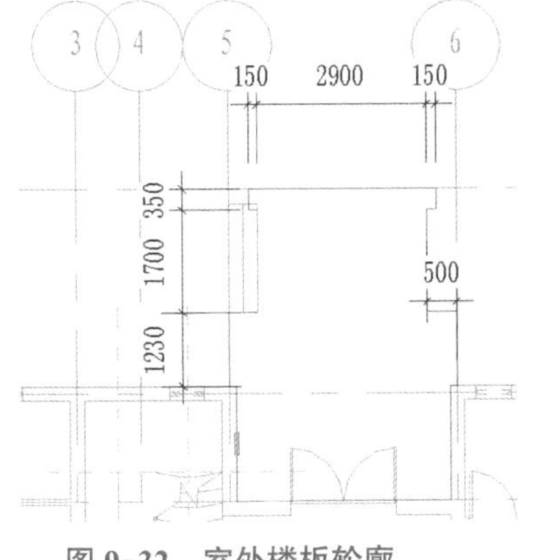

图 9-32　室外楼板轮廓

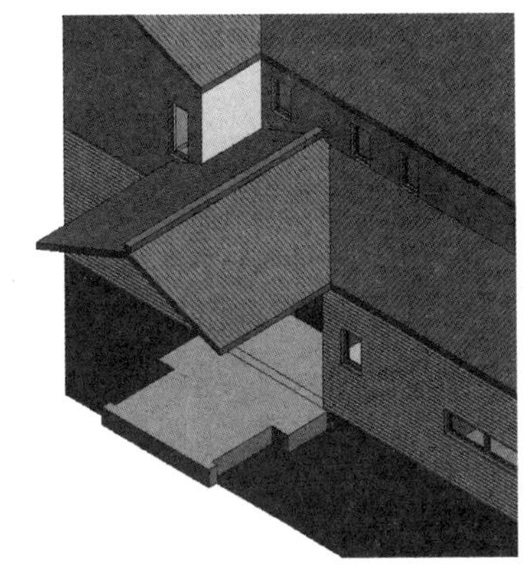

图 9-33　室外楼板效果

打开三维视图，在“建筑”选项卡“构建”面板“楼板”下拉列表中选择“楼板：楼板边”命令，在“属性”选项板类型选择器中选择“楼板边缘－台阶”类型。移动鼠标到楼板一侧凹进部位的水平上边缘，边线高亮显示时，单击鼠标放置楼板边缘。单击边时，Revit会将其作为一个连续的楼板边，如果楼板边的线段在角部相遇，它们会相互拼接。用“楼板：楼板边”命令生成的台阶如图9-34所示。

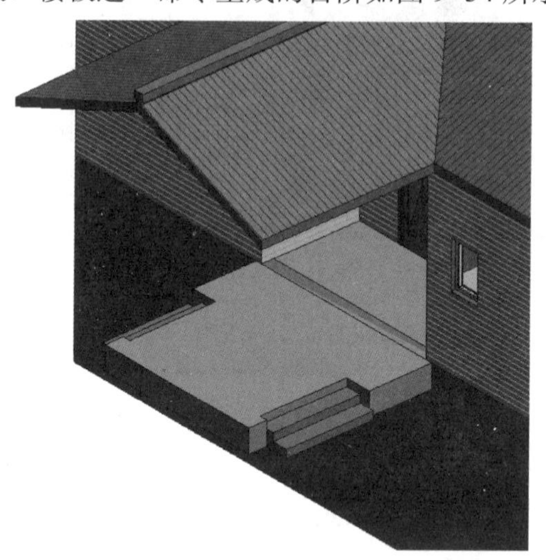

图9-34　生成对台阶效果

9.9 地下一层台阶

用同样的方法，用“楼板：楼板边”命令给地下一层南侧入口处添加台阶。在“属性”选项板类型选择器中选择“地下一层台阶”类型，拾取楼板的上边缘，单击放置台阶，在窗户下建立挡板墙进行轮廓编辑，结果如图9-35所示。

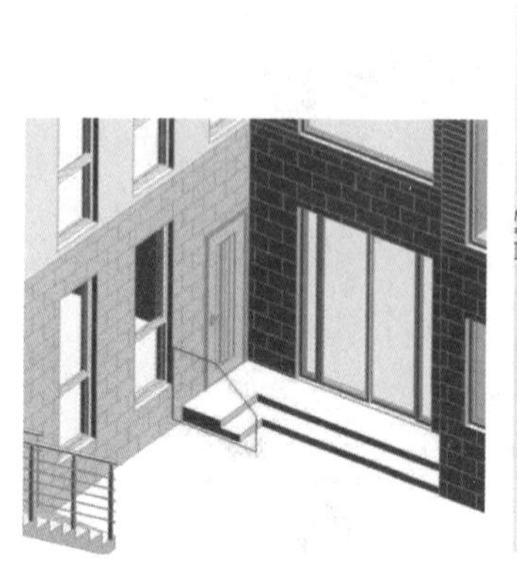

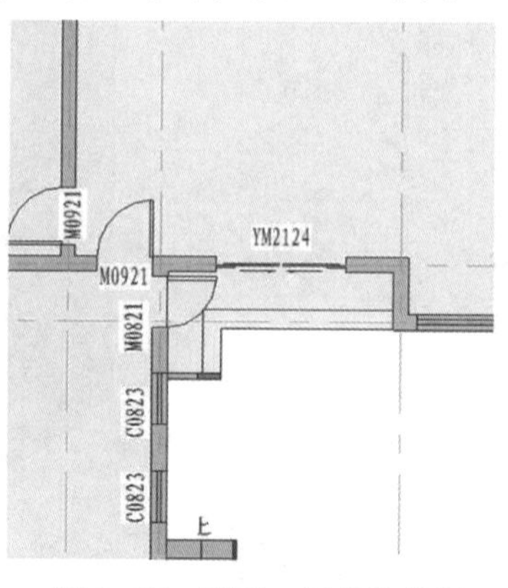

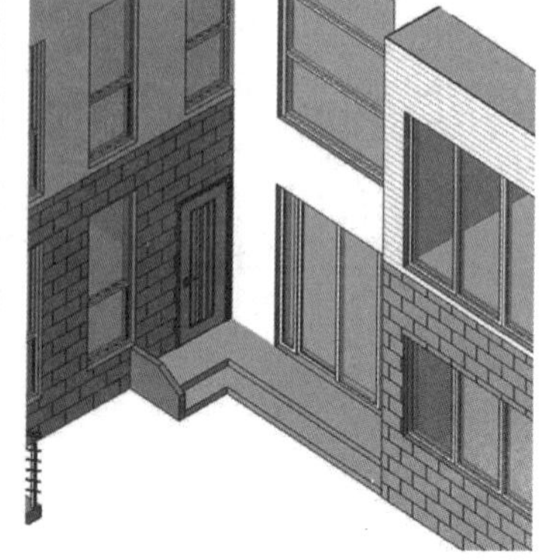

图9-35　地下一层台阶绘制

9.10 地下一层平面结构柱

地下一层平面结构柱

接下来主要讲述如何创建和编辑建筑柱、结构柱，以及梁、梁系统、结构支架等，了解建筑柱和结构柱的应用方法和区别。根据项目需要，某些时候需要创建结构梁系统和结构支架，如对楼层净高产生影响的大梁等。大多数时候可以在剖面上通过二维填充命令来绘制梁剖面示意。

在“项目浏览器”中双击“楼层平面”选项下的“-1F-1”，打开“-1F-1”平面视图。

在“建筑”选项卡“构建”面板“柱”下拉列表中选择“结构柱”命令，在“属性”选项板类型选择器中选择柱类型“钢筋混凝土 250×450 mm”，在选项栏中选择高度，在结构柱的中心点相对于②轴“600 mm”、Ⓐ轴“1100 mm”的位置单击放置结构柱（可先放置结构柱，然后编辑临时尺寸调整其位置），如图 9-36 所示。

打开三维视图，选择新绘制的结构柱，选择“附着”命令，再单击拾取一层楼，将柱的顶部附着到楼板下面，如图 9-37 所示，保存文件。

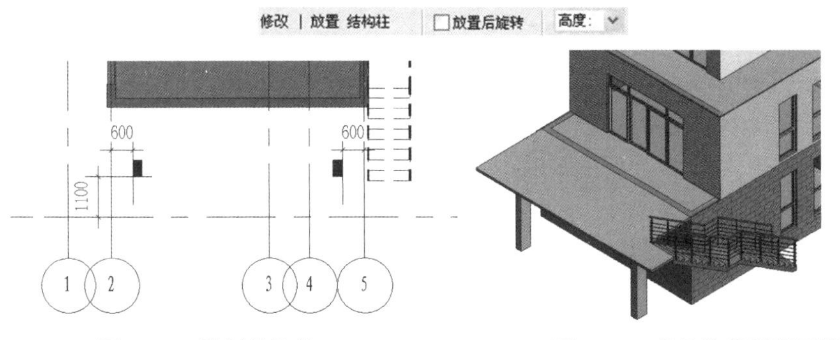

图 9-36　绘制结构柱　　　图 9-37　将结构状附着于楼板

9.11 一层平面结构柱

一层平面结构柱

在“项目浏览器”中双击“楼层平面”选项下的“F1”，打开一层平面视图，创建一层平面结构柱。

在“建筑”选项卡中“构建”面板的“柱”下拉列表中选择“结构柱”命令，在“属性”选项板类型选择器中选择柱类型“钢筋混凝土 350×350 mm”，如图 9-38 所示，在主入口上方单击放置两个结构柱。从左下向右上方向框选新绘制的结构柱，在“属性”选项板中设置参数“底部标高”为“0F”，“顶部标高”为“F1”，“顶部偏移”为“2800.0”，如图 9–38 所示。

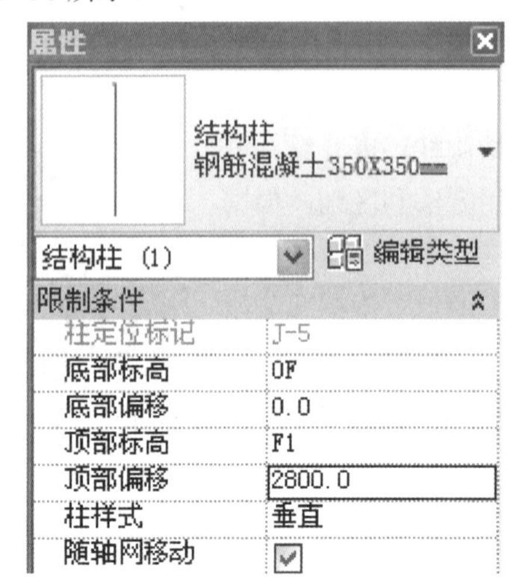

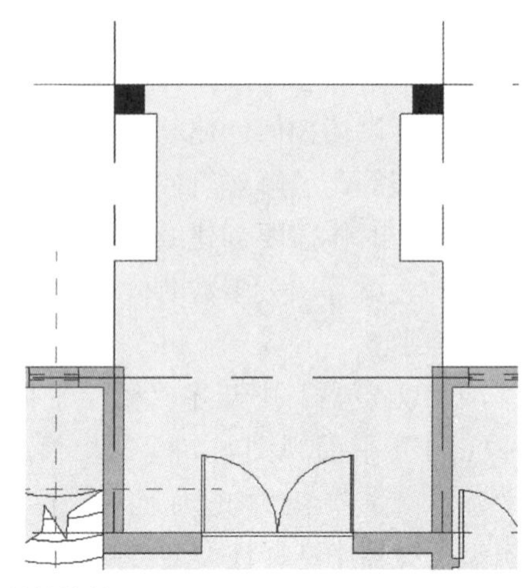

图 9–38 绘制结构柱

在“建筑”选项卡“构建”面板中“柱”下拉列表中选择“柱：建筑”命令，在“属性”选项板类型选择器中选择柱类型为“矩形柱 250×250 mm”，设置“底部偏移”为“2800.0”，单击“确定”按钮。这时“矩形柱 250×250 mm”底部正好在“钢筋混凝土 350×350 mm”结构柱的顶部位置。

单击捕捉两个结构柱的中心位置，在结构柱上方放置两个建筑柱。

打开三维视图，选择两个矩形柱，选择“附着”命令，“附着对正”选项选择“最大相交”，再单击拾取上面的屋顶，将矩形柱附着于屋顶下面，完成后的主入口柱子如图 9–39 所示。保存文件。

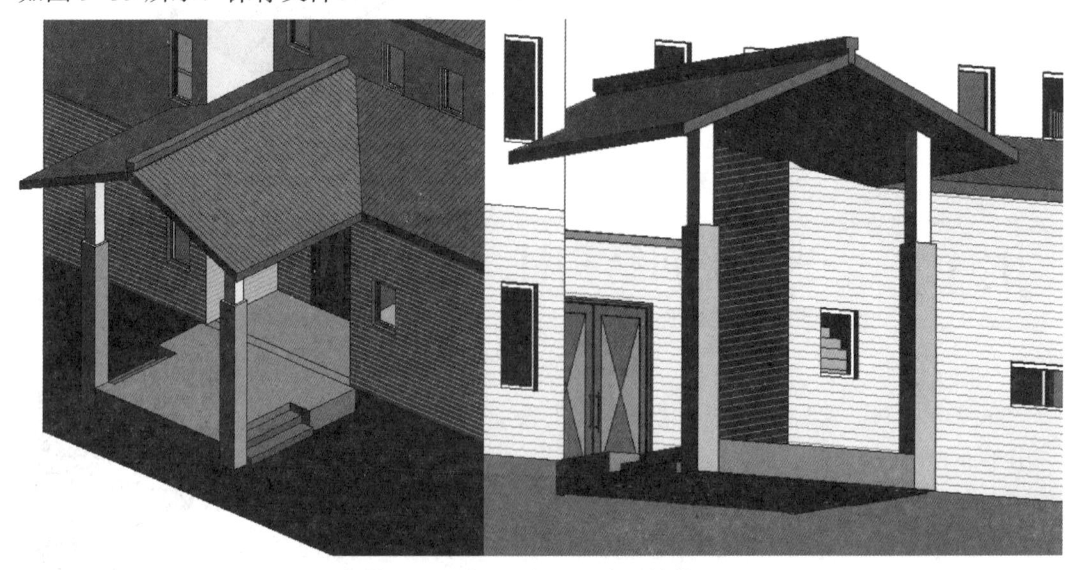

图 9–39 主入口柱子完成后的效果

9.12 二层平面建筑柱

在“项目浏览器”中双击“楼层平面”选项下的“F2”，打开二层平面视图，创建二层平面建筑柱。

在“建筑”选项卡“构建”面板“柱”下拉列表中选择“柱：建筑”命令，在“属性”选项板类型选择器中选择柱类型“矩形柱 300×200 mm”。移动鼠标，捕捉Ⓑ轴与④轴的交点，单击放置建筑柱。移动鼠标捕捉Ⓒ轴与⑤轴的交点，先按空格键调整柱的方向，再单击鼠标放置建筑柱。结果如图 9-40 所示右下角两个建筑柱。

选择新创建的Ⓑ轴上的柱，选择“复制”命令，在④轴上单击捕捉一点作为复制的基点，水平向左移动鼠标，输入“4 000”后按 Enter 键，在左侧 4 000 mm 处复制一个建筑柱，如图 9-37 左下角的柱所示。

选择新创建的Ⓒ轴上的柱，选择“复制”命令，在选项栏中勾选“多个”进行连续复制，在Ⓒ轴上单击捕捉一点作为复制的基点，垂直向上移动鼠标，连续两次输入“1800”后按 Enter 键，在右侧复制两个建筑柱，如图 9-40 所示。将垂直方向三根柱附着到屋顶。

完成后的模型如图 9-41 所示，保存文件。

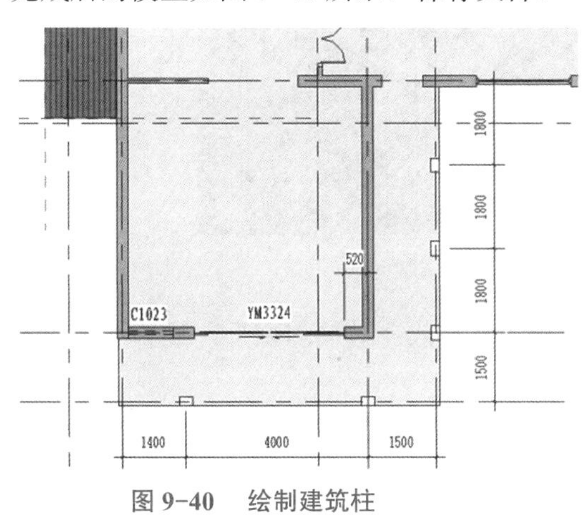

图 9-40　绘制建筑柱

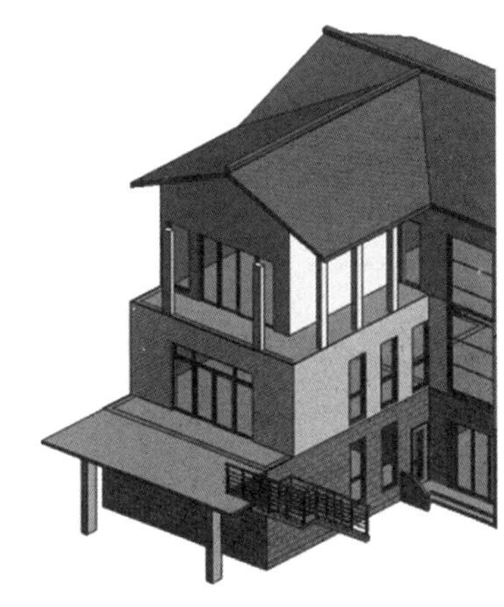

图 9-41　完成后的模型效果

9.13 二层雨篷玻璃

本案例二层南侧雨篷的创建分为顶部玻璃的创建和工字钢梁的创建两部分。顶部玻璃可以用“迹线屋顶”命令中的“玻璃斜窗”快速创建。

在“项目浏览器”中双击“楼层平面”选项下的“F2”，打开二层平面视图。绘制雨篷玻璃：在“建筑”选项卡“构建”面板“屋顶”下拉列表中选择“迹线屋顶”命令，系统激活“修改 | 创建屋顶迹线”选项卡，在该选项卡“绘制”面板中选择“直线”命令，在选项栏中取消勾选“定义坡度”选项，如图 9-42 所示绘制平屋顶轮廓线。

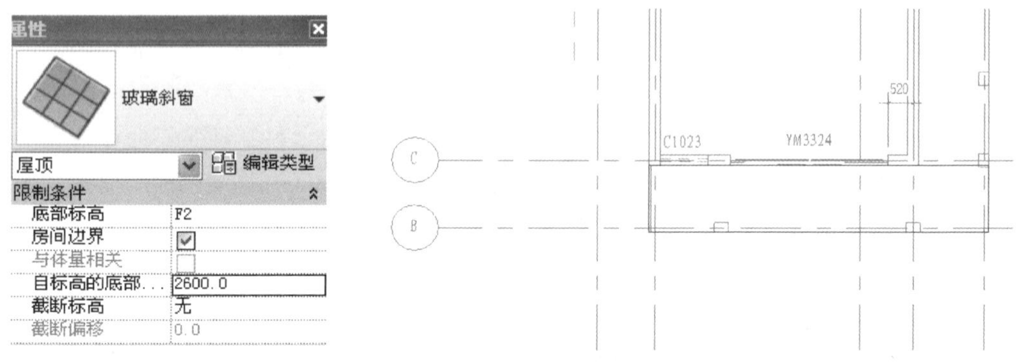

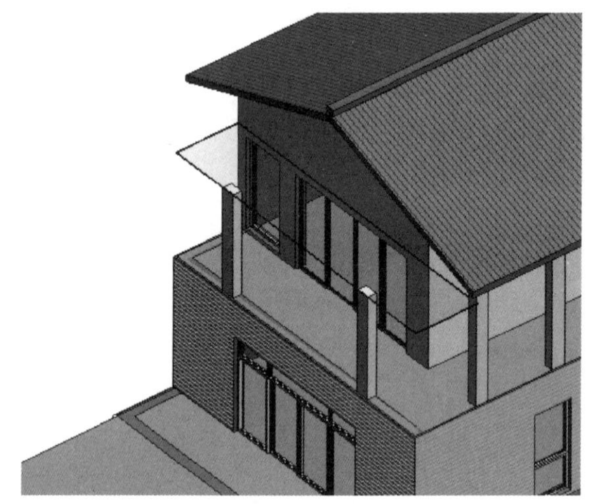

图 9-42　雨篷玻璃绘制

在“属性”选项板的类型选择器中选择“系统族：玻璃斜窗”，设置“自标高的底部偏移”为“2600.0”。

单击“完成编辑模式”按钮，创建完成二层南侧雨篷玻璃，将柱附着到玻璃斜窗，保存文件。

9.14 二层雨篷工字钢梁

二层南侧雨篷玻璃下面的支撑工字钢梁，可以使用在位族方式手工创建。在位族是在当前项目的关联环境内创建的族，该族仅存在于此项目中，而不能载入其他项目。通过创建在位族，可在项目中为项目或构件创建唯一的构件，该构件用于参照几何图形。

在项目浏览器中双击“楼层平面”选项下的“F2”，打开平面视图。

在“建筑”选项卡“构建”面板的“构件”下拉列表中选择“内建模型”命令，系统弹出“族类别和族参数”对话框，选择适当的族类别（案例中为了使柱能附着在楼板下，新建族类别为“屋顶”或“楼板”），命名为“玻璃斜窗 - 工字钢”，进入族编辑器模式。

在“创建”选项卡“形状”面板中选择“放样”命令，系统激活“修改 | 放样”选项卡，在“放样”面板中选择“绘制路径”命令，绘制如图 9-43 所示的路径，单击“完成”按钮完成路径绘制。

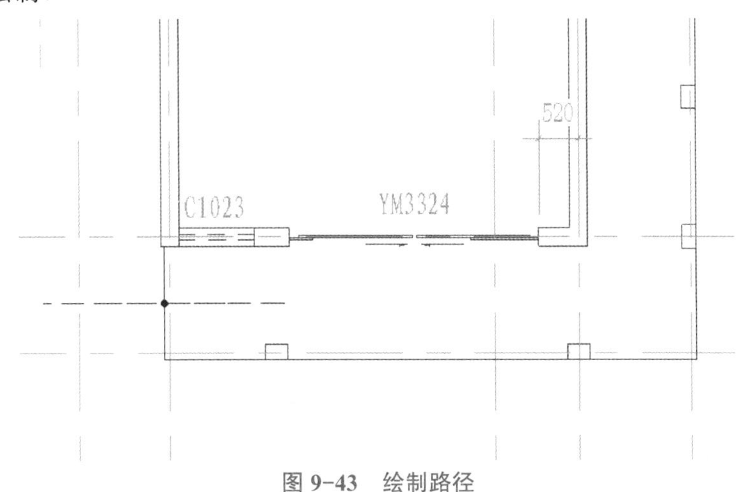

图 9-43　绘制路径

在“放样”面板中选择“编辑轮廓”命令，弹出如图 9-44 所示的“转到视图”对话框，从中选择“立面：南”选项，单击“打开视图”按钮切换到南立面。

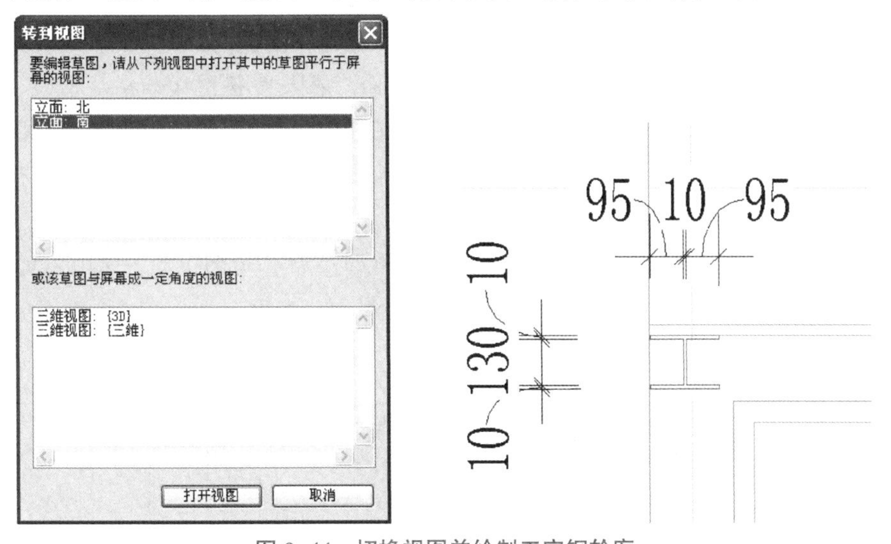

图 9-44　切换视图并绘制工字钢轮廓

在“绘制”面板中选择“线”命令，在上节绘制的玻璃屋顶下方，绘制路径的开始端，绘制工字钢轮廓，绘制完成后单击“完成”按钮。在“属性”选项板中设置“材质”为“金属－钢”。单击“完成放样”按钮，放样创建的工字钢梁如图 9-45 所示。

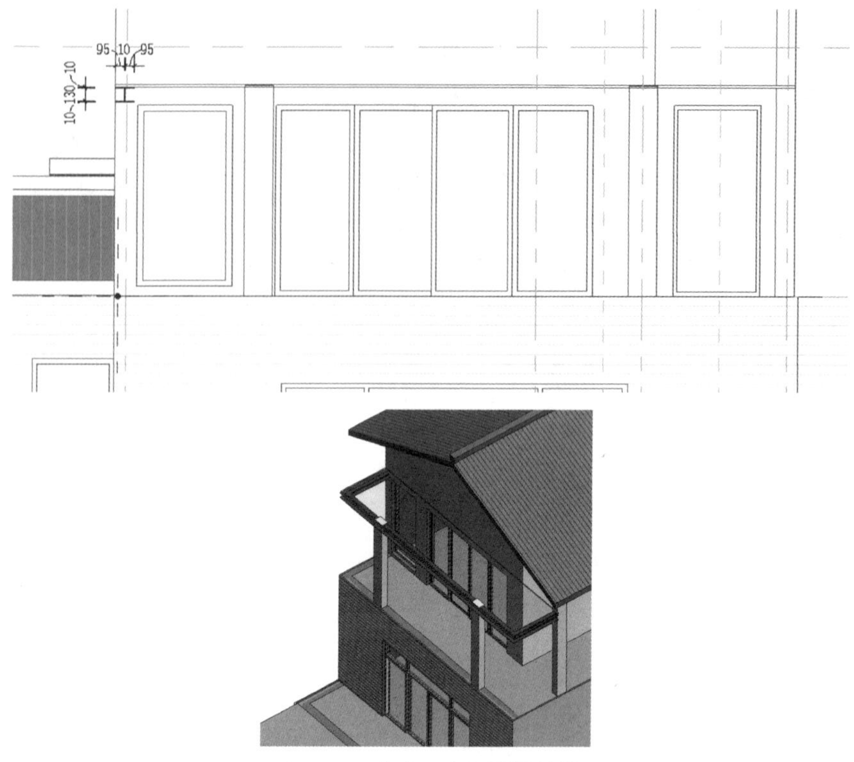

图 9-45　完成工字钢梁的放样

在“创建”选项卡“形状”面板中选择“拉伸”命令，创建中间的工字钢。在“创建”选项卡“工作平面”面板中选择“设置”命令，在弹出的“工作平面”对话框中选择“拾取一个平面”选项，在 F2 平面视图中单击拾取Ⓑ轴，在弹出的“转到视图”对话框中选择“立面：南”选项，单击“打开视图”按钮切换至南立面视图。

注意：Revit 中的每个视图都有相关的工作平面。在某些视图（如楼层平面、三维视图、图纸视图）中，工作平面是自动定义的，而在其他视图（如立面和剖面视图）中，必须自定义工作平面。工作平面必须用于某些绘制操作（如创建拉伸屋顶）和在视图中启用某些命令，如在三维视图中启用旋转和镜像。

在南立面视图中，用“线”命令绘制如图 9-46 所示的工字钢轮廓。单击“完成拉伸”按钮即可创建一根工字钢。

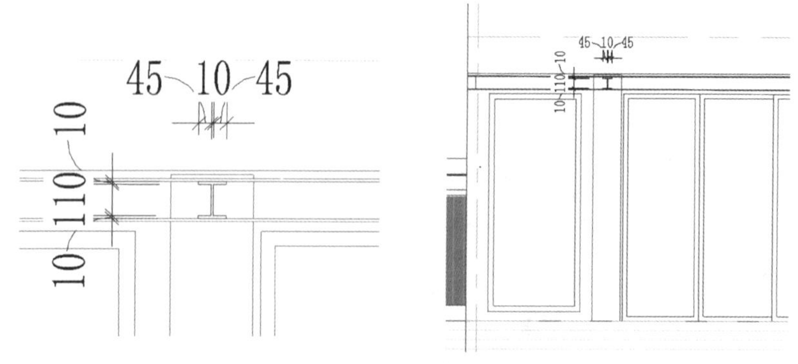

图 9-46　绘制工字钢轮廓

在南立面视图中选择拉伸的工字钢，通过“复制”命令向右复制三根，如图 9-47 所示。框选这四根工字钢，在“属性”选项板中设置“材质”为“金属－钢”。单击“完成”按钮，完成二层南侧雨篷玻璃下面的支撑工字钢梁的绘制。选择雨篷下方的柱，使用“附着”命令将其附着于工字钢下面，结果如图 9-48 所示，保存文件。

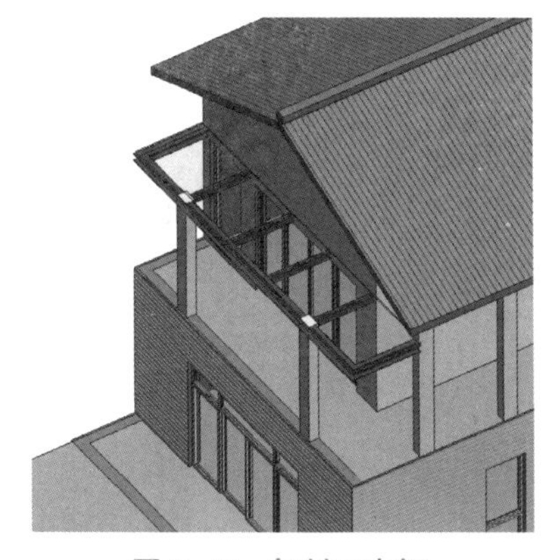

图 9-47　复制工字钢

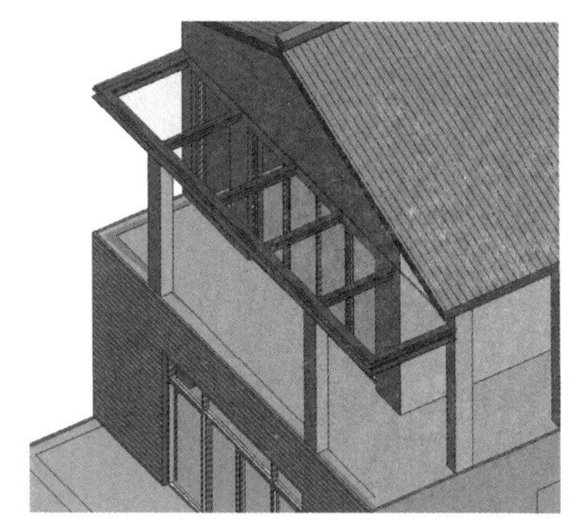

图 9-48　雨篷柱附着于工字钢之下

9.15　地下一层雨篷

地下一层雨篷的顶部玻璃同样可以用屋顶的“玻璃斜窗”创建，底部支撑比较简单，用墙体实现。在“项目浏览器”中双击“楼层平面”选项下的“-1F-1”，打开平面视图。

绘制挡土墙：在“建筑”选项卡“构建”面板中选择“墙”命令，在“属性”选项板类型选择器中选择墙类型“挡土墙”，并设置参数“底部限制条件”为“1F-1”，“顶部约束”为“F1”。在别墅右侧按图 9-49 所示位置绘制四面挡土墙。

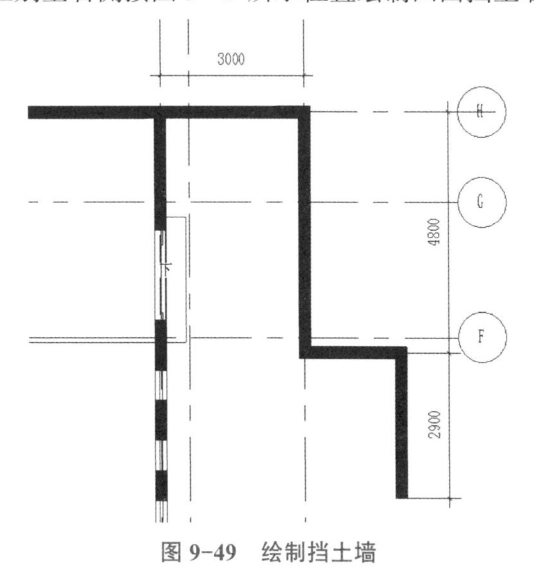

图 9-49　绘制挡土墙

绘制雨篷玻璃：在“建筑”选项卡“构建”面板的“屋顶”下拉列表中选择“迹线屋顶”命令，进入绘制草图模式，在选项栏中取消勾选“定义坡度”，绘制如图 9–50 所示屋顶轮廓线。在“属性”选项板类型选择器中将“族”设置为“系统族：玻璃斜窗”，“底部标高”设置为“F1”，“自标高的底部偏移”设置为“550”。单击“完成”按钮创建雨篷顶部玻璃，如图 9–51 所示。

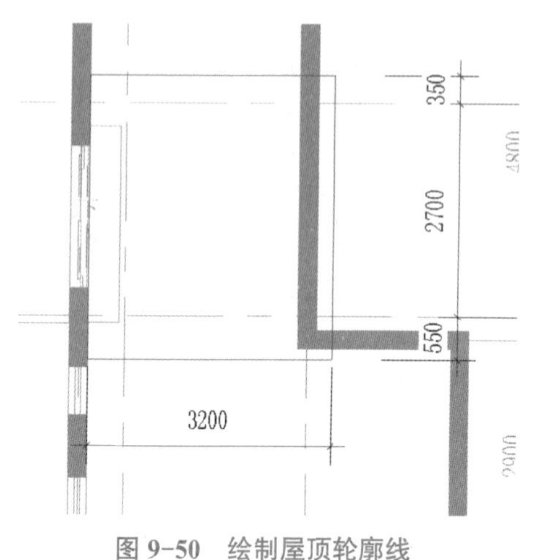

图 9–50　绘制屋顶轮廓线

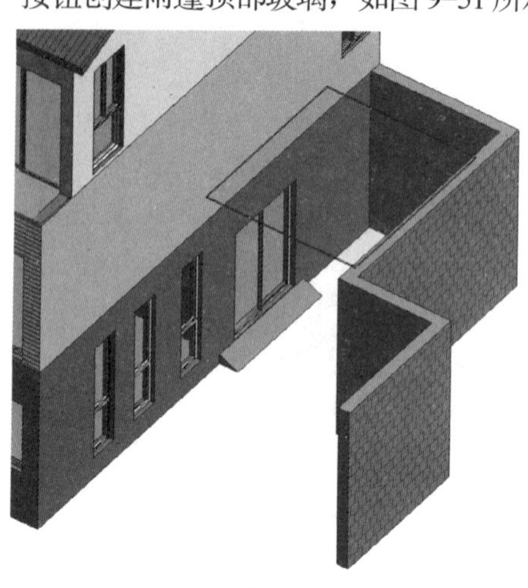

图 9–51　创建雨篷顶部玻璃

在“项目浏览器”中双击“楼层平面”选项下的“F1”，打开一层平面视图。

下面用墙来创建玻璃底部支撑。在“建筑”选项卡的“构建”面板中选择“墙”命令，在“属性”选项板类型选择器中选择墙类型为“支撑构件”。

在“属性”选项板中单击“编辑类型”按钮，系统弹出“类型属性”对话框，在对话框中单击“结构”参数后面的“编辑”按钮，系统弹出“编辑部件”对话框，如图 9–52 所示。

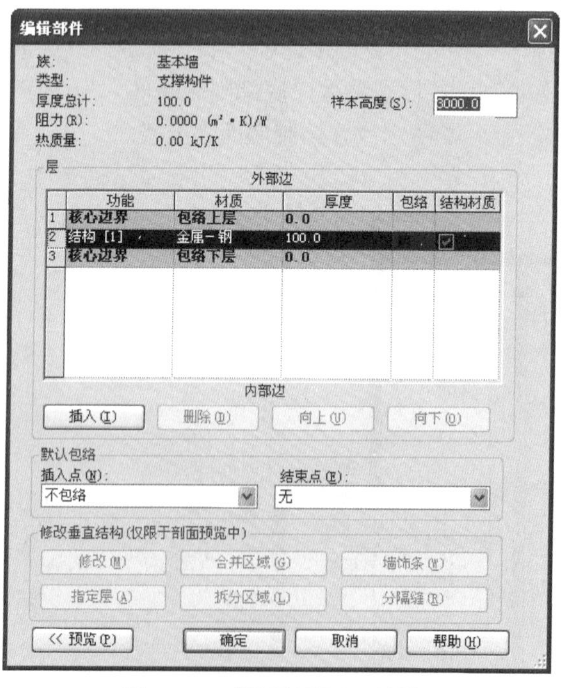

用屋顶命令绘制雨篷

用墙命令绘制雨篷支撑

图 9–52　“编辑部件”对话框

在“属性”选项板中，设置参数“底部限制条件”为“F1”，“顶部约束”为“未连接”，“无连接高度”为“550.0”。

在“绘制”面板中选择“直线”命令，再在选项栏中将“定位线”设置为“墙中心线”，然后在如图 9-53 所示的位置绘制一面墙，长度为 3 000 mm。完成后的墙体如图 9-54 所示。

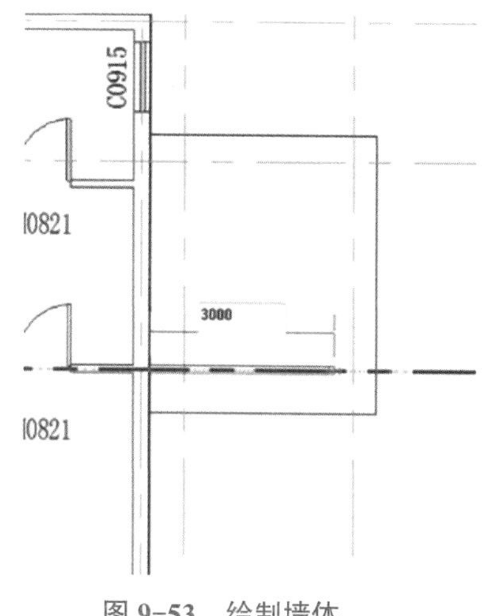

图 9-53　绘制墙体

图 9-54　绘制完成后的墙体

编辑墙轮廓：切换至南立面视图，选择新创建的名称为“支撑构件”的墙，在“模式”面板中单击“编辑轮廓”按钮，修改墙体轮廓，如图 9-55 所示，单击“完成”按钮后创建 L 形墙体。

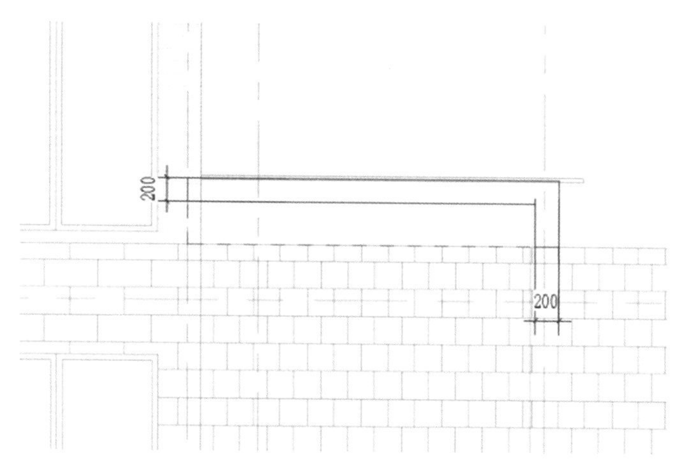

图 9-55　修改墙体轮廓

打开 F1 楼层平面视图，设置视图范围参数（图 9-56），选择新编辑完成的“支撑构件”墙体，在“修改”面板中选择“阵列”命令。

移动鼠标，单击捕捉下面墙体所在轴线上一点作为阵列起点（图 9-57 中下面红色圆点位置），再垂直移动鼠标，单击捕捉上面轴线上一点为阵列终点（图 9-57 中上面红色圆点位置），阵列结果如图 9-57 所示。

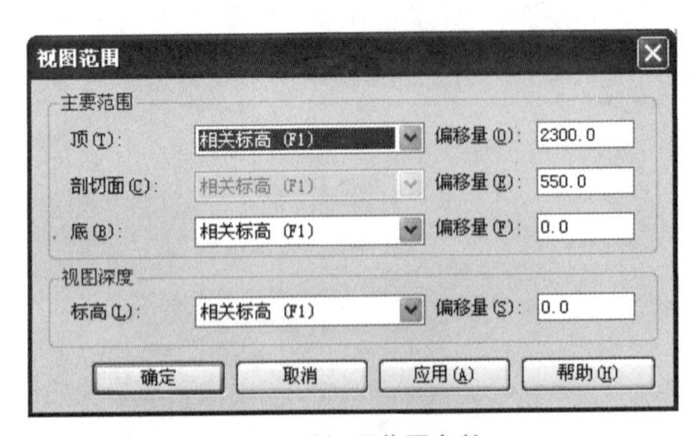

图 9-56　设置视图范围参数

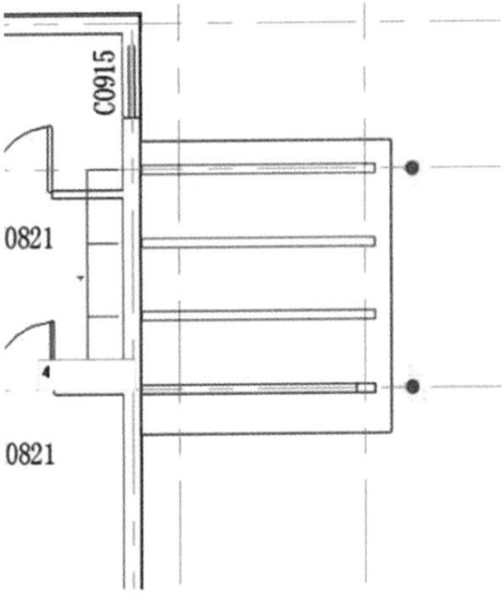

图 9-57　阵列结果

注意：线性阵列“移动到”两个选项的区别：指定第一个图元和第二个图元之间的间距（使用“移动到：第二个”选项），所有后续图元将使用相同的间距；指定第一个图元和最后一个图元之间的间距（使用“移动到：最后一个”选项），所有剩余的图元将在它们之间以相等的间隔分布。

至此，完成了地下一层雨篷的设计，如图 9-58 所示，并保存文件。

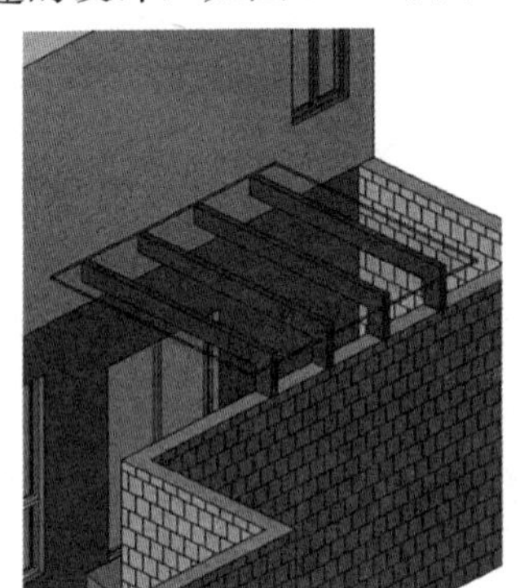

图 9-58　地下一层雨篷设计效果

第 10 章　场地的绘制

通过本章学习，将了解场地的相关设置，以及地形表面、场地构件的创建与编辑的基本方法和相关应用技巧。

10.1 地形表面

地形表面是建筑场地地形或地块地形的图形表示。在默认情况下，楼层平面视图不显示地形表面，可以在三维视图或在专用的“场地”视图中创建。

在“项目浏览器”中的“楼层平面”下拉列表中选择“场地”选项，进入场地平面视图。

为了便于捕捉，在场地平面视图中根据绘制地形的需要，绘制 6 个参照平面。

在“建筑”选项卡“工作平面”面板中选择“参照平面”命令，移动鼠标到图 10-1 中①号轴线左侧单击垂直方向上下两点，绘制一条垂直参照平面。

选择新绘制的参照平面，出现蓝色临时尺寸，单击蓝色尺寸文字，输入 10 000，按 Enter 键确认，使参照平面到①号轴线之间距离为 10 m（如临时尺寸右侧尺寸界线不在①号轴线上，可以拖拽尺寸界线上的蓝色控制柄到轴线上松开鼠标，调整尺寸参考位置）。

用同样方法，在⑧、Ⓐ号轴线外侧 10 m、Ⓗ轴上方 240 mm、Ⓓ轴下方 1 100 mm 位置绘制其他 5 个参照平面，如图 10-1 所示。

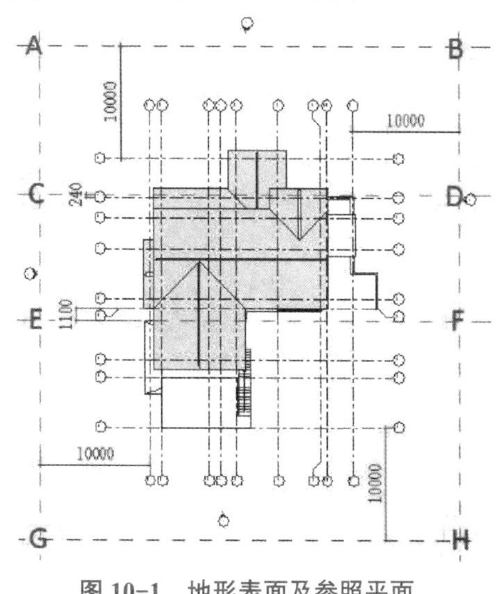

图 10-1　地形表面及参照平面

地形表面的创建和编辑

下面将捕捉 6 个参照平面的 8 个交点 A ～ H，通过创建地形高程点来设计地形表面。

在“体量和场地”选项卡“场地建模”面板中选择“地形表面”命令，鼠标回到绘图区域，Revit 将进入草图模式，系统激活“修改 | 编辑表面”选项卡，在“工具”面板中选择“放置点”命令，在选项栏“高程”选项后面的文本框中输入“-450”，按 Enter 键完成高程值的设置。

移动鼠标至绘图区域，依次单击图 10-1 中 A、B、C、D 四点，即放置了 4 个高程为“-450”的点，并形成了以该四点为端点的高程为“-450”的一个地形平面。

再次将鼠标移至选项栏，在“高程”选项后面的文本框中设置新值为“-3500”，按 Enter 键，鼠标回到绘图区域，依次单击 E、F、G、H 四点，放置四个高程为“-3500”的点。

单击建成的场地，在“属性”选项板中单击“材质”后的矩形浏览图标，如图 10-2 所示。系统弹出如图 10-3 所示“材质浏览器”对话框，选择“场地 - 草”材质，单击“确定”按钮，关闭所有对话框，此时给地形表面添加了草地材质。

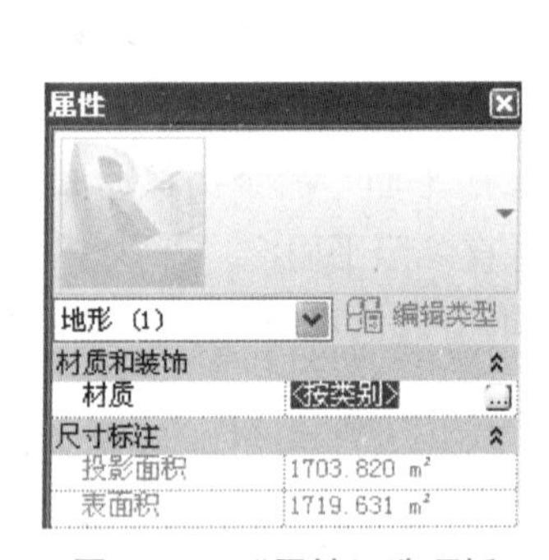

图 10-2 “属性”选项板

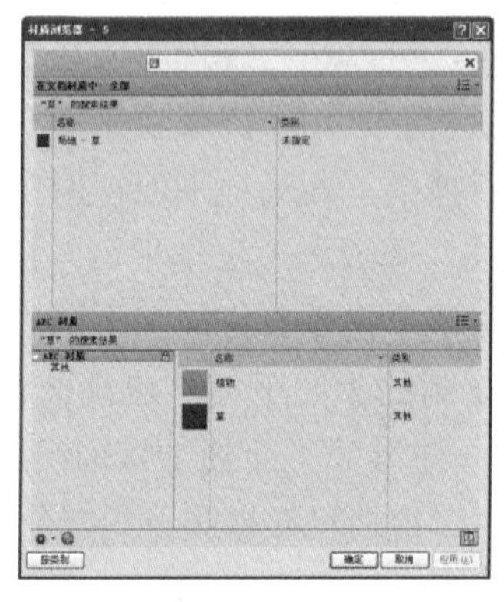

图 10-3 选择“场地 - 草”材质

在“表面”面板中单击“完成表面”按钮，创建完成地形表面，并保存文件，结果如图 10-4 所示。

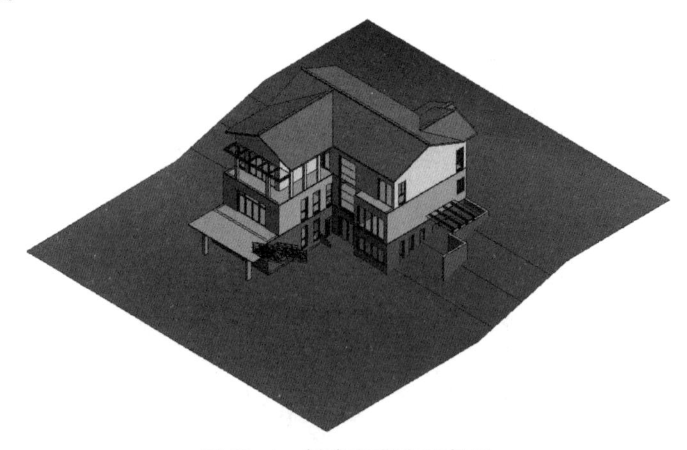

图 10-4 创建完成地形表面

10.2 建筑地坪

创建建筑地坪

上一节已经创建了一个带有简单坡度的地形表面，而建筑的首层地面是水平的，本节将学习建筑地坪的创建。“建筑地坪”工具适用于快速创建水平地面、停车场、水平道路等。建筑地坪可以在“场地”平面中绘制，为了参照地下一层外墙，也可以在 -1F 平面绘制。

在“项目浏览器”中双击“楼层平面”选项下的“-1F”，打开地下一层平面视图。在“体量和场地”选项卡的“场地建模”面板中选择“建筑地坪”命令，系统激活“修改 | 创建建筑地坪边界”选项卡，进入建筑地坪的草图绘制模式。

在“绘制”面板中选择“直线”命令，移动鼠标到绘图区域，开始顺时针绘制建筑地坪轮廓，如图 10-5 所示，必须保证轮廓线闭合。

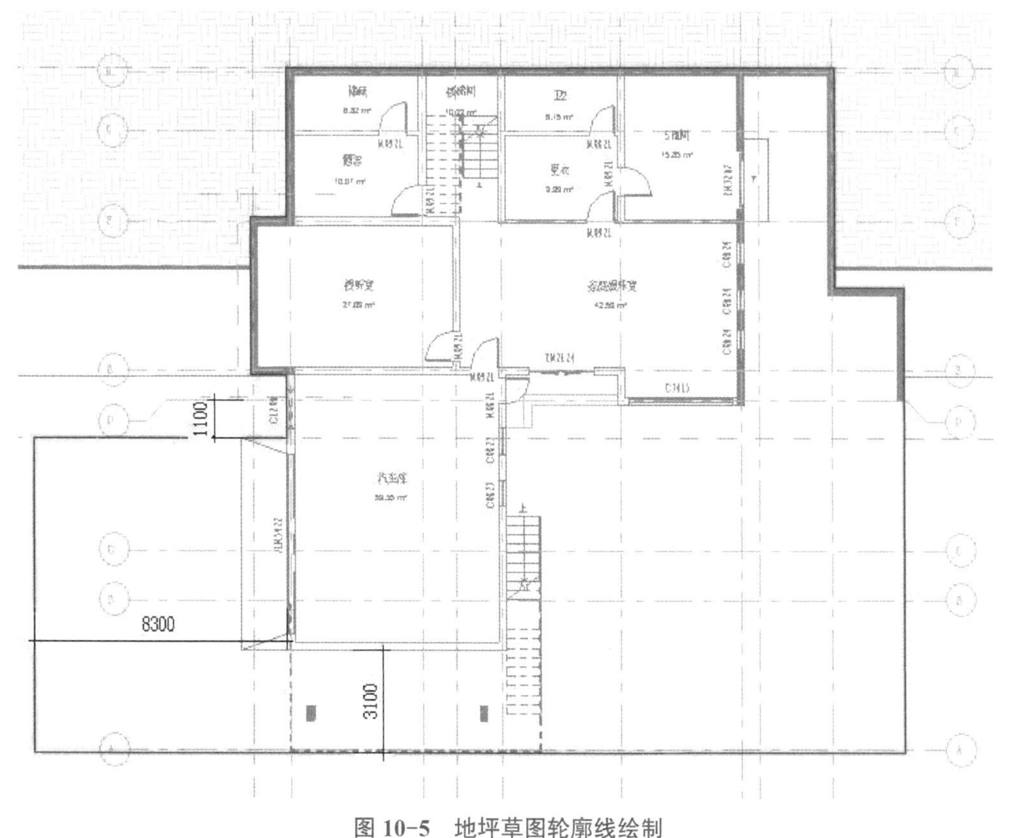

图 10-5　地坪草图轮廓线绘制

选中创建的建筑地坪，在“属性”选项板中选择标高为“-1F-1”，如图 10-6 所示。

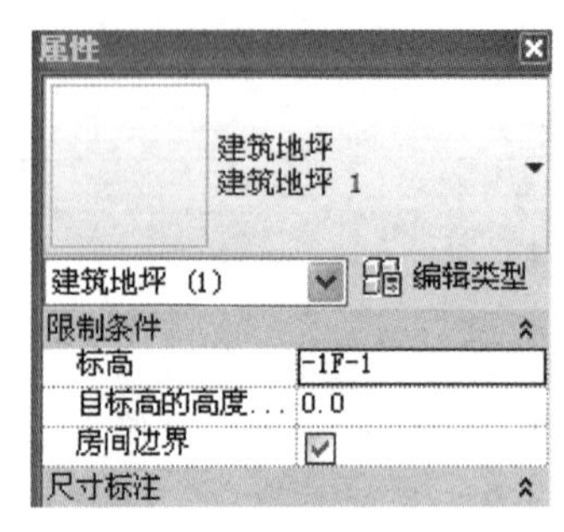

图 10-6 “属性”选项板

在“属性”选项板中单击“编辑类型”按钮，系统弹出“类型属性”对话框，单击“结构”后面的“编辑”按钮，系统弹出“编辑部件”对话框，如图 10-7 所示。

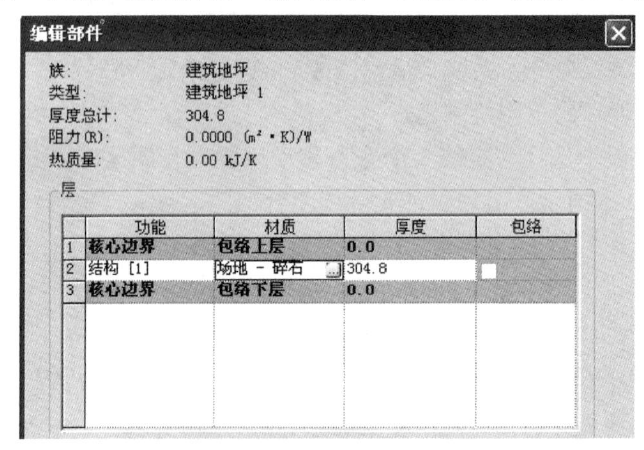

图 10-7 “编辑部件”对话框

单击“按类别”后面的矩形浏览图标，系统弹出“材质浏览器”对话框，选择材质“场地 - 碎石”，并保存文件。

10.3 地形子面域（道路）

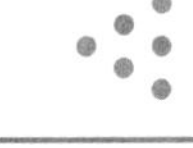

“子面域”工具是在现有地形表面中绘制区域。例如，可以使用子面域在地形表面绘制道路或绘制停车场区域。

用地形子面域命令创建道路

“子面域”工具和“建筑地坪”不同，“建筑地坪”工具会创建出单独的水平表面，并剪切地形；而创建子面域不会生成单独的地平面，而是在地形表面上圈定了某块可以定义不同属性集（如材质）的表面区域。

在“项目浏览器”中双击“楼层平面”选项下的“场地”，进入场地平面视图，在“体量和场地”选项卡的“修改场地”面板中

选择“子面域”命令，系统激活“修改 | 创建子面域边界”选项卡，进入草图绘制模式。

在“绘制”面板中选择“直线”命令，顺时针绘制如图 10-8 所示的子面域轮廓。

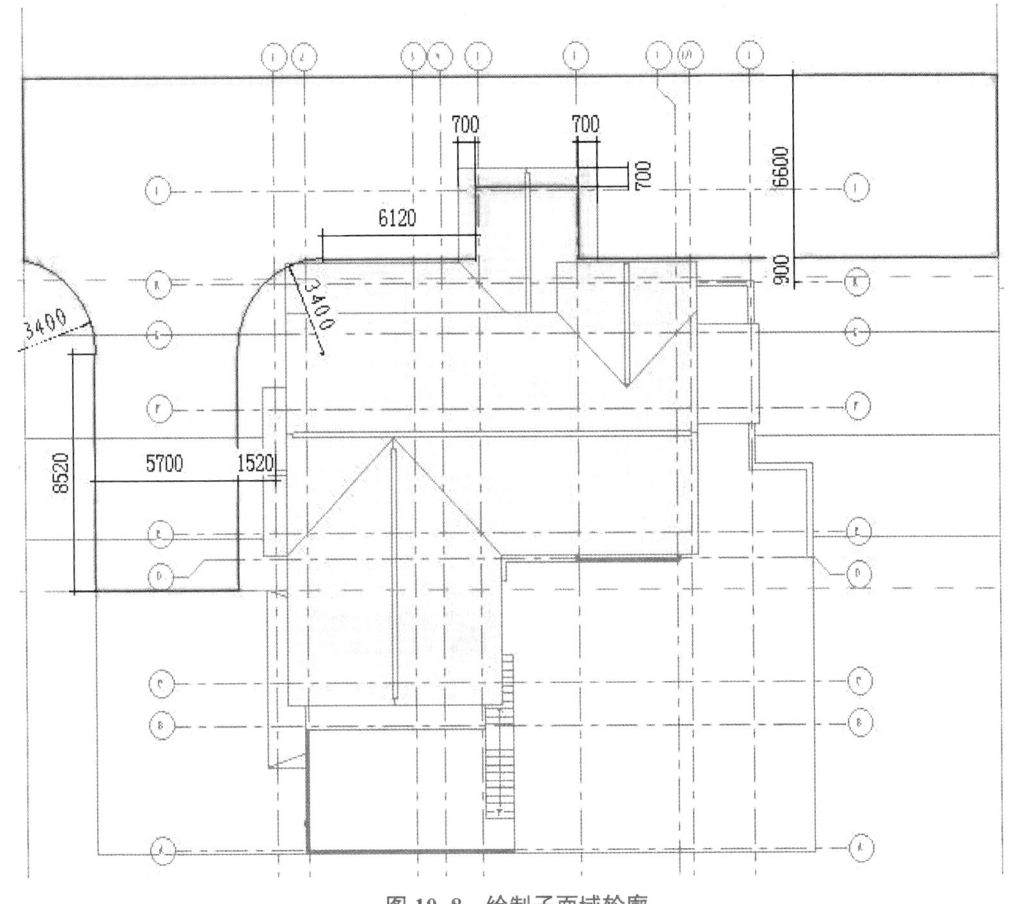

图 10-8　绘制子面域轮廓

绘制到弧线时，在“绘制”面板中选择“起点 – 终点 – 半径弧”命令，在选项栏中勾选“半径”，将半径值设置为 3 400。绘制完弧线后，在“绘制”面板中选择“直线”工具，切换回直线绘制模式继续绘制。

在“属性”选项板中单击“材质”后的矩形浏览图标，系统弹出“材质浏览器”对话框，在左侧材质列表中选择“场地 – 柏油路”。

单击“完成”按钮，至此，完成子面域道路的绘制，并保存文件。

10.4 场地构件

有了地形表面和道路，再配上生动的花草、树木、车等场地构件，可以使整个场景更加丰富。场地构件的绘制同样在默认的“场地”视图中完成。

在“项目浏览器”中双击“楼层平面”选项下的“场地”，进入场地平面视图。

在“体量和场地”选项卡的“场地建模”面板中选择“场地构件”命令，在“属性”选项板类型选择器中选择需要的构件（图 10-9），也可从“模式”面板中单击“载入族”按钮，系统弹出“载入族”对话框，如图 10-10 所示。

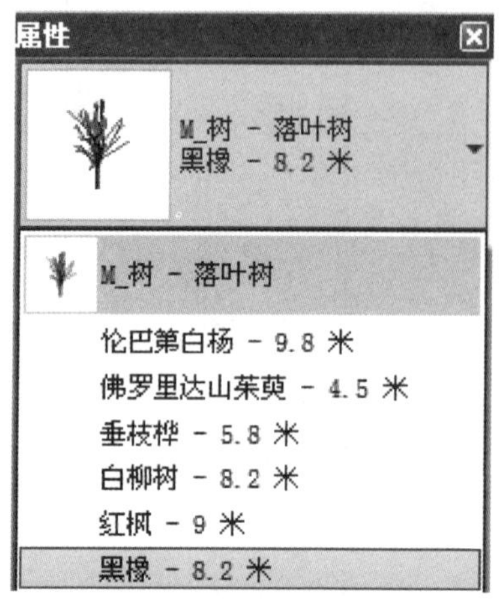

图 10-9 “属性”选项板

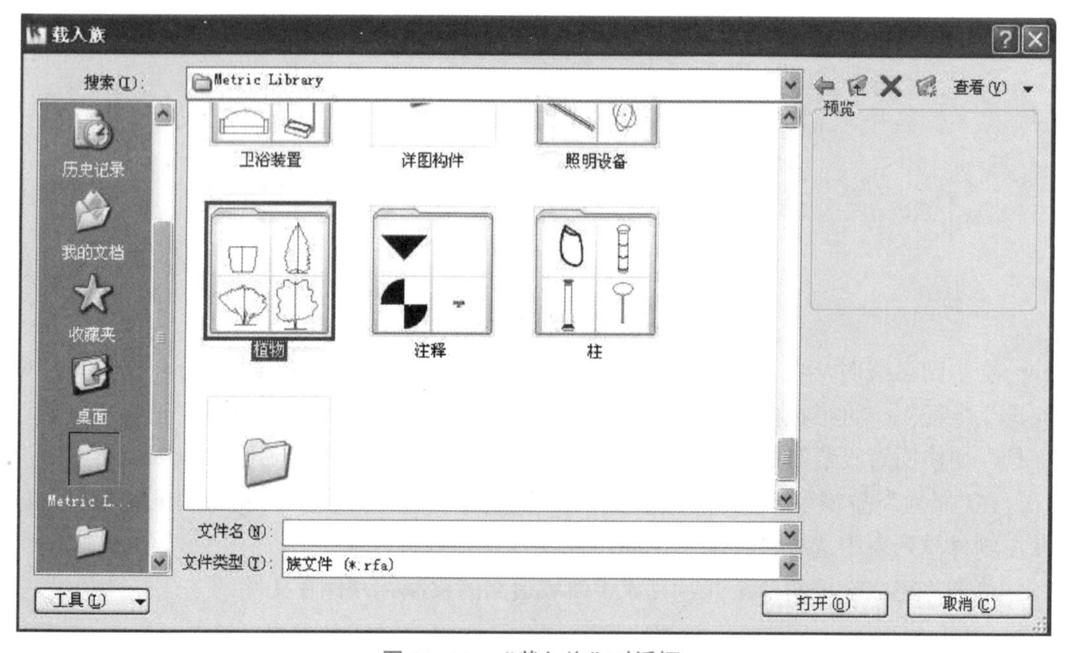

图 10-10 “载入族”对话框

定位到“植物”文件夹，双击“乔木”文件夹，选择“白杨 .rfa”选项，单击“确定”按钮，载入到项目中。

在场地平面视图中，根据自己的需要，在道路及别墅周围添加场地构件树。

用同样方法，从“载入族”对话框中打开“环境”文件夹，载入“M_RPC 甲虫 .rfa”并放置在场地中，如图 10-11 所示。

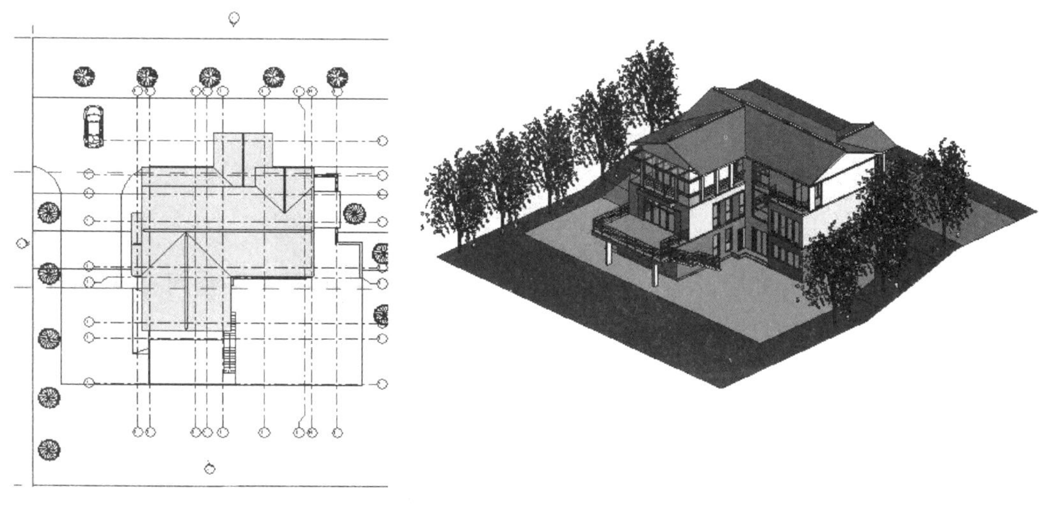

图 10-11　放置场地构件及其效果

至此，完成了场地构件的添加。

第 11 章　房间和面积

房间是基于图元（如墙、楼板、屋顶和天花板）对建筑模型中的空间进行细分的部分。用户只可在平面视图中放置房间。

11.1 房间和房间标记

11.1.1 创建房间和房间标记

（1）打开平面视图。

（2）在“建筑”选项卡“房间和面积”面板中单击“房间”按钮，如图 11–1 所示，系统激活“修改 | 放置 房间”选项卡。

图 11–1　选项面板

（3）要随房间显示房间标记，请确保选中“在放置时进行标记”：在“修改 | 放置 房间”选项卡“标记”面板中单击“在放置时进行标记”按钮。

要在放置房间时忽略房间标记，请关闭此选项。

（4）在选项栏执行下列操作（图 11–2）：

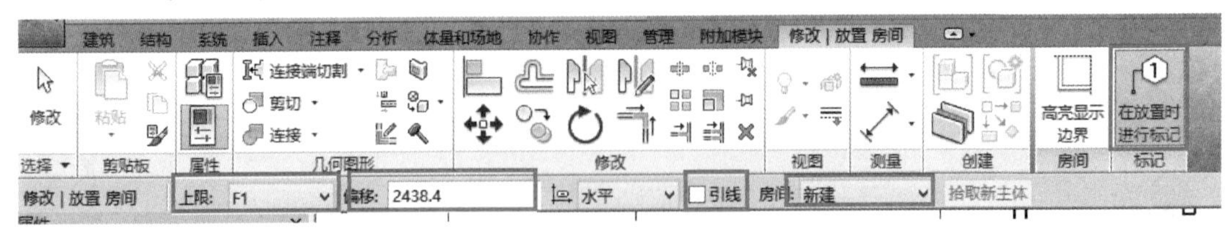

图 11–2　设置相关参数

1）“上限”，指定将从其测量房间上边界的标高。

如，若要在标高 1 楼层平面添加一个房间，并希望该房间从标高 1 扩展到标高 2 或标高 2 上方的某个点，则可将“上限”指定为“标高 2”。

2）“偏移”，房间上边界与该标高的距离。输入正值表示向“上限”标高上方偏移，输入负值表示向其下方偏移。其指明所需的房间标记方向。

3）“引线”，要使房间标记带有引线，请选择。

4）“房间”，选择“新建”创建新房间，或者从列表中选择一个现有房间。

（5）要查看房间边界图元，在“修改 | 放置 房间”选项卡的“房间”面板中选择“高亮显示边界”命令，如图 11-3 所示。

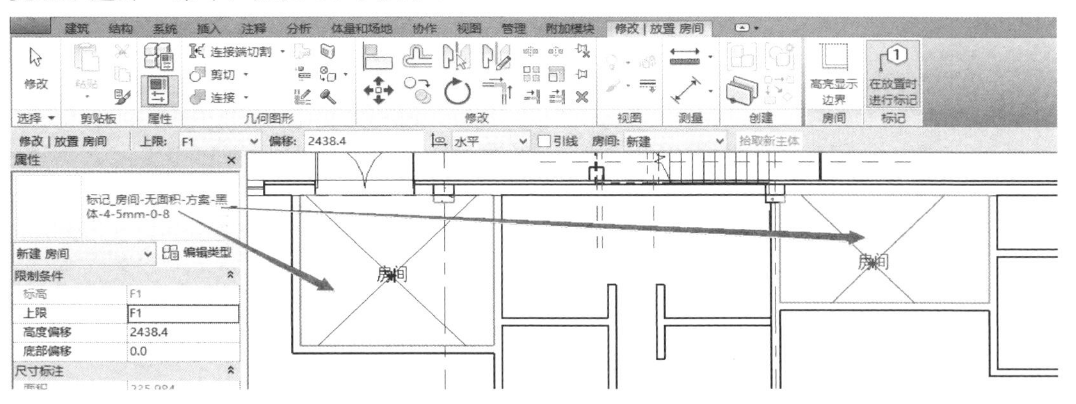

图 11-3 查看房间边界图元

（6）在绘图区域中单击，以放置房间。

注意：Revit 不会将房间置于宽度小于 1ft① 或 306 mm 的空间中，因此需根据具体情况进行房间分割，如图 11-4 所示。

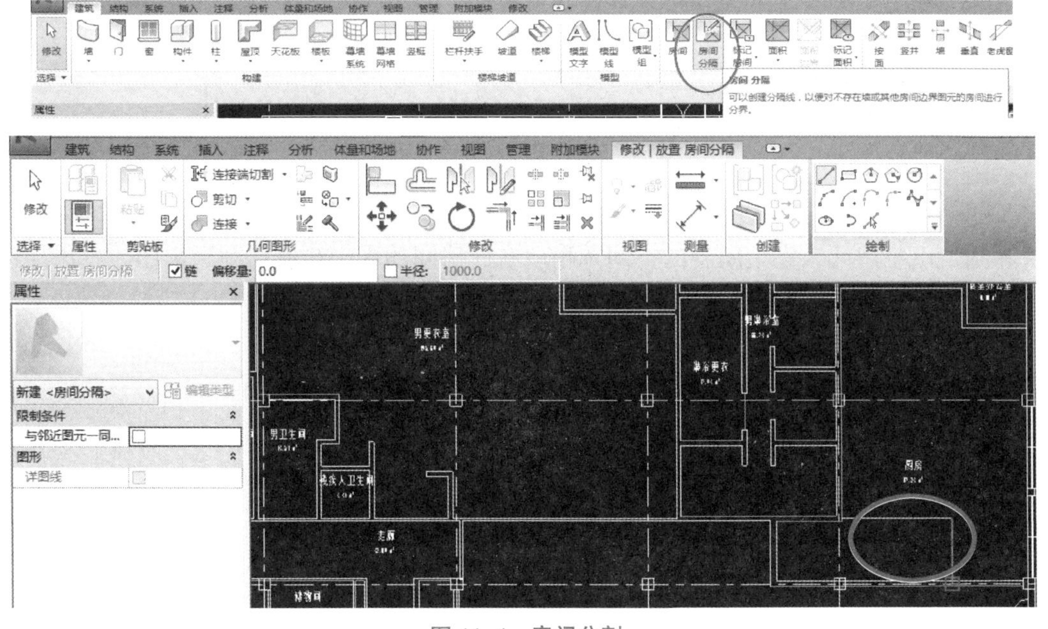

图 11-4 房间分割

（7）修改命名该房间：选中房间，在“属性”选项板中修改房间编号及名称（图 11-5）。

① 1 ft=0.304 8 m。

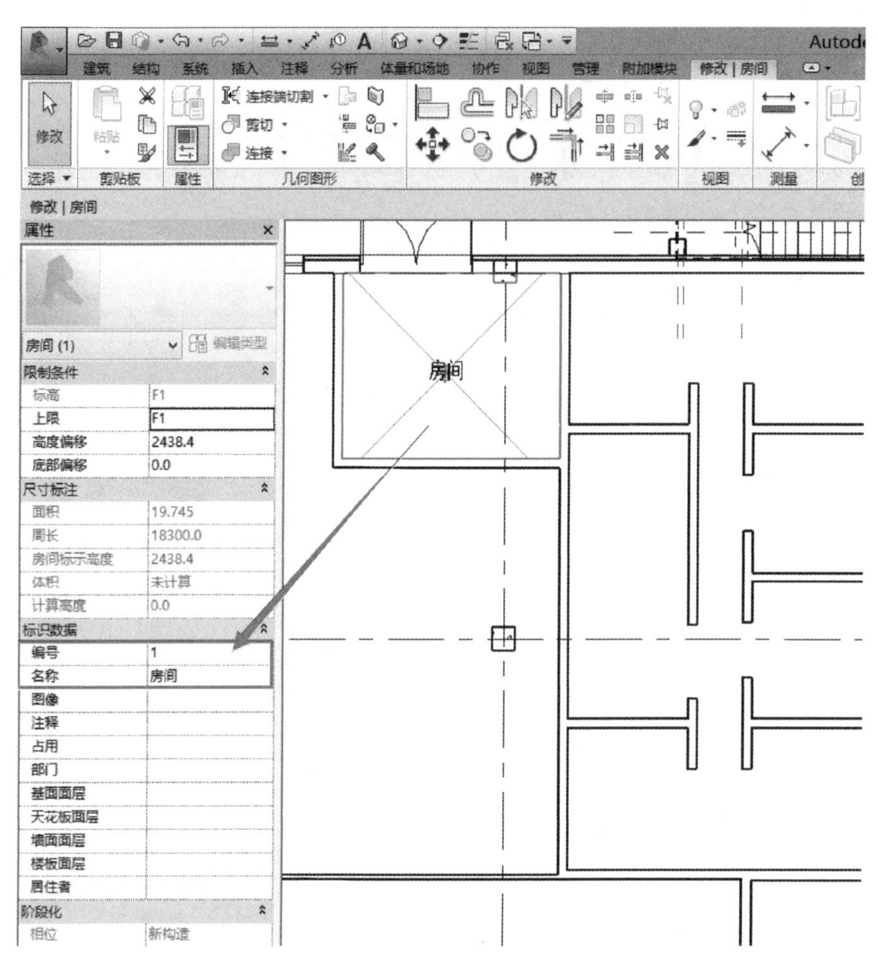

图 11-5　修改房间编号及名称

如果将房间放置在边界图元形成的范围之内，该房间会充满该范围；也可以将房间放置到自由空间或未完全闭合的空间，稍后在此房间的周围绘制房间边界图元，添加边界图元时，房间会充满边界。

11.1.2　房间颜色方案

用户可以根据特定值或值范围，将颜色方案应用于楼层平面视图和剖面视图；也可以向每个视图应用不同颜色方案。

使用颜色方案可以将颜色和填充样式应用到房间、面积、空间和分区、管道和风管中。

注意：要使用颜色方案，必须先在项目中定义房间或面积；若要为 Revit MEP 图元使用颜色方案，还必须在项目中定义空间、分区、管道或风管。

在“建筑”选项卡“房间和面积”面板下拉列表中单击“颜色方案”按钮，如图 11-6 所示，弹出“编辑颜色方案”对话框。

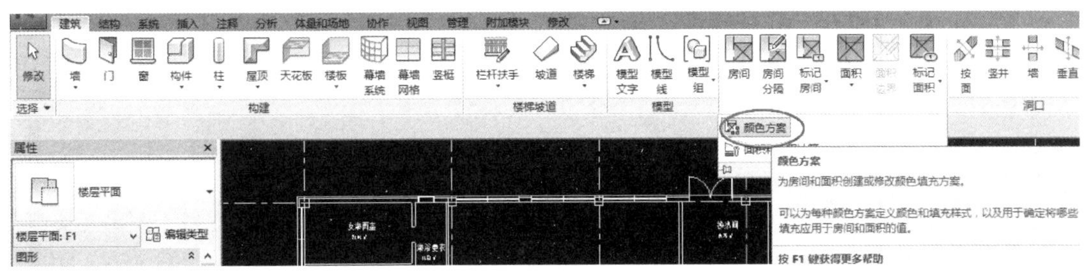

图 11-6 “颜色方案”按钮

在“编辑颜色方案”对话框中将方案“类别”设置为“房间”，并复制颜色“方案 1”，命名为“房间颜色按名称”，如图 11-7 所示。

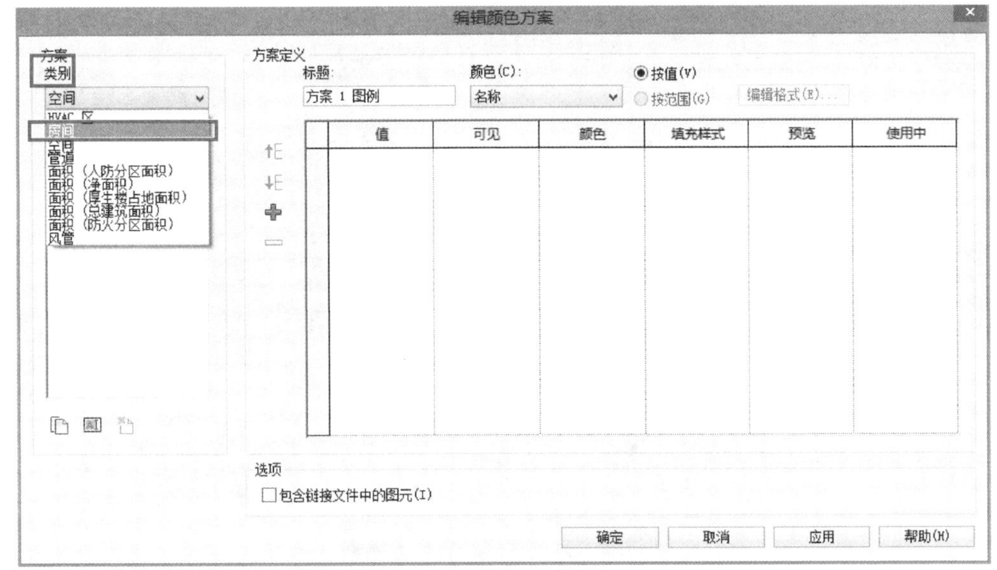

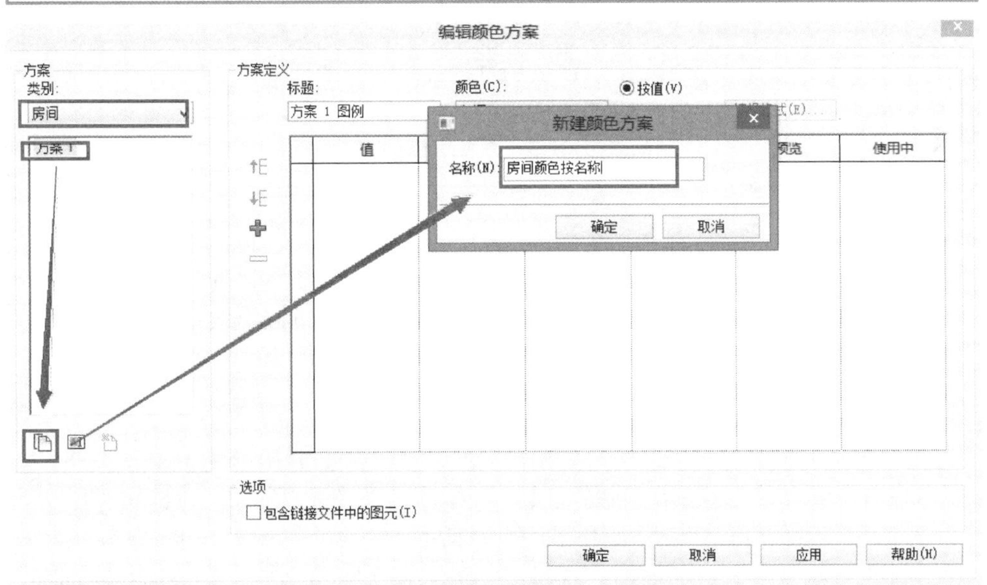

图 11-7 “编辑颜色方案”对话框

将方案标题改为“按名称”，颜色选择“名称”，完成房间颜色方案的编辑，如图 11-8 所示。

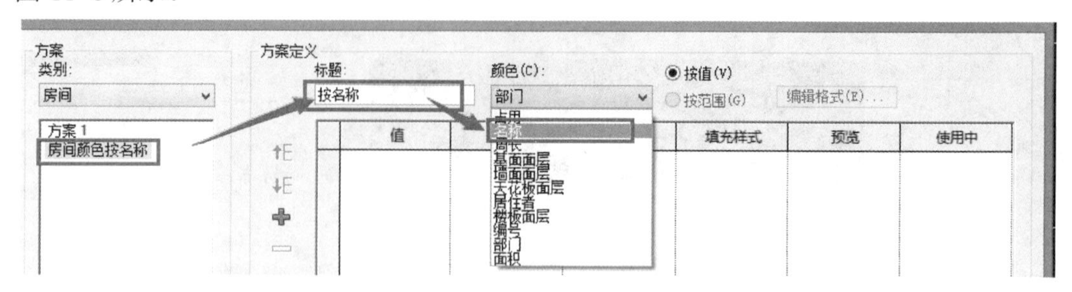

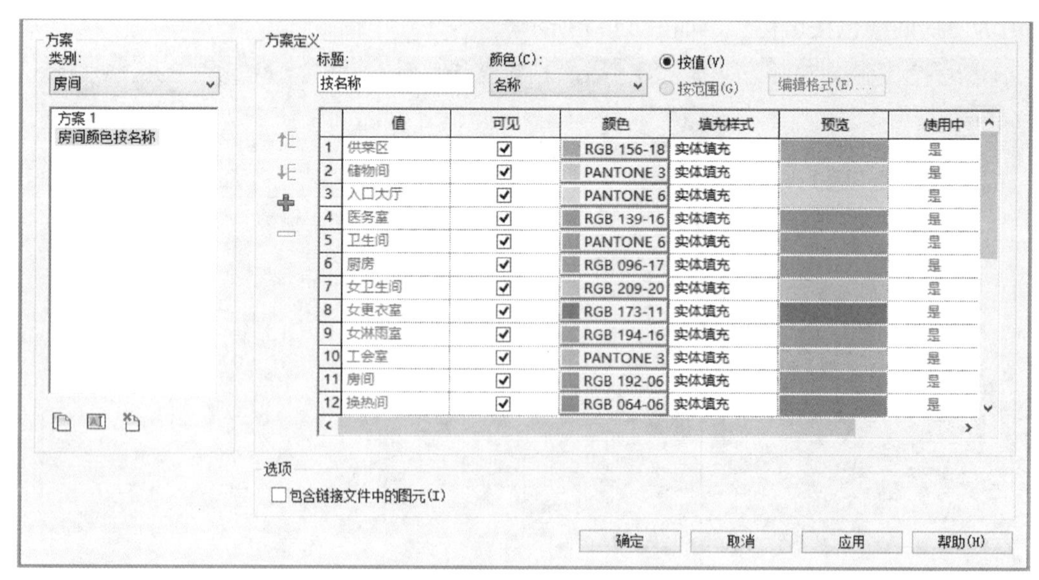

图 11-8　完成房间颜色方案编辑

11.2　面积和面积方案

面积是对建筑模型中的空间进行再分割形成的，其范围通常比各个房间范围大。

面积不一定以模型图元为边界，可以绘制面积边界，也可以拾取模型图元作为边界。

11.2.1　面积平面的创建

在“建筑”选项卡“房间和面积”面板“面积”下拉列表中单击“面积平面”按钮，如图 11-9 所示，系统弹出“新建面积平面”对话框。

在“新建面积平面”对话框中，选择面积方案作为“类型”，并为面积平面视图选择楼层，如图 11-10 所示。

要创建唯一的面积平面视图，则应勾选“不复制现有视图”选项；要创建现有面积平面视图的副本，则可清除“不复制现有视图”复选框，单击“确定”按钮。

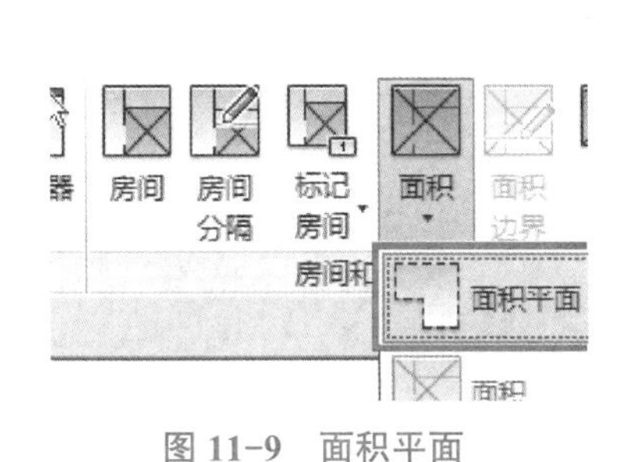

图 11-9　面积平面

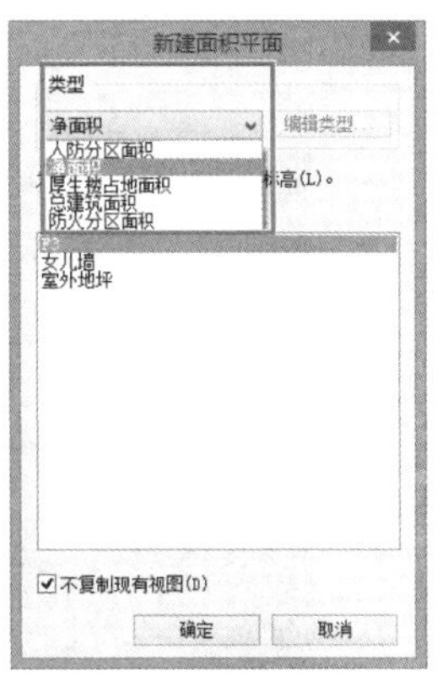

图 11-10　新建面积平面

11.2.2　定义面积边界

（1）定义面积边界，类似于房间分割，将视图分割成一个个面积区域，打开一个面积平面视图。

面积平面视图可在“项目浏览器”中双击“面积平面”下的相关选项打开。

（2）在“建筑”选项卡“房间和面积”面板中单击“面积边界”按钮，如图 11-11 所示，系统激活“修改 | 放置 面积边界”选项卡。

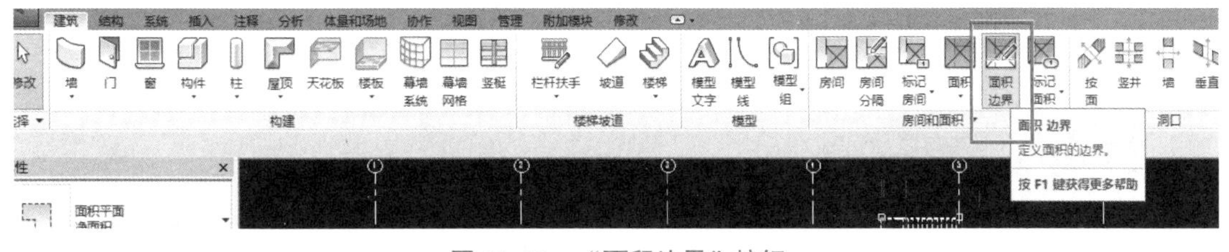

图 11-11　“面积边界”按钮

（3）绘制或拾取面积边界（使用“拾取线”命令并应用面积规则）。

11.2.3　拾取面积边界

（1）在“修改 | 放置 面积边界”选项卡“绘制”面板中单击“拾取线”按钮，如图 11-12 所示。

（2）如果不希望 Revit 应用面积规则，则在选项栏上取消勾选“应用面积规则”，并指定偏移量。

注意：如果应用了面积规则，则面积标记的面积类型参数将会决定面积边界的位置，必须将面积标记放置在边界以内，才能改变面积类型。

（3）选择边界的定义墙，如图 11-12 所示。

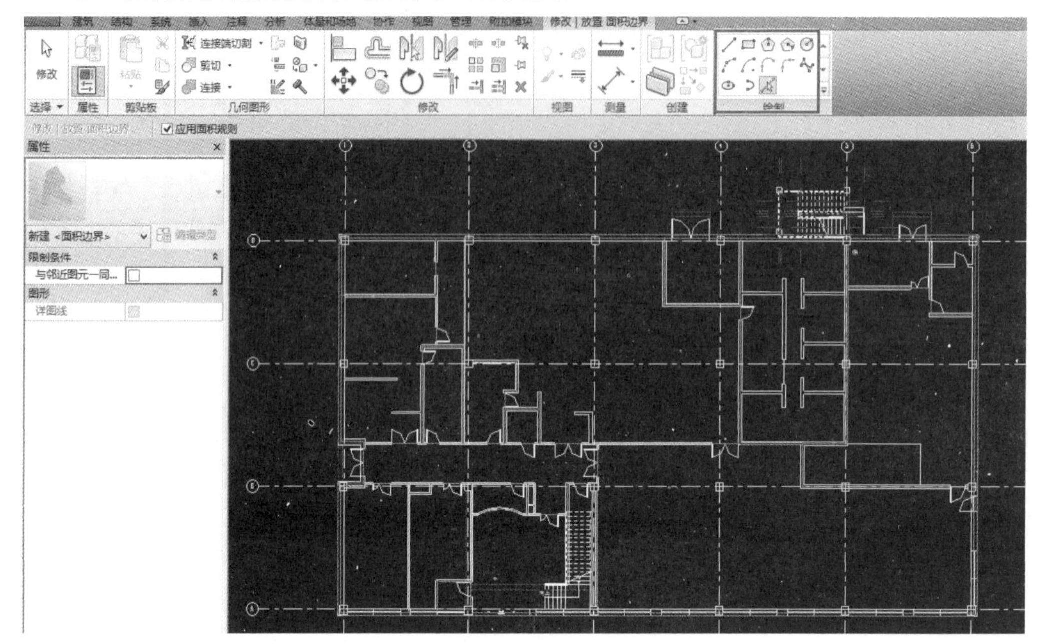

图 11-12　拾取面积边界

11.2.4　绘制面积边界

（1）在“修改 | 放置 面积边界”选项卡的“绘制”面板中选择一个绘制工具。

（2）使用绘制工具完成边界的绘制。

11.2.5　面积的创建

面积边界定义完成之后，进行面积的创建，面积的创建方法与房间的创建方法一样（图 11-13）。

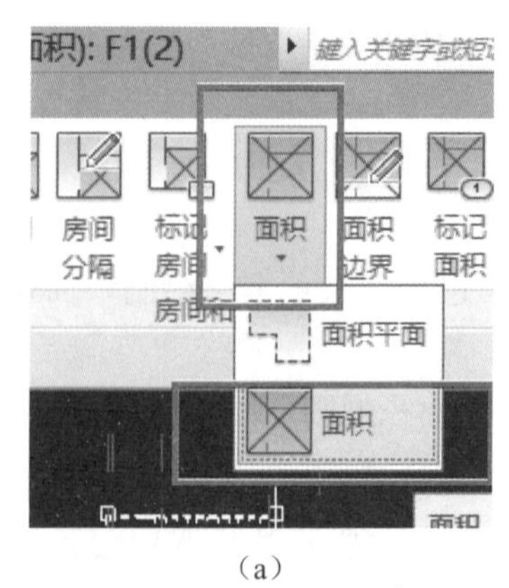

（a）

图 11-13　面积的创建

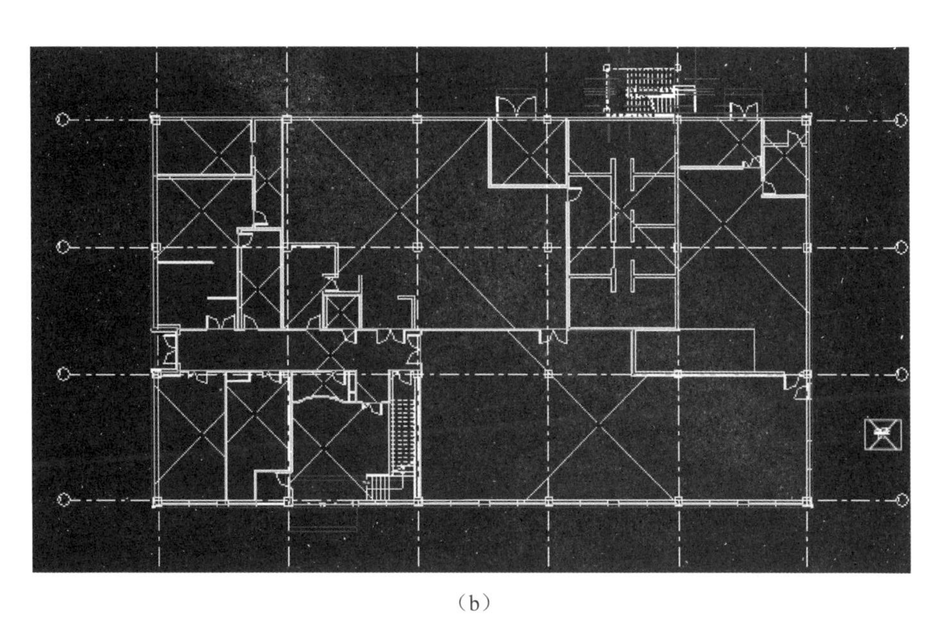

（b）

图 11-13　面积的创建（续）

创建面积标记，直接放置（图 11-14）。

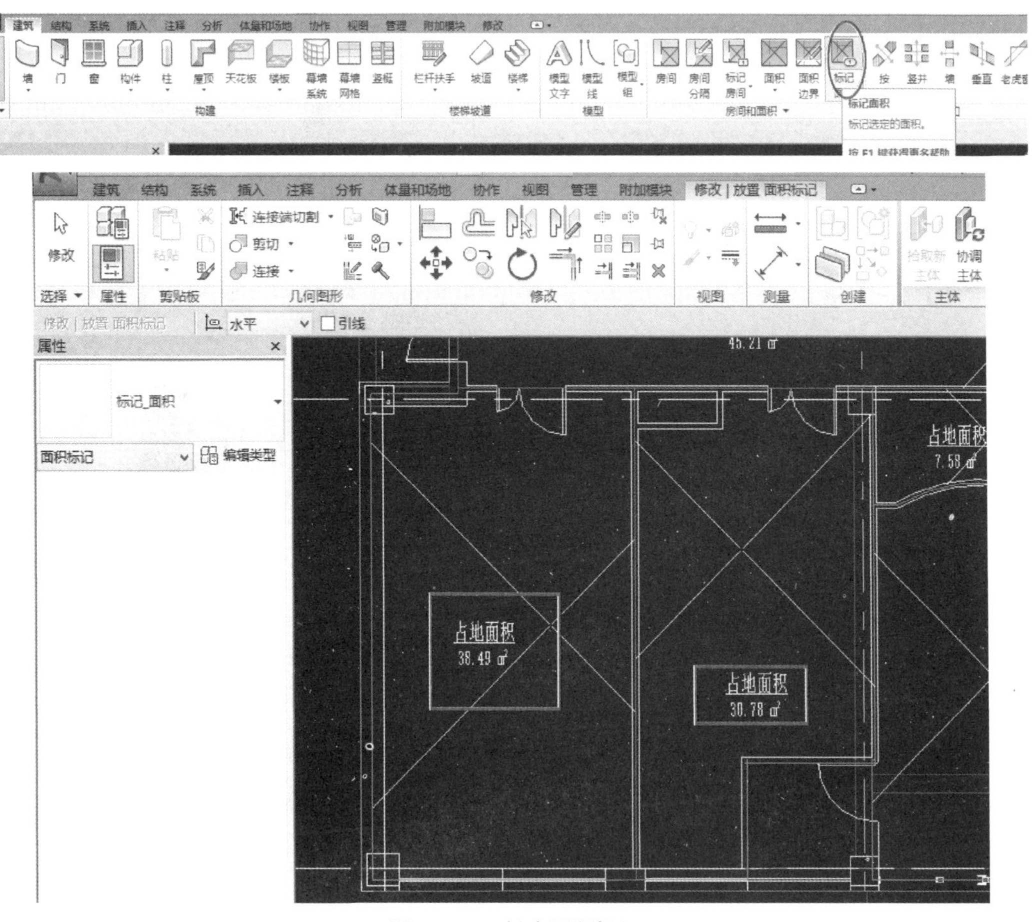

图 11-14　创建面积标记

11.2.6 创建面积颜色方案

面积颜色方案的创建方法同房间颜色方案的创建方法，方案类别选择“面积（净面积）”（图 11-15）。

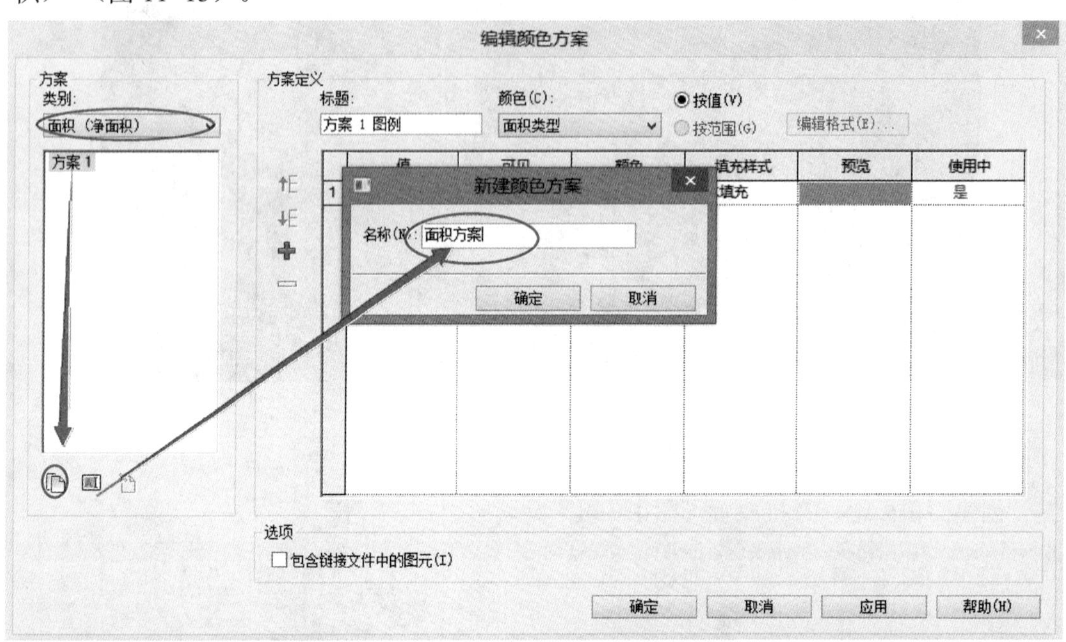

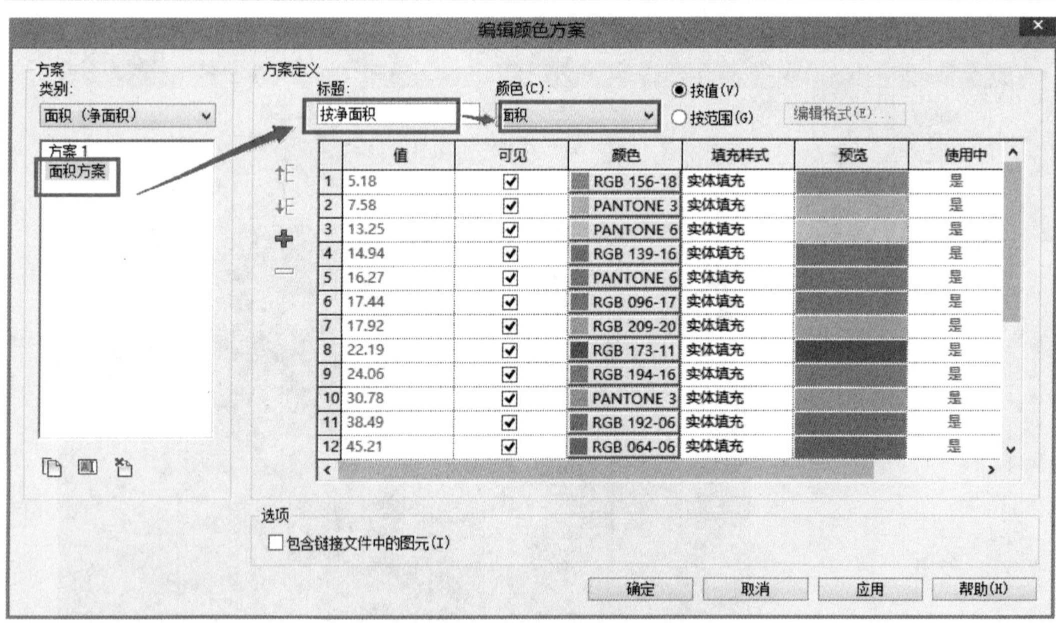

图 11-15　创建面积颜色方案

11.3 颜色方案

11.3.1 放置房间颜色方案

（1）转到平面视图，在“注释”选项卡“颜色填充”面板中选择“颜色填充图例”命令，激活“修改 | 放置 颜色填充图例”选项卡，在视图空白区域放置图例（图 11-16）。

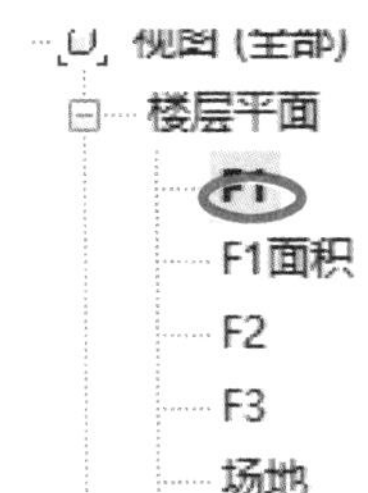

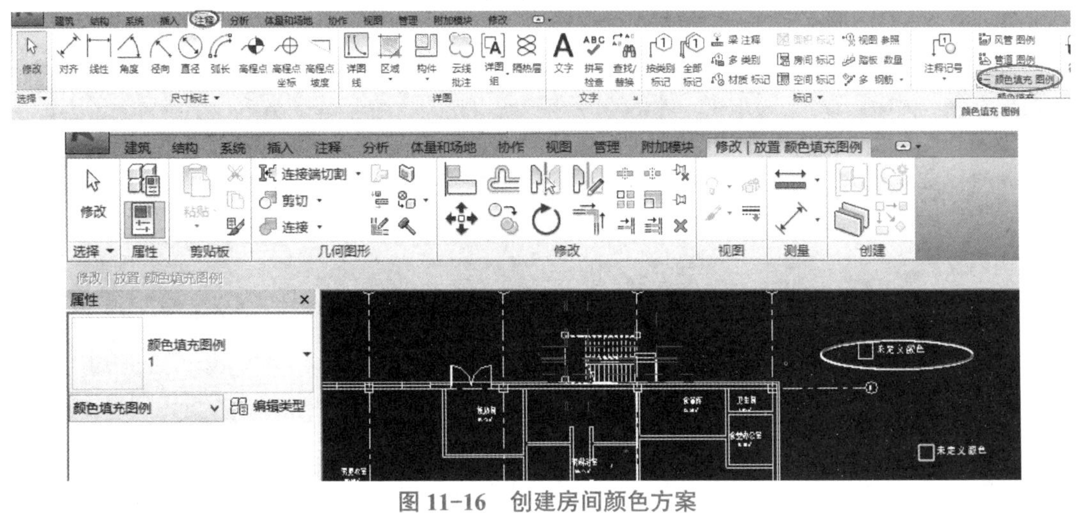

图 11-16　创建房间颜色方案

（2）放置好的图例是没有定义颜色方案的，选中图例，上下文选项卡中出现“编辑方案”按钮（图 11-17）。

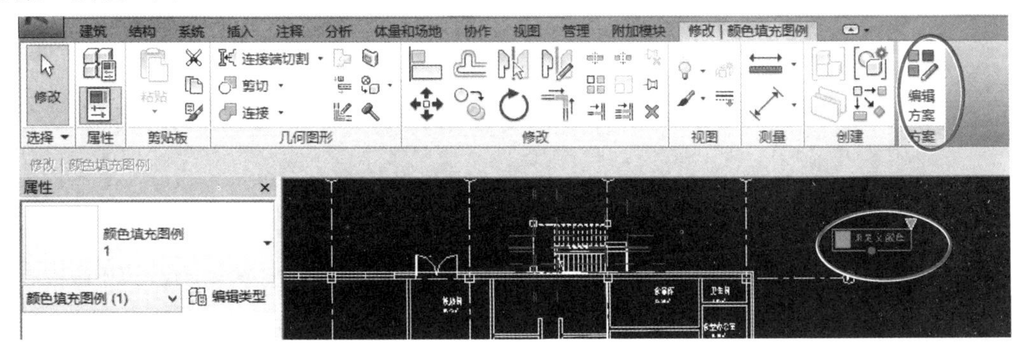

图 11-17　“编辑方案”按钮

单击“编辑方案”按钮，系统弹出“编辑颜色方案”对话框，选择事先编辑好的颜色方案，单击“应用”按钮，然后单击“确定”按钮，完成房间颜色方案（图 11–18）。

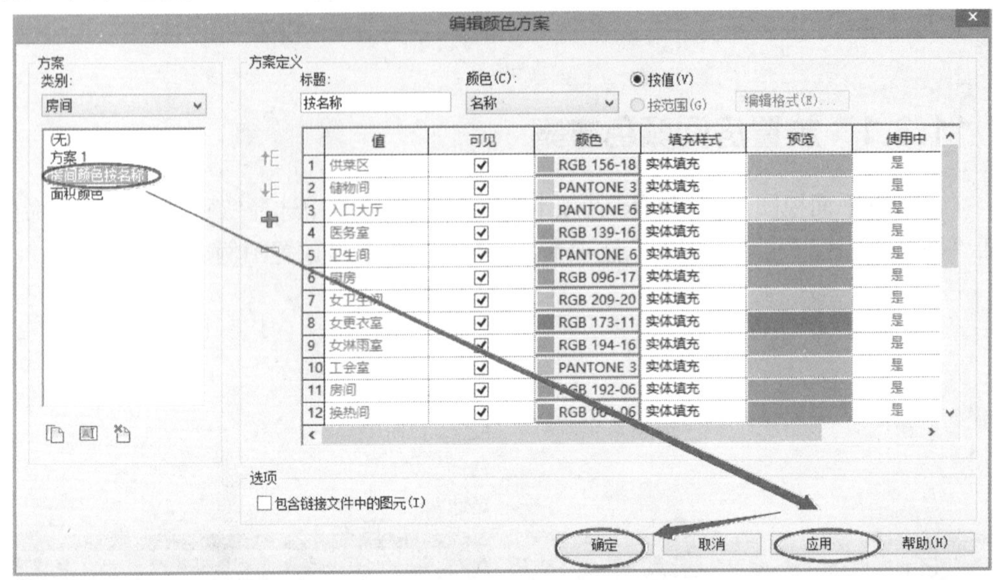

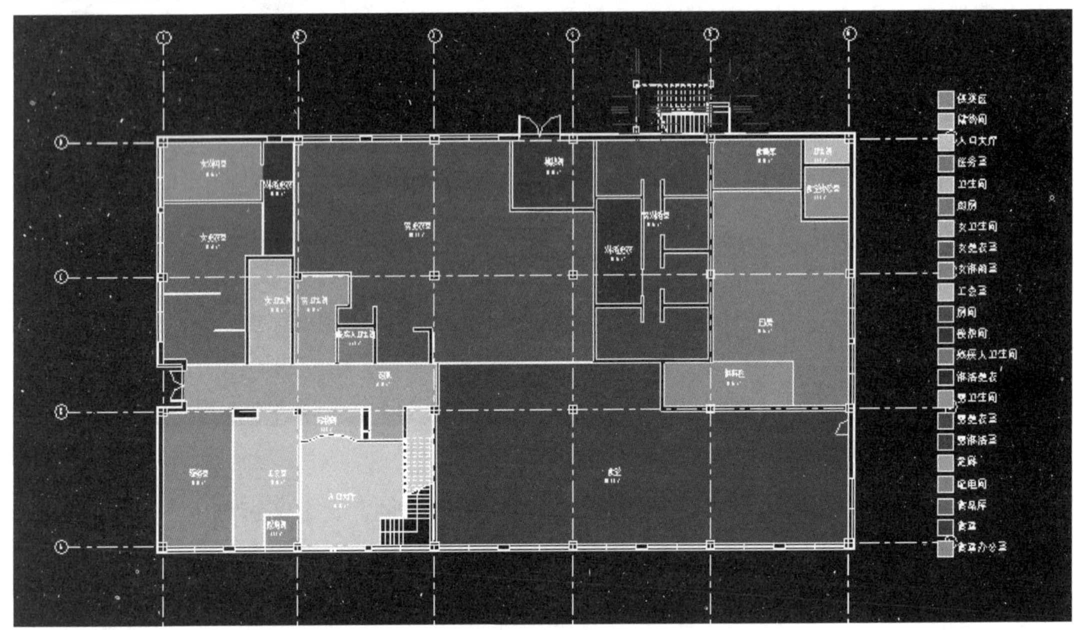

图 11–18　完成房间颜色方案

11.3.2　放置面积颜色方案

转到“面积平面（净面积）”选项下的“F1”面积平面视图，在“注释”选项卡“颜色填充”面板中选择“颜色填充图例”命令，在视图空白区域放置图例。与放置房间颜色方案图例不同，面积方案图例会直接弹出“选择空间类型和颜色方案”对话框，选择

事先编辑好的面积颜色方案即可（图 11-19）。

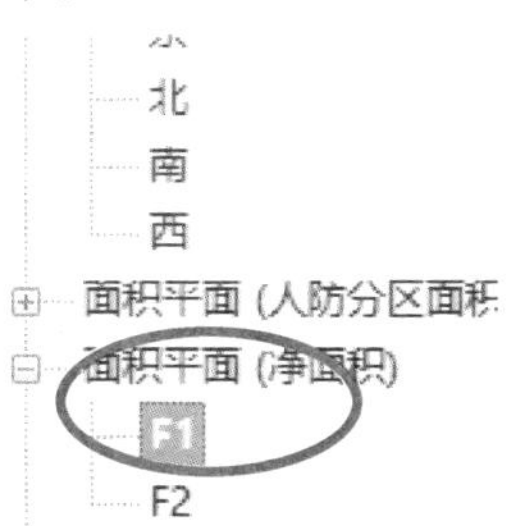

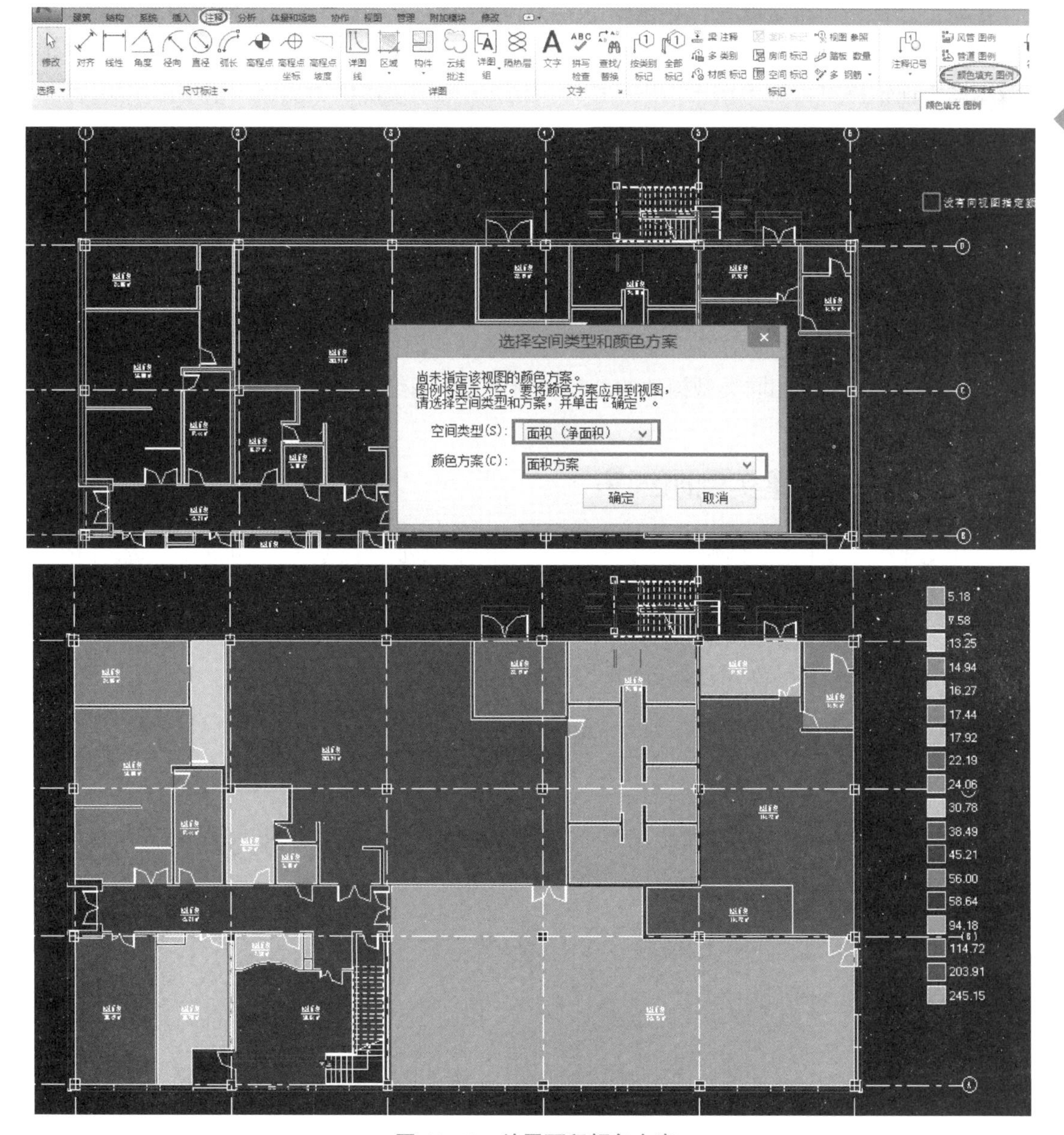

图 11-19　放置面积颜色方案

第 12 章　明细表

明细表是 Revit 软件的重要组成部分。通过定制明细表，可以从所创建的 Revit 模型（建筑信息模型）中获取项目应用中所需要的各类项目信息，应用表格的形式直观地表达出来。另外，Revit 模型中所包含的项目信息还可以通过 ODBC 数据库，导出到其他数据库管理软件中。

12.1 创建实例和类型明细表

在 Revit 中生成建筑构件明细表时，可以将每一构件作为单独的行列出来创建实例明细表，也可以列出相同类型构件的总数来创建类型明细表。

12.1.1 创建实例明细表

在“视图”选项卡“创建”面板“明细表”的下拉列表中选择“明细表 / 数量”命令，系统弹出“新建明细表”对话框（图 12-1），在对话框中选择要统计的构件类别，如窗，设置明细表名称，选择明细表的构成单元，选择明细表应用阶段，单击“确定”按钮，系统弹出“明细表属性”对话框，如图 12-2 所示。

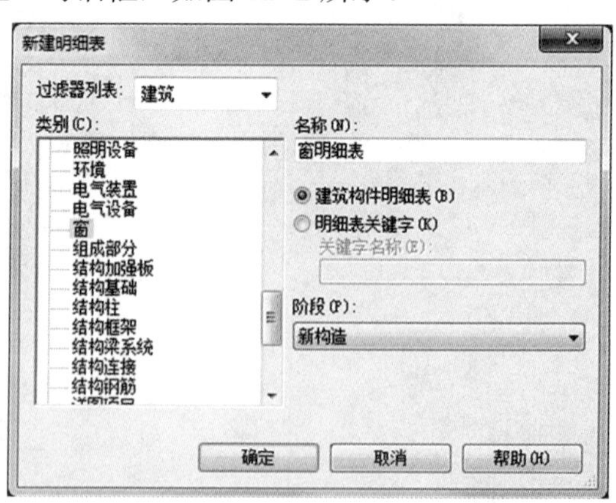

图 12-1　“新建明细表”对话框

“字段”选项卡：从“可用字段”列表中选择要统计的字段，单击“添加”按钮，移动到“明细表字段”列表中，选择“上移”或“下移”调整字段顺序，如图 12-2 所示。

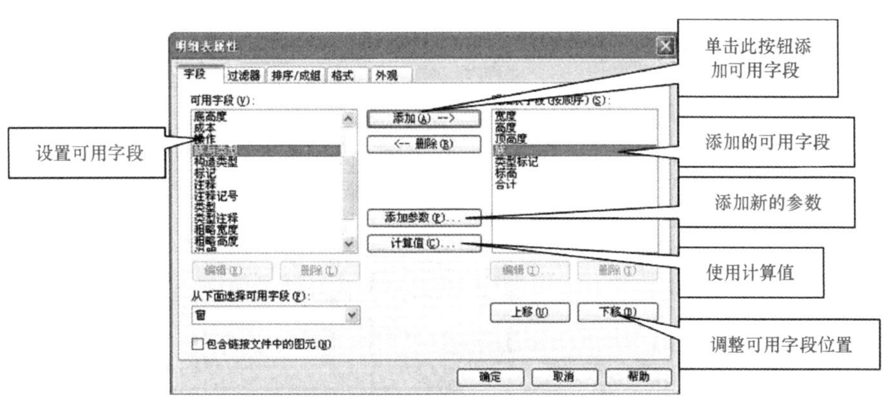

图 12-2　调整明细表字段

“过滤器”选项卡：设置过滤器可以统计其中部分构件，不设置则统计全部构件，如图 12-3 所示。

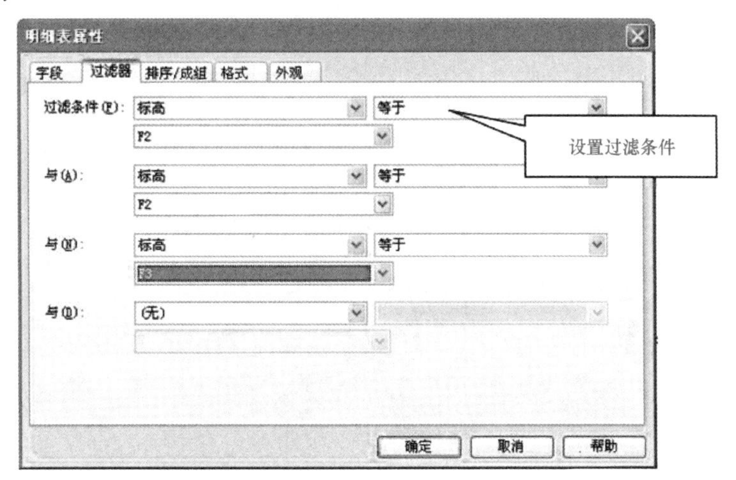

图 12-3　设置过滤条件

“排序/成组”选项卡：设置排序方式，选择“总计”“逐项列举每个实例”，如图 12-4 所示。

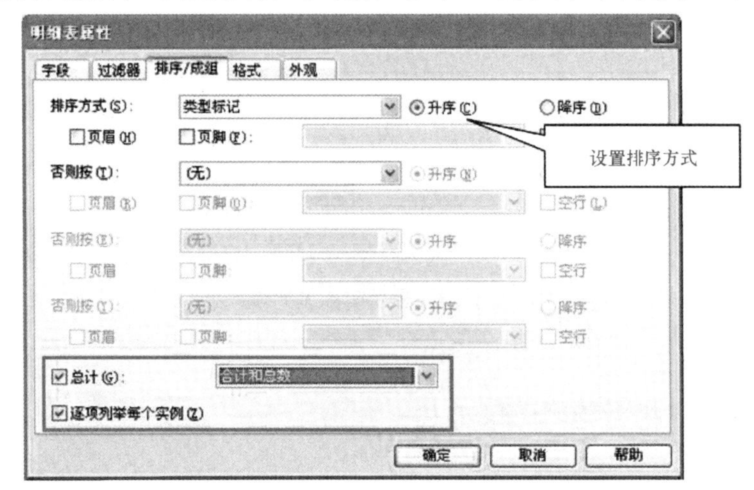

图 12-4　设置排序方式

“格式”选项卡：设置字段在表格中的标题名称（字段和标题名称可以不同，如“类型”可修改为窗编号）、方向、对齐方式，需要时勾选“计算总数”选项，如图 12-5 所示。

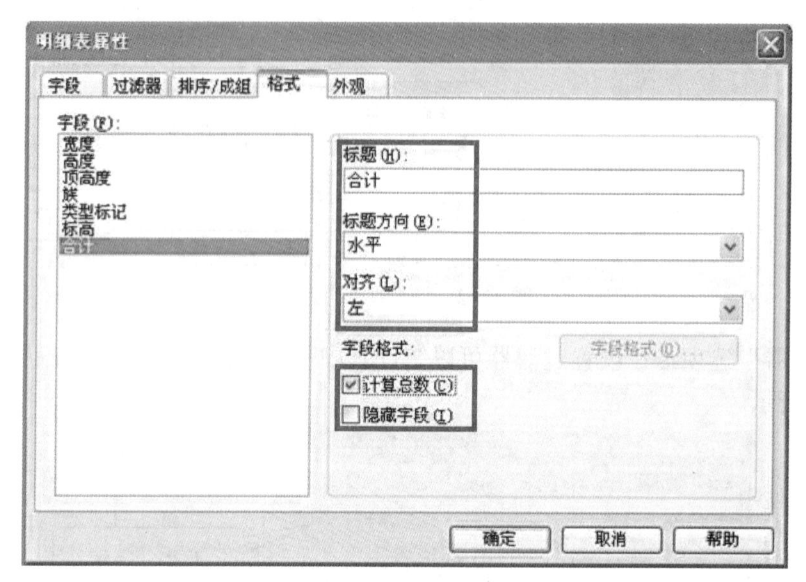

图 12-5　设置明细表格式

“外观”选项卡：设置表格线宽、标题和正文文字字体与大小，单击“确定”按钮，如图 12-6 所示。

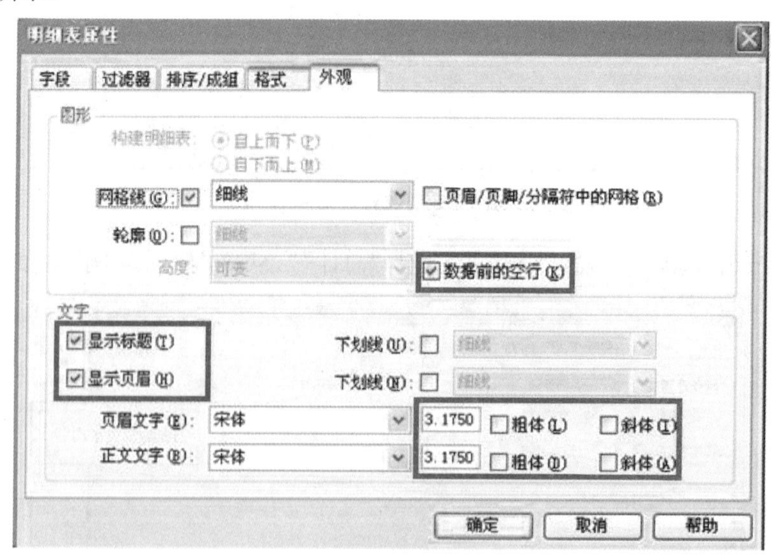

图 12-6　设置明细表外观

12.1.2　创建类型明细表

选择实例明细表视图，在“属性”选项板中单击“排序/成组”选项对应的“编辑”按钮，系统弹出“明细表属性”对话框，在“排序/成组”选项卡中取消勾选“逐项列举每个实例”。注意“排序方式”的选择。单击“确定”按钮自动生成类型明细表。

12.1.3 创建关键字明细表

在“视图”选项卡“创建”面板“明细表”的下拉列表中选择“明细表/数量”命令，系统弹出“新建明细表”对话框，在对话框中选择要统计的构件类别，如房间，设置明细表名称，选择“明细表关键字”选项，输入关键字名称，单击“确定”按钮，如图 12-7 所示，系统弹出“明细表属性”对话框。

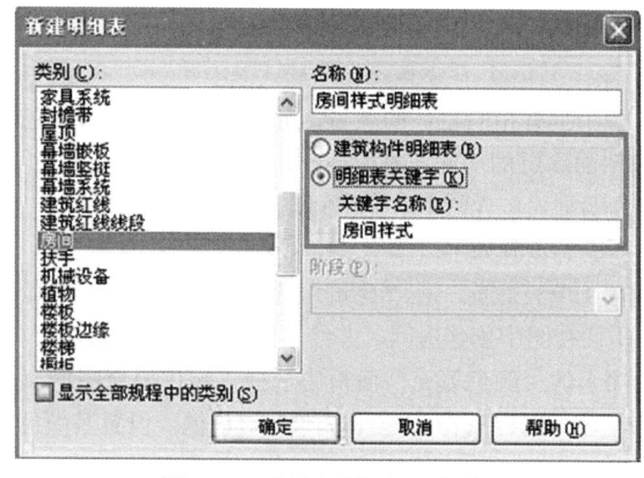

图 12-7 “新建明细表”对话框

在“明细表属性”对话框中按上述步骤设置明细表的字段、排序/成组、格式、外观等属性，单击“确定”按钮。

在选项栏中，单击“行：”旁边的“新建”按钮向明细表中添加新行，创建新关键字，并填写每个关键字的相应信息，如图 12-8 所示。

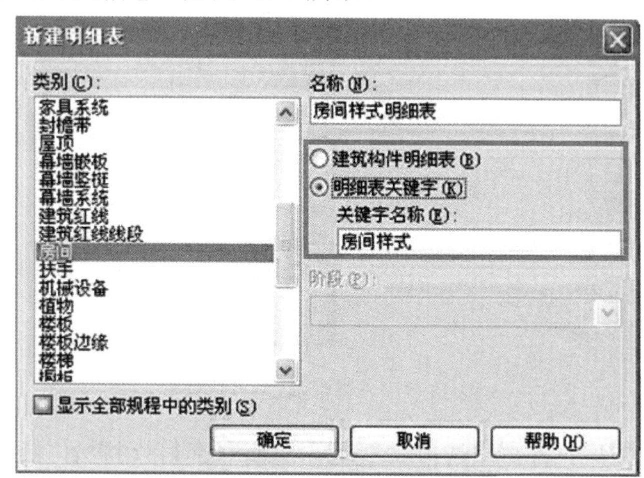

图 12-8 创建新关键字

将关键字应用到图元中：在图形视图中选择含有预定义关键字的图元，如房间标记，单击“属性”按钮，在“实例”属性下面查找关键字名称参数，如“房间样式”，从下拉菜单中选择样式名称。

将关键字应用到明细表：按上所述步骤新建明细表，选择字段时，添加关键字名称字段，如“房间样式”，设置表格属性，单击“确定”按钮。

12.2 定义明细表和颜色图表

明细表可包含多个具有相同特征的项目，如房间明细表中可能包含 100 个带有相同的地板、天花板和基面涂层的房间。在 Revit 中，可以方便地定义可自动填写信息的关键字，而无须手动为明细表包含的 100 个房间输入所有这些信息。

创建房间颜色图表的步骤如下：

在对房间应用颜色填充之前，在“建筑”选项卡“房间和面积”的面板中选择“标记房间”命令，在平面视图中创建房间，并给不同的房间指定名称。

在“注释”选项卡的“颜色填充”面板中选择“颜色填充图例”命令，在“属性”选项板中单击“编辑类型”按钮打开“类型属性”对话框，设置其颜色方案的基本属性，如图 12-9 所示。

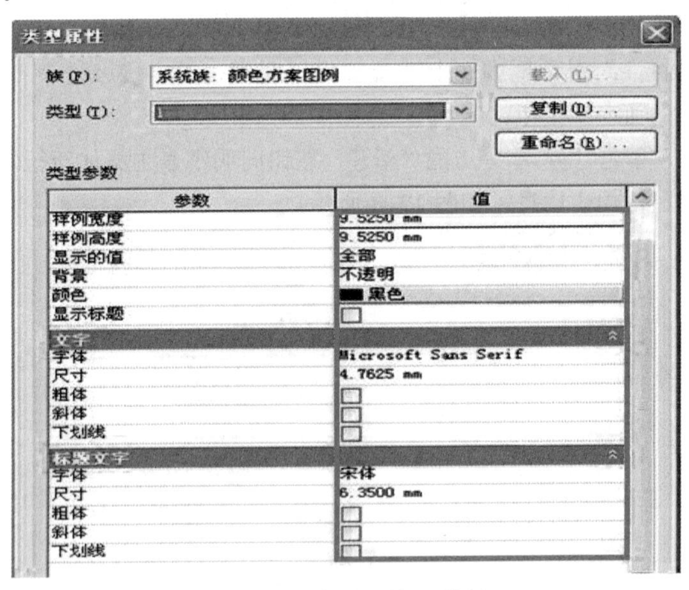

图 12-9 “类型属性”对话框

单击放置颜色方案，并再次选择颜色方案图例，此时自动激活“修改|颜色填充实例”选项卡，在“方案”面板中选择“编辑方案”命令，系统弹出“编辑颜色方案”对话框。

在“编辑颜色方案”对话框的“颜色”下拉列表中选择“名称”为填色方案，如图 12-10 所示，修改房间的颜色值，单击“确定”按钮退出对话框，此时房间将自动填充颜色。

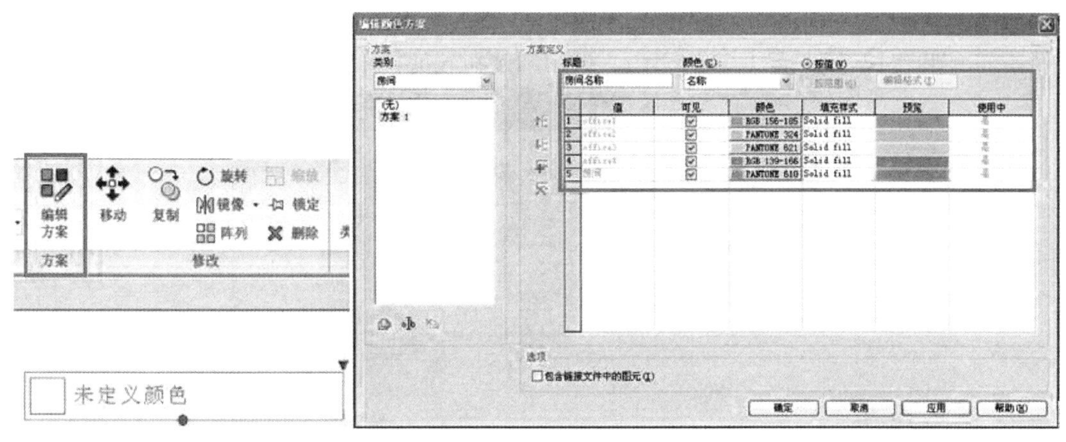

图 12-10　编辑房间颜色

12.3　生成统一格式部件代码和说明明细表

按上节所述步骤新建构件明细表，如墙明细表，其中，在选择字段时，添加“部件代码”和“部件说明”字段，单击“确定”按钮。

单击表中某行“部件代码”后的矩形按钮，系统弹出“选择部件代码”对话框，在对话框中选择需要的部件代码，单击“确定”按钮，系统将弹出如图 12-11 所示的对话框，单击“确定”按钮将修改应用到所选类型的全部图元中，生成统一格式部件代码和说明明细表。

图 12-11　警示对话框

12.4　创建共享参数明细表

使用共享参数可以将自定义参数添加到族构件中进行统计。

12.4.1 创建共享参数文件

在“管理”选项卡“设置”面板中选择“共享参数”命令，系统将弹出“编辑共享参数”对话框，如图 12-12 所示。在对话框中单击“创建”按钮设置共享参数文件的保存路径和名称，如图 12-13 所示，最后单击“确定”按钮完成设置。

图 12-12 “编辑共享参数”对话框

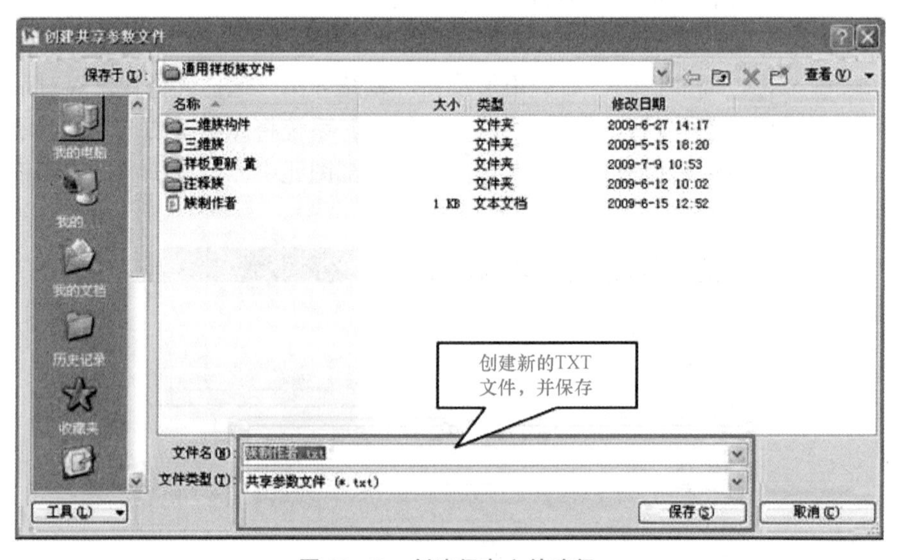

图 12-13 创建保存文件路径

单击“组”下面的“新建”按钮，输入组名创建参数组；单击“参数”下面的“新建”按钮，系统弹出“参数属性”对话框，设置参数名称、规程、类型等，给参数组添加参数。单击“确定”按钮创建共享参数文件，如图 12-14 所示。

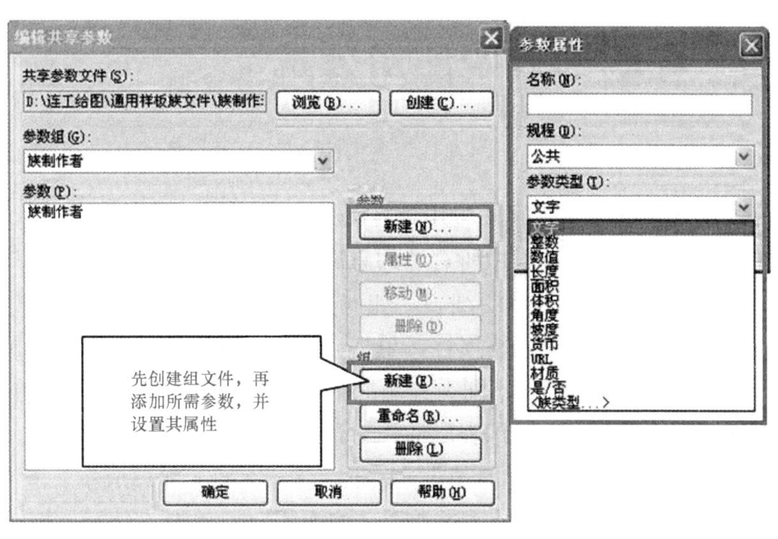

图 12-14　创建共享参数文件

12.4.2　将共享参数添加到族中

新建族文件时，在“族类型”对话框中添加参数时，选择“共享参数”选项，然后单击“选择”按钮即可为构件添加共享参数并设置其值，如图 12-15 所示。

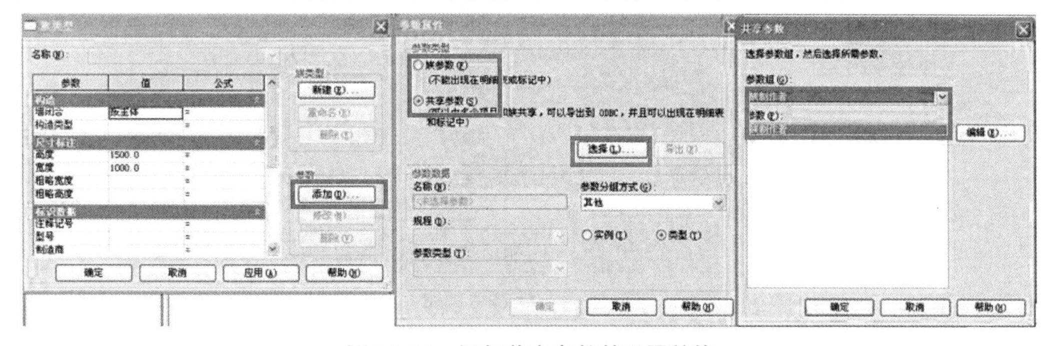

图 12-15　添加共享参数并设置其值

12.4.3　创建多类别明细表

在“视图”选项卡“创建”面板的“明细表”下拉列表中选择“明细表 / 数量”命令，系统弹出“新建明细表”对话框，在对话框“类别”列表中选择“多类别”选项，单击“确定”按钮。

系统弹出“明细表属性”对话框，在“字段”选项卡中选择要统计的字段及共享参数字段，单击“添加”按钮移动到“明细表字段”列表中，也可单击“添加参数”按钮，选择共享参数。

继续设置“过滤器”“排序 / 成组”“格式”“外观”等属性，确定创建多类别明细表。

12.5 在明细表中使用公式

在明细表中可以通过给现有字段应用计算公式来求得需要的值，例如，可以根据每一墙类型的总平方毫米，创建项目中所有墙的总成本的墙明细表。

按上节所述步骤新建构件类型明细表，如墙类型明细表，选择统计字段：合计、族与类型、成本、面积，设置其他表格属性，单击“确定”按钮。

在“成本”一列的表格中输入不同类型墙的单价。在“属性”选项板中单击“字段”参数后的“编辑”按钮，打开“明细表属性”对话框中的“字段”选项卡。

单击“计算值”按钮，打开“计算值”对话框，输入名称（如总成本）、计算公式［如“成本 * 面积 /（1000.0）”］，选择字段类型（如面积），单击“确定”按钮。

明细表中会添加一列“总成本”，其值自动计算，如图 12-16 所示。

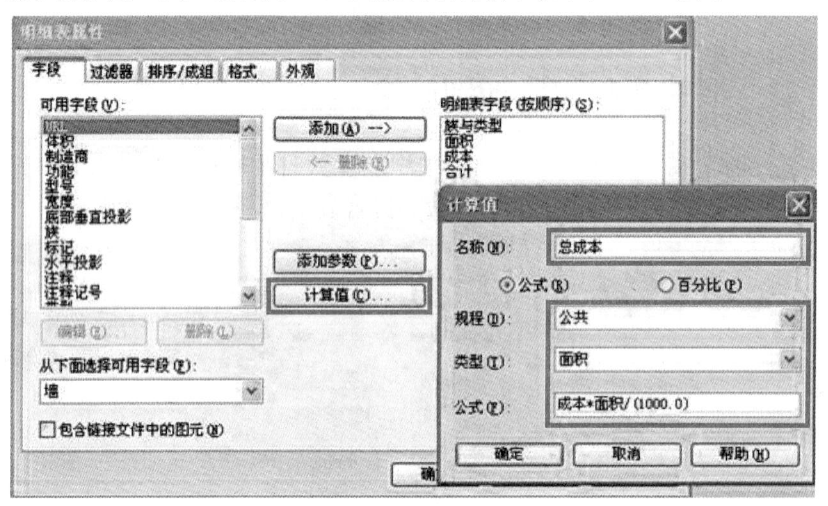

图 12-16　计算总成本

提示：输入“/（1000.0）”是为了隐藏计算结果中的单位，否则，计算结果中会出现含有“面积”字段的单位。

12.6 使用 ODBC 导出项目信息

12.6.1　导出明细表

打开要导出的明细表，单击按钮打开应用程序菜单，单击“导出”→“报告”→“明细表”按钮，系统弹出“导出明细表”对话框，在对话框中指定明细表的名称和路径，单击“保存”按钮，将该文件保存为分隔符文本。

在“导出明细表”对话框中设置明细表外观和输出选项，确定完成导出，如图 12-17 所示。

启动 Microsoft Excel 或其他电子表格程序，打开导出的明细表，即可做任意编辑修改。

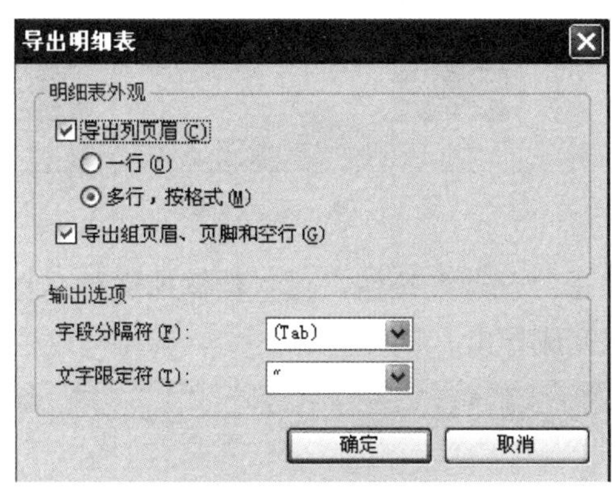

图 12-17　导出明细表

12.6.2　导出数据库

Revit 可以将项目信息导出到与 ODBC（开放数据库互连）兼容的数据库中，单击按钮打开应用程序菜单，然后选择“导出”→“ODBC 数据库”命令，系统弹出“选择数据源”对话框，如图 12-18 所示，选择“文件数据源”选项卡，单击“新建”按钮，系统弹出“创建新数据源”对话框，选择“Microsoft Access Driver（*mdb）”或其他数据库驱动程序。

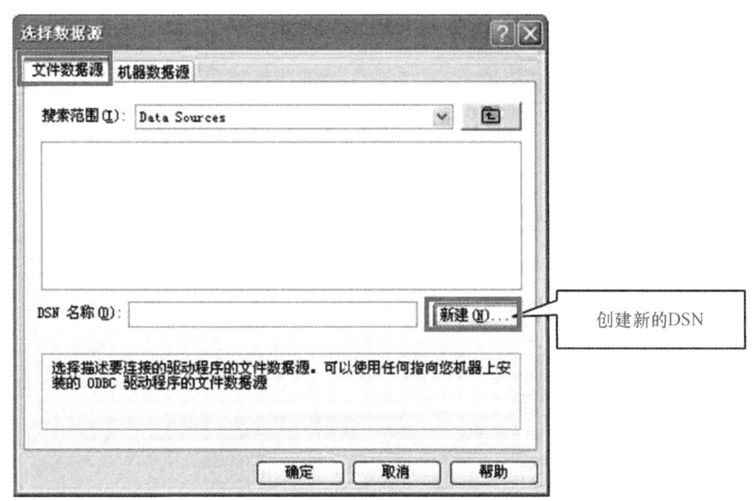

图 12-18　“选择数据源”对话框

单击“下一步”按钮，设置文件名称和保存路径，继续单击“下一步”按钮，确认设置，单击“完成”按钮，如图 12-19 所示，系统弹出“ODBC Microsoft Access 安装”对话框。

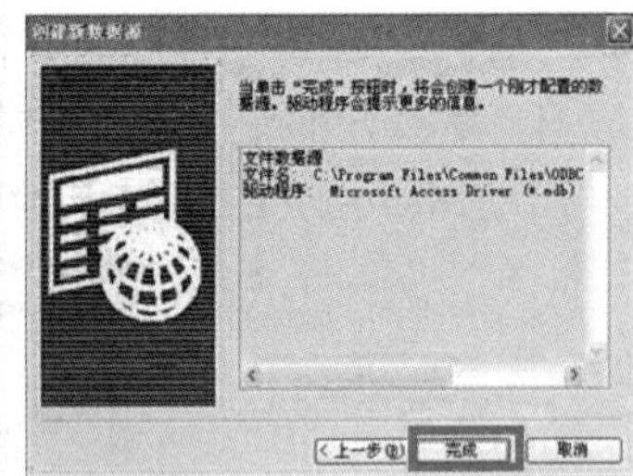

图 12-19　确定设置

如图 12-20 所示，单击“创建”按钮，设置数据库文件名称和保存路径，在所有对话框中单击“确定”按钮完成导出。

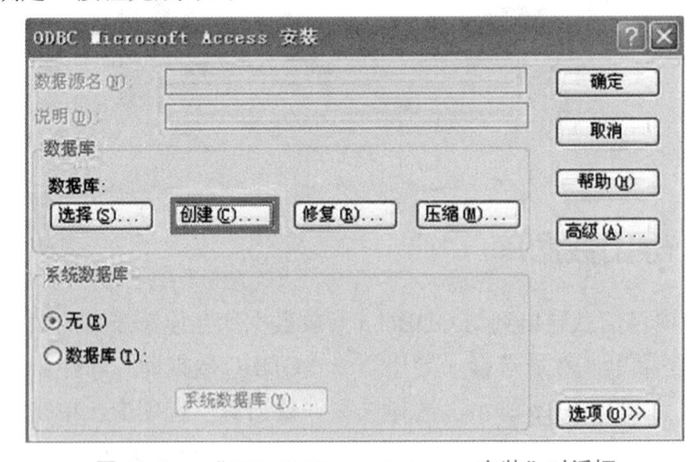

图 12-20　“ODBC Microsoft Access 安装”对话框

第 13 章　注释、布图与打印

13.1　注释

13.1.1　添加尺寸标注对齐标注

在“注释”选项卡“尺寸标注”面板中选择“对齐”命令，如图 13-1 所示，激活“修改 | 放置 尺寸标注”选项卡。

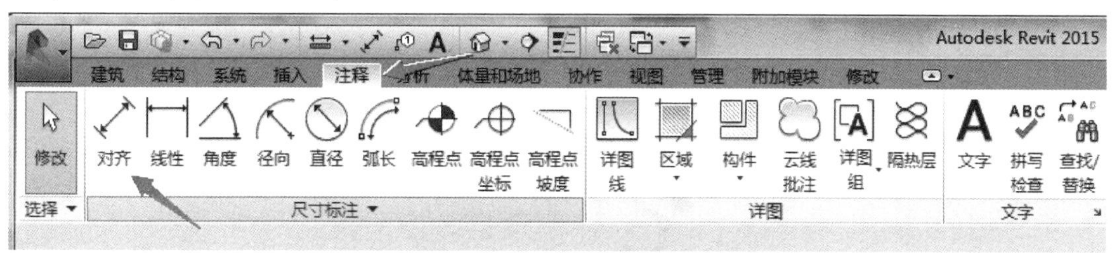

图 13-1　“对齐”标注命令

在“属性”选项板类型选择器中选择“标注尺寸”类型，然后进行轴网对齐标注，单击需要标注的轴线，从左向右依次单击即可，如图 13-2 所示。

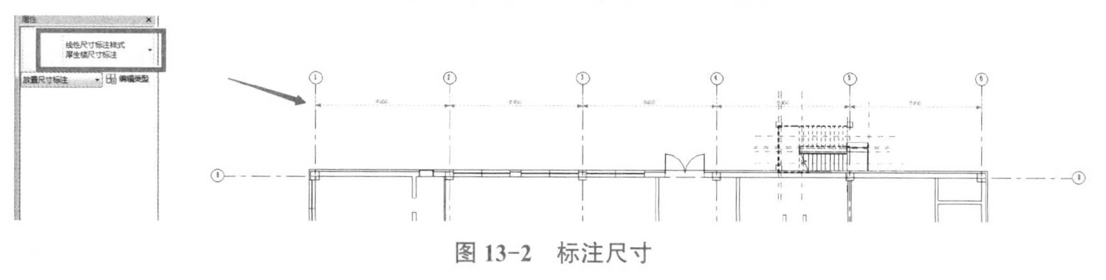

图 13-2　标注尺寸

在选项栏中选择“参照墙面”选项，再单击需要注释的墙，如图 13-3 所示。

1. 线性标注

操作类似于对齐操作，选择对象时，应配合 Tab 键。

2. 角度标注

选中“角度”标注命令后，单击需标注的边线即可，如图 13-4 所示。

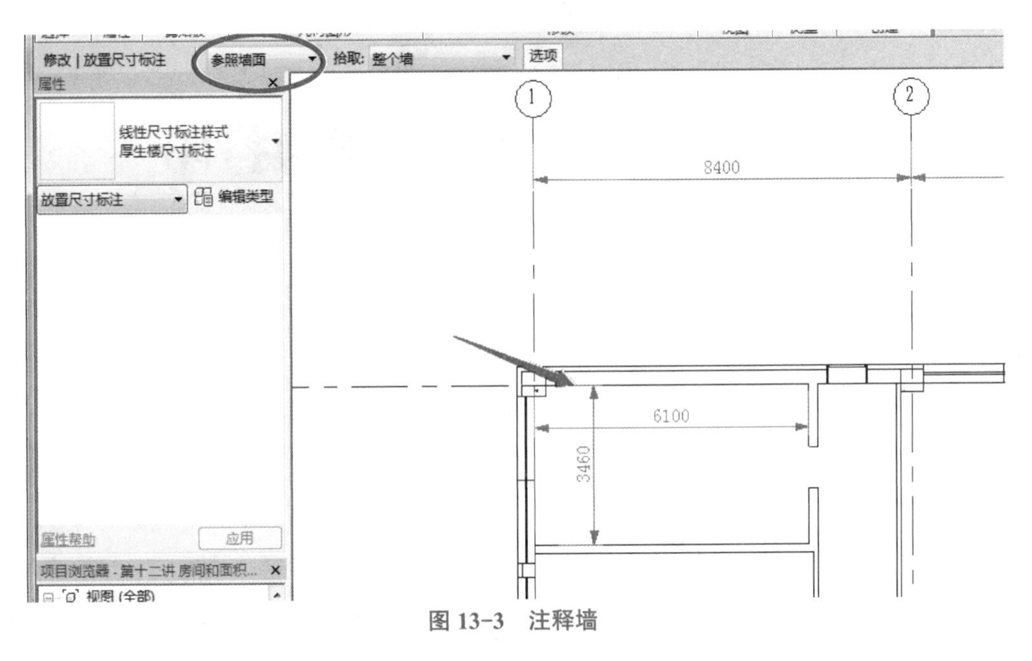

图 13-3　注释墙

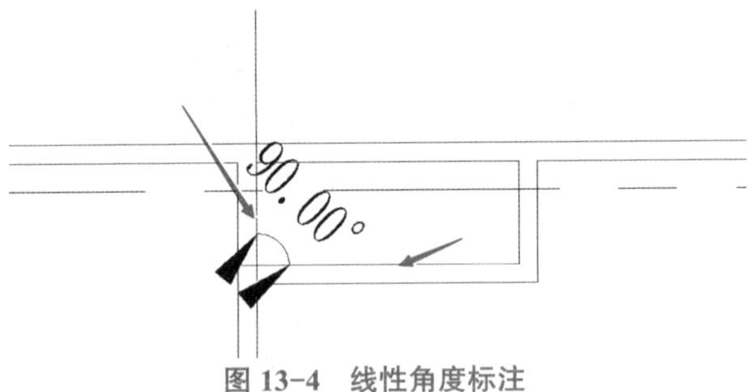

图 13-4　线性角度标注

3. 半径标注

在“注释”选项卡“尺寸标注”面板中选中“径向”命令，如图 13-5 所示。

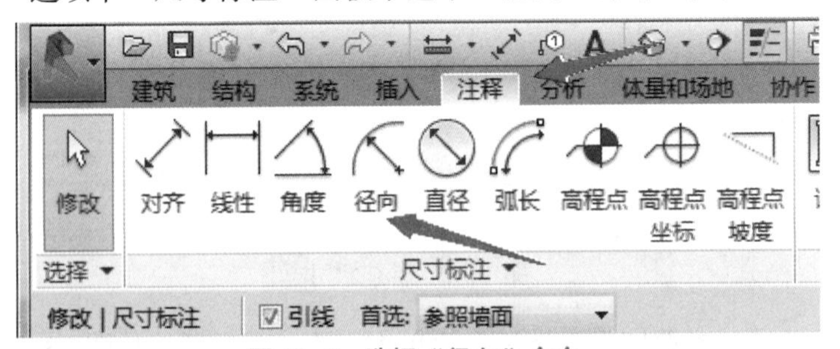

图 13-5　选择“径向”命令

在“属性”选项板类型选择器中选择实心箭头类别，再单击曲线，然后在空白处单击即可，如图 13-6 所示。

4. 弧长标注

在“注释”选项卡“尺寸标注”面板中选择“弧长”命令，如图 13-7 所示。

先单击中间的弧线，再单击两边的直线，如图 13-8 所示。

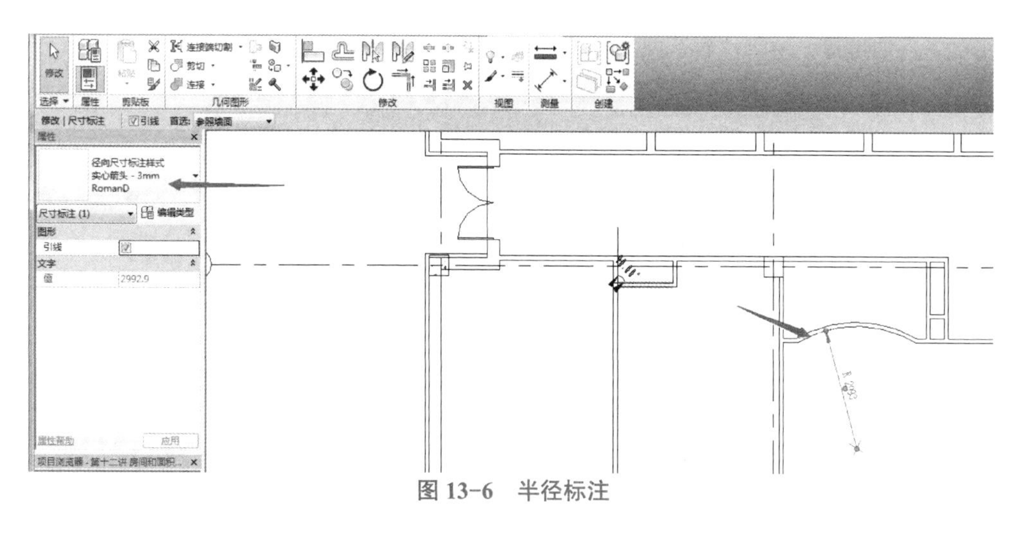

图 13-6 半径标注

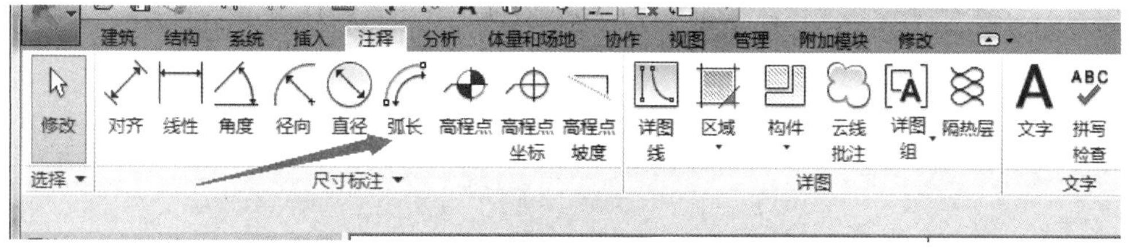

图 13-7 选择“弧长”命令

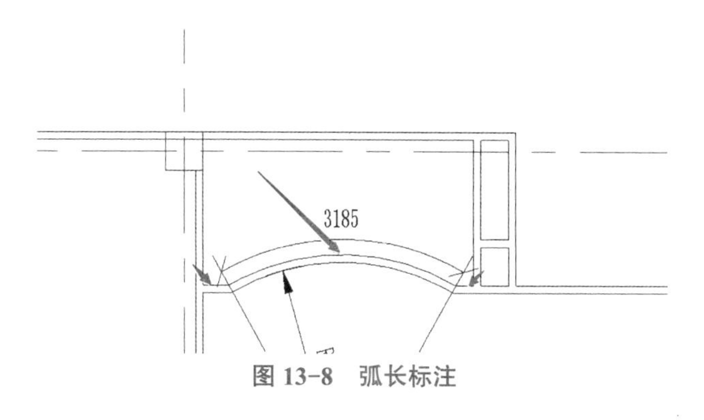

图 13-8 弧长标注

13.1.2 添加高程点和坡度

（1）添加高程点。在“注释”选项卡“尺寸标注”面板中选择“高程点”命令，如图 13-9 所示。

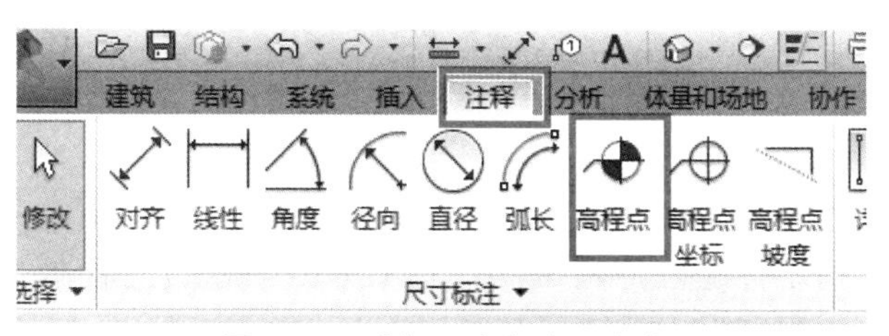

图 13-9 选择“高程点”命令

（2）添加坡度。在“注释”选项卡面板中选择“高程点坡度”命令，如图 13-10 所示。

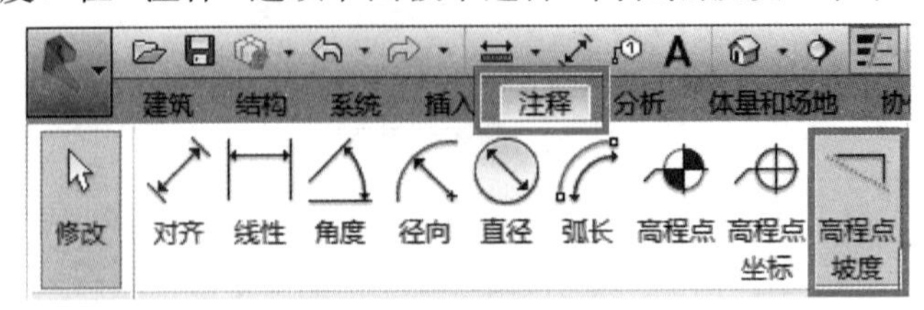

图 13-10　选择“高程点坡度”命令

13.1.3　添加门窗标记

在“注释”选项卡“标记”面板中选择“按类别标记”命令，添加门窗标记，如图 13-11 所示。

图 13-11　添加门窗标记

13.1.4　添加材质标记

在“注释”选项卡“标记”面板中选择“材质标记”命令，添加材质标记，如图 13-12 所示。

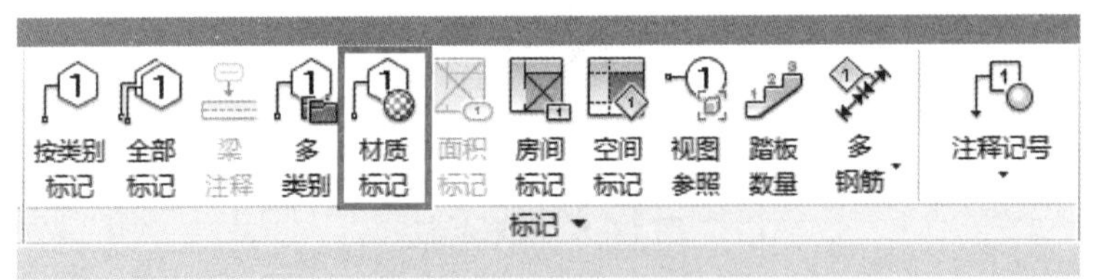

图 13-12　添加材质标记

13.2　图纸布置

13.2.1　图纸创建

创建图纸视图，指定标题栏。在“视图”选项卡“图纸组合”面板中选择“图纸”命令，在弹出的“新建图纸”对话框中选择标题栏，单击“确定”按钮，如图 13-13 所示。

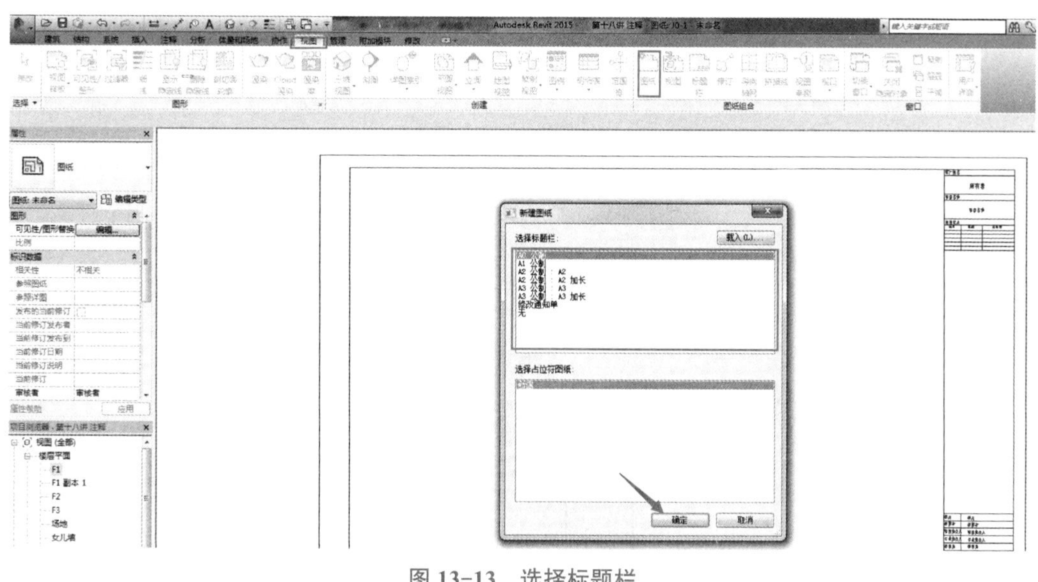

图 13-13　选择标题栏

将指定的视图布置在图纸视图中。转到图纸视图，将 F1 楼层平面视图从项目浏览器中拖入视图，如图 13-14 所示。

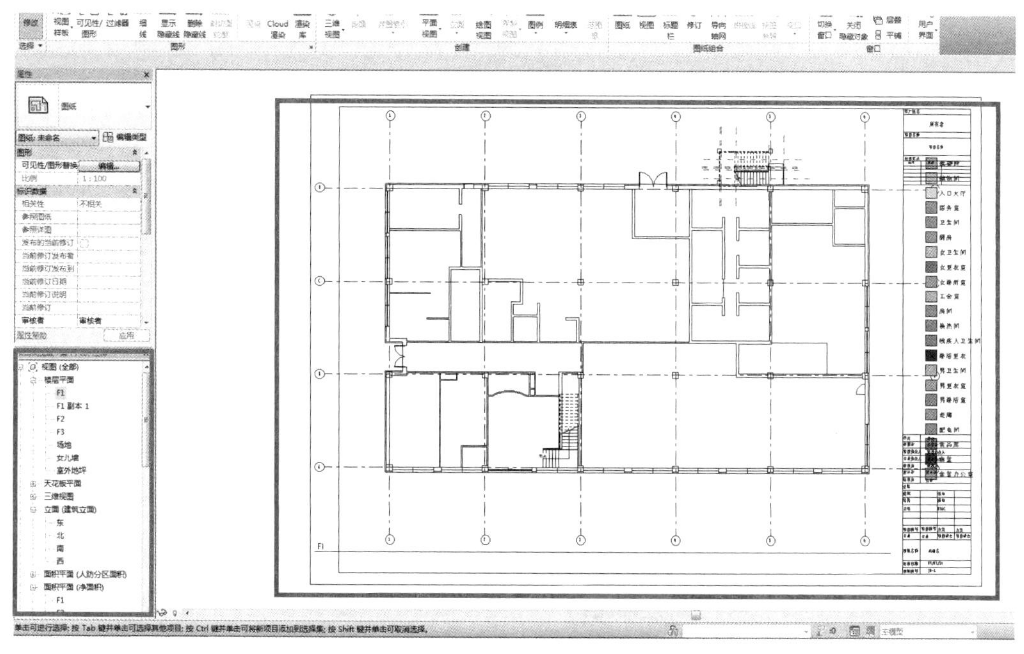

图 13-14　将指定的视图移入到图纸视图

13.2.2　项目信息设置

在“管理”选项卡“设置”面板中选择“项目信息”命令，在弹出的“项目属性”对话框中输入相应的信息实例参数，如图 13-15 所示。

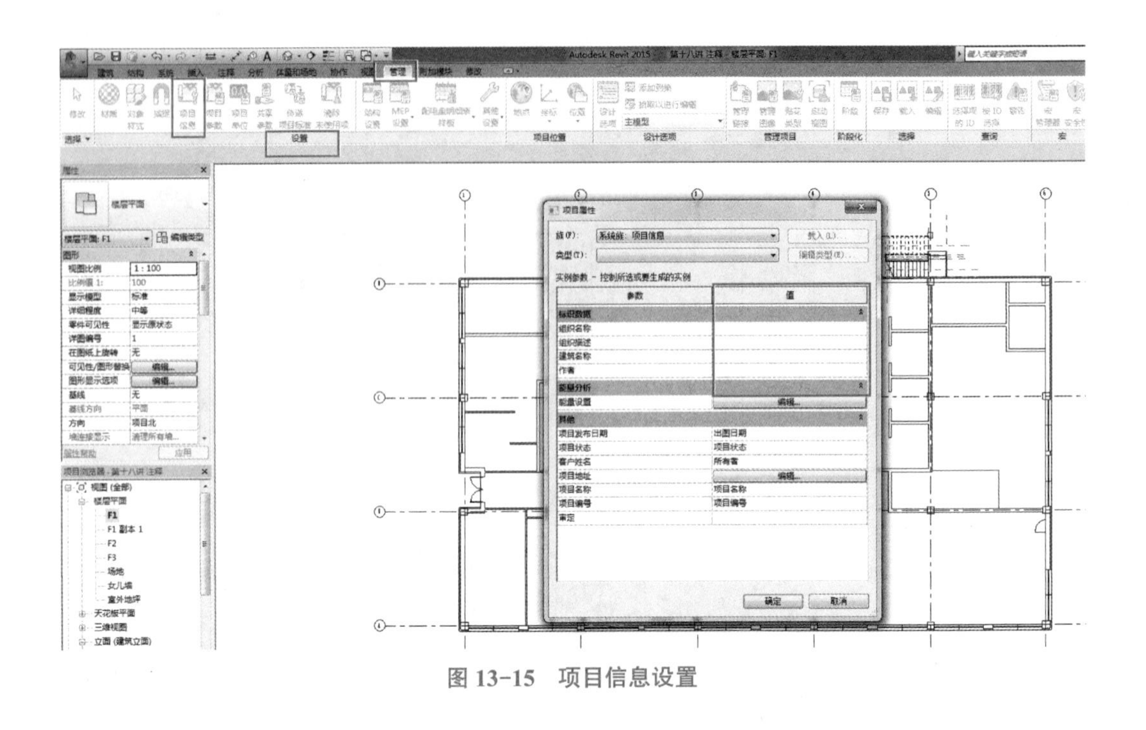

图 13-15　项目信息设置

13.3　打印

13.3.1　打印范围

单击应用程序按钮，在其下拉菜单中选择“打印”命令，如图 13-16 所示。

图 13-16　单击应用程序按钮，选择“打印”命令

在弹出的“打印”对话框中选择打印范围。勾选需要出图的图纸，单击“确定”按钮，如图 13-17 所示。

图 13-17　选择打印范围

13.3.2　打印设置

在“打印”对话框中单击“设置”按钮，系统弹出“打印设置”对话框，在对话框中按需求可调整纸张尺寸、打印方向、页面定位方式、打印缩放等，在选项栏中可以进一步选择是否隐藏图纸边界，如图 13-18 所示。

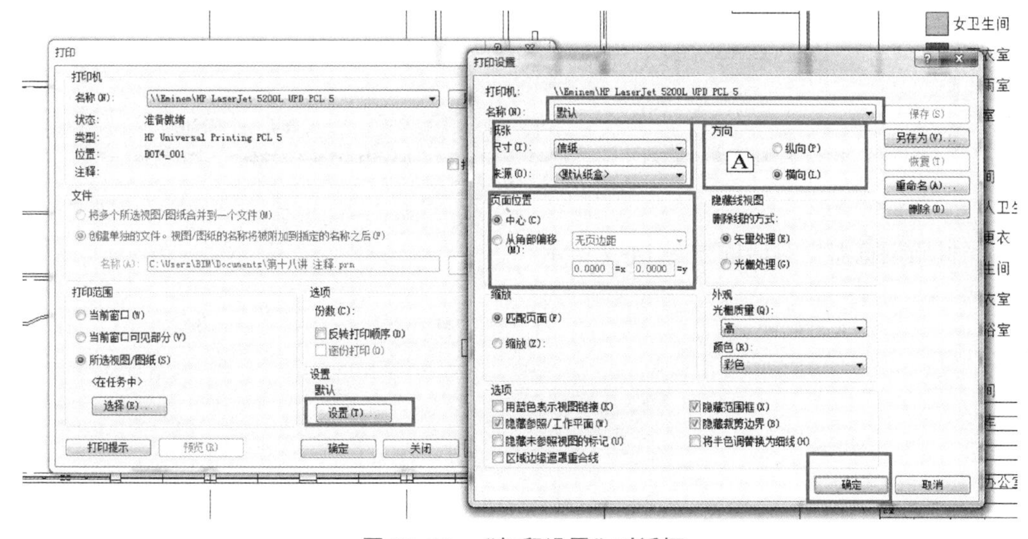

图 13-18　“打印设置”对话框

第 14 章　渲染和漫游

14.1 赋予材质渲染外观

进入三维视图，选择图元（墙体）设置材质，如图 14-1 所示。

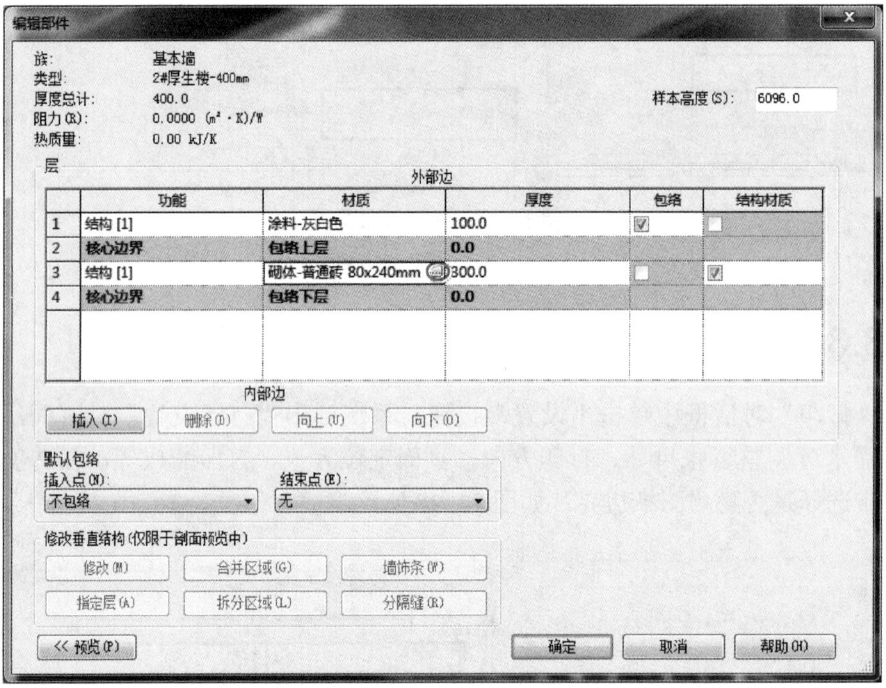

编辑部件

族：基本墙
类型：2#厚生楼-400mm
厚度总计：400.0
阻力(R)：0.0000 (m²·K)/W
热质量：0.00 kJ/K
样本高度(S)：6096.0

层

外部边

	功能	材质	厚度	包络	结构材质
1	结构 [1]	涂料-灰白色	100.0	☑	☐
2	核心边界	包络上层	0.0		
3	结构 [1]	砌体-普通砖 80x240mm	300.0	☐	☑
4	核心边界	包络下层	0.0		

内部边

插入(I)　删除(D)　向上(U)　向下(O)

默认包络
插入点(N)：不包络
结束点(E)：无

修改垂直结构(仅限于剖面预览中)
修改(M)　合并区域(G)　墙饰条(W)
指定层(A)　拆分区域(L)　分隔缝(R)

<< 预览(P)　确定　取消　帮助(H)

图 14-1　设置材质

“材质浏览器”对话框如图 14-2 所示。

第一篇
第二篇
第三篇
第四篇
第五篇

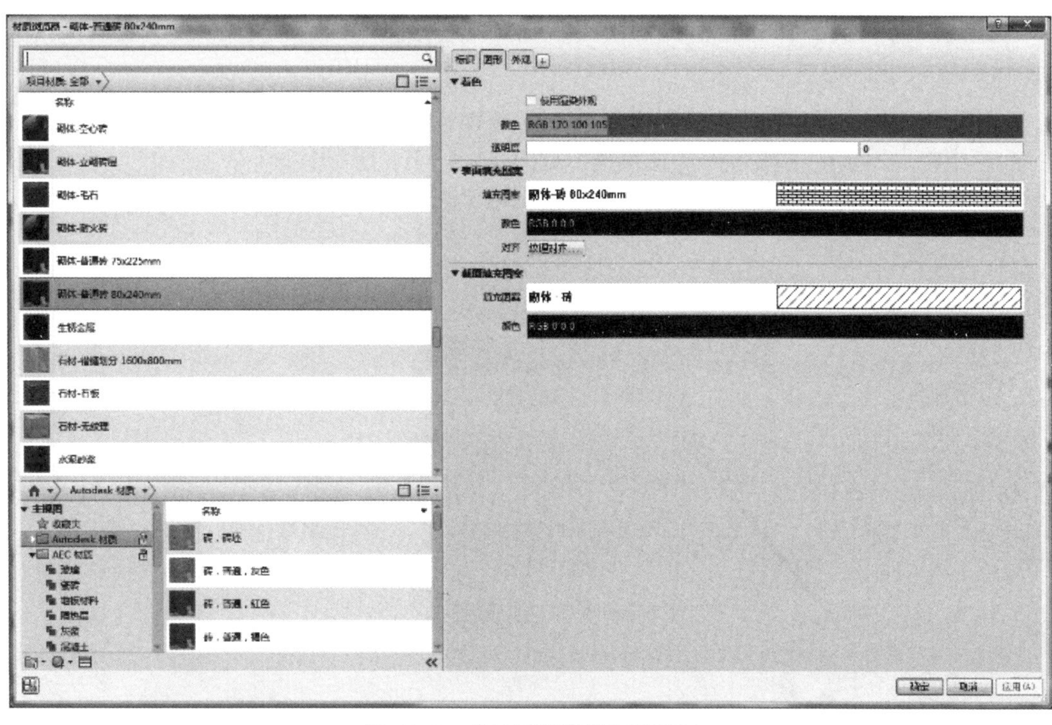

图 14-2　“材质浏览器”对话框

14.2 贴花

贴花类型包含 BMP、JPG、JPEG 和 PNG 等图像类型。

14.2.1　创建贴花类型

在“插入”选项卡“链接”面板的“贴花”下拉列表中单击“贴花类型”按钮，如图 14-3 所示，系统弹出“贴花类型”对话框。

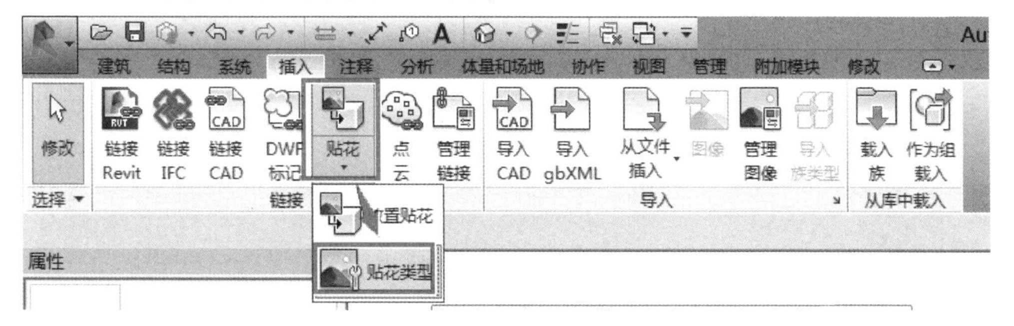

图 14-3　创建贴花

在“贴花类型”对话框中，单击“新建贴花”按钮，弹出“新贴花”对话框，如图 14-4（a）所示。

在“新贴花”对话框中，为贴花输入一个名称，然后单击“确定”按钮，“贴花类型”对话框中将显示新的贴花名称及其属性，如图 14-4（b）所示。

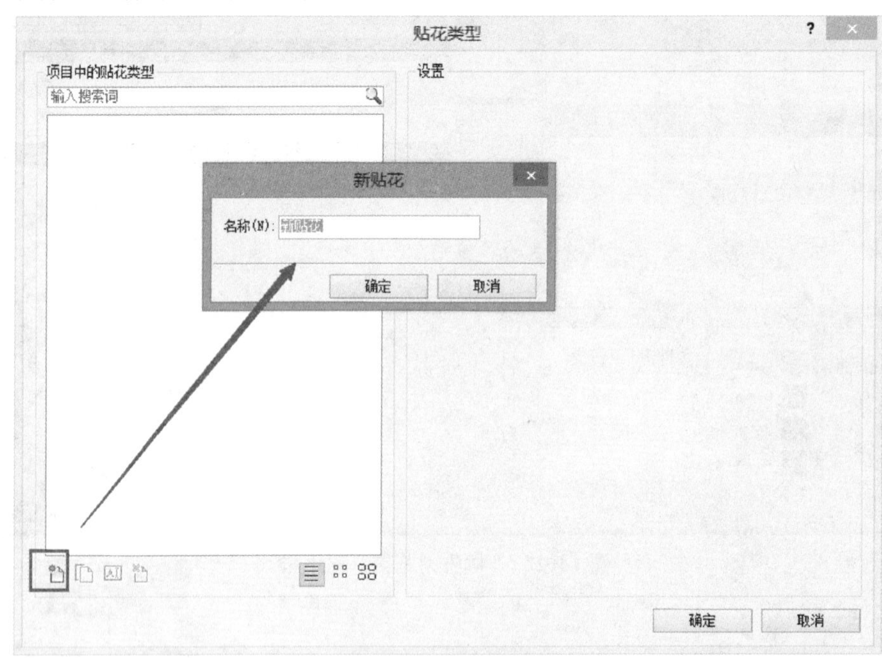

（a）

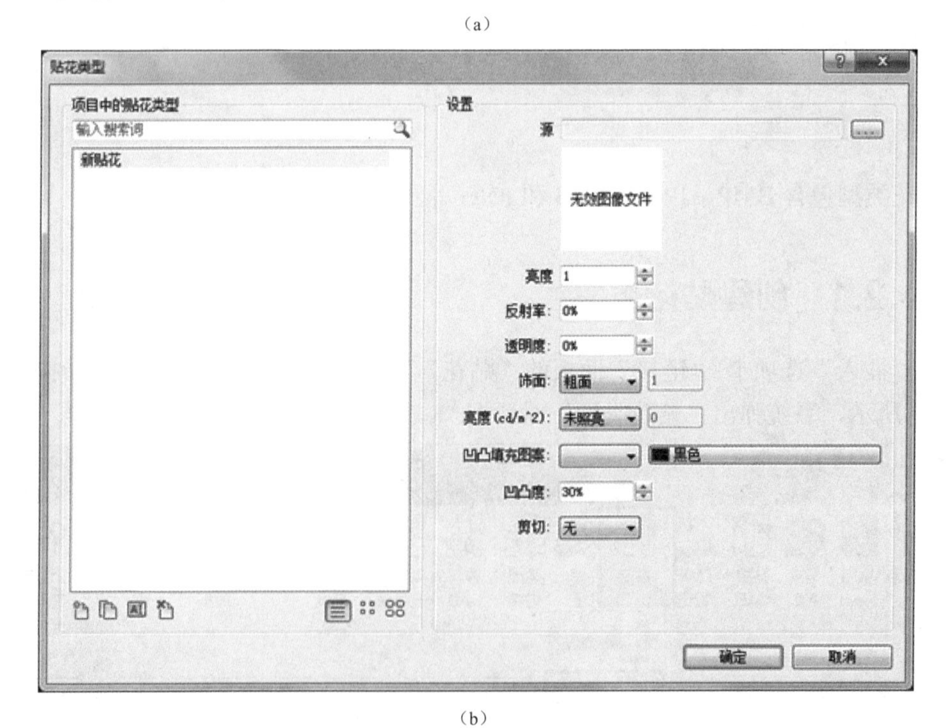

（b）

图 14-4　新建贴花

在对话框中指定要使用的文件作为“图像文件”，单击“浏览”按钮 定位到该文件。Revit 支持 BMP、JPG、JPEG 和 PNG 等图像文件。

指定贴花的其他属性，单击“确定”按钮，如图 14-5 所示。

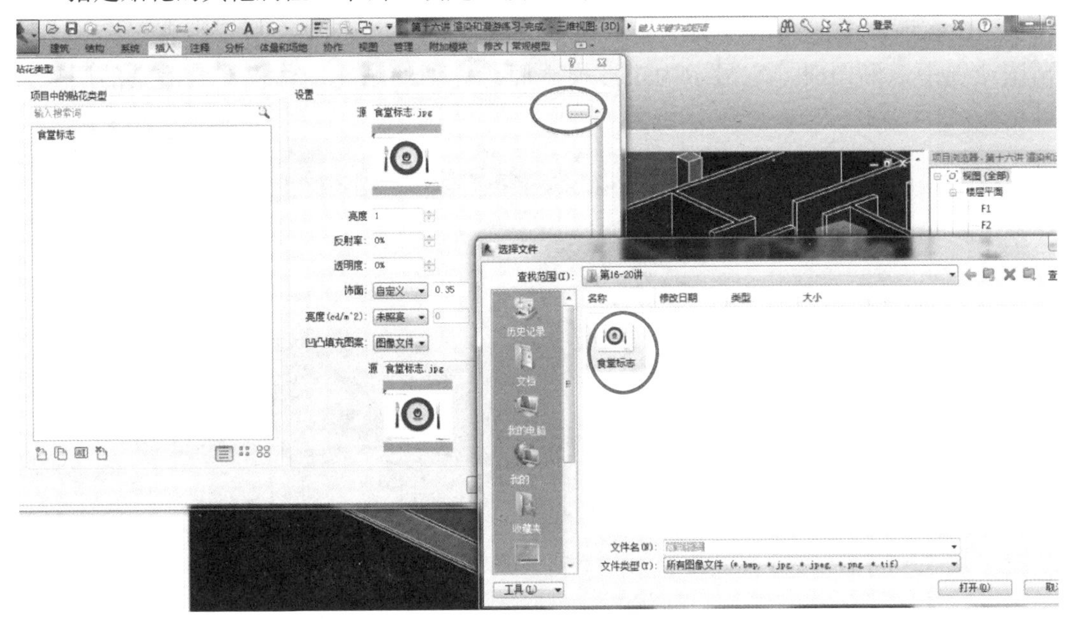

图 14-5 贴花属性设置

14.2.2 放置贴花

在 Revit 项目中，打开二维视图或三维正交视图。该视图必须包含一个可以在其上放置贴花的平面或圆柱形表面，贴花无法放置在三维透视视图中。

在“插入”选项卡 “链接”面板的“贴花”下拉列表中单击“放置贴花”按钮，如图 14-6 所示。

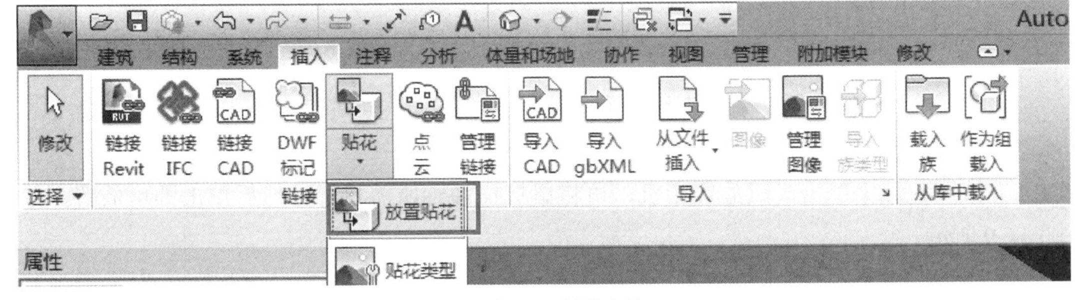

图 14-6 放置贴花

在“属性”选项板类型选择器中选择放置到视图中的贴花类型。

如果需要修改贴花的物理尺寸，则在选项栏中输入“宽度”和“高度”值；若要保持这些尺寸标注之间的长宽比，则勾选“固定宽高比”。

在绘图区域中，单击要在其上放置贴花的水平表面（如墙面或屋顶面）或圆柱形表面。

贴图在所有未渲染的视图中显示为一个占位符，如图 14-7 所示。将鼠标移至该贴图或选中该贴图时，它显示为矩形横截面。详细的贴花图像仅在已渲染的图像中可见。

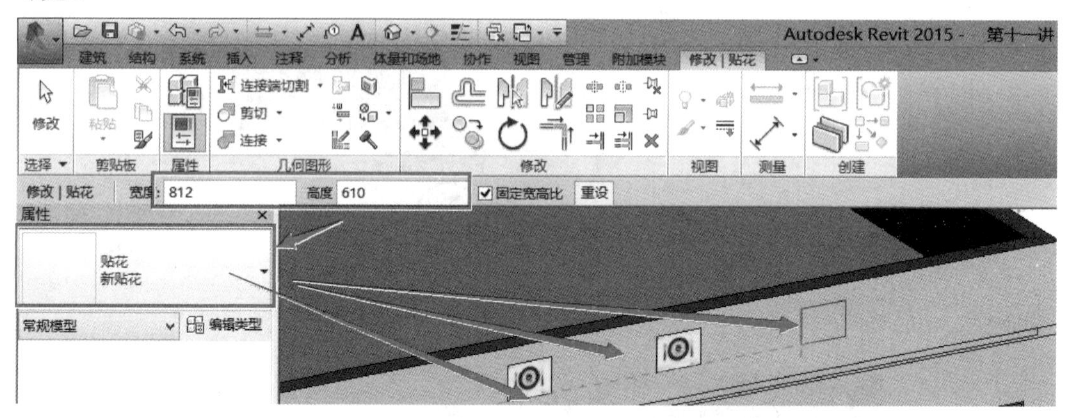

图 14-7　贴花显示

放置贴花之后，可以继续放置更多相同类型的贴花。要放置不同的贴花，则在“属性”选项板类型选择器中选择所需的贴花，然后在建筑模型上单击所需放置的位置。

14.3 相机

14.3.1 相机的创建

打开一个平面视图、剖面视图或立面视图。

在“视图”选项卡“创建”面板的“三维视图”下拉列表中选择“相机”命令，如图 14-8 所示。

在绘图区域中单击，以放置相机，再将鼠标拖拽到所需目标，然后单击即可放置，如图 14-9 所示。

如果清除选项栏上的“透视图”选项，则创建的视图是正交三维视图，不是透视视图，如图 14-10 所示。

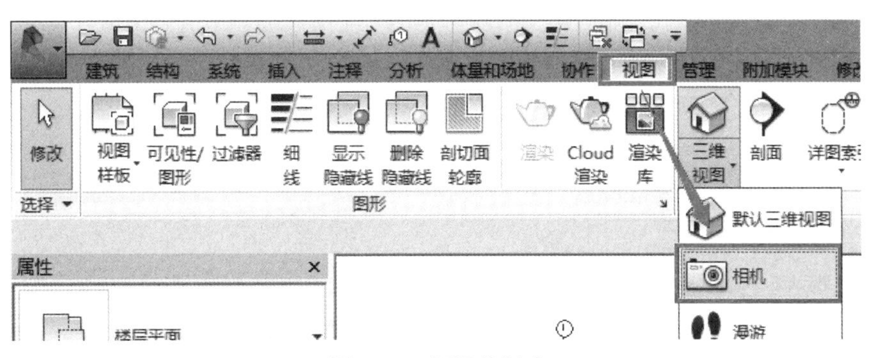

图 14-8 相机的创建

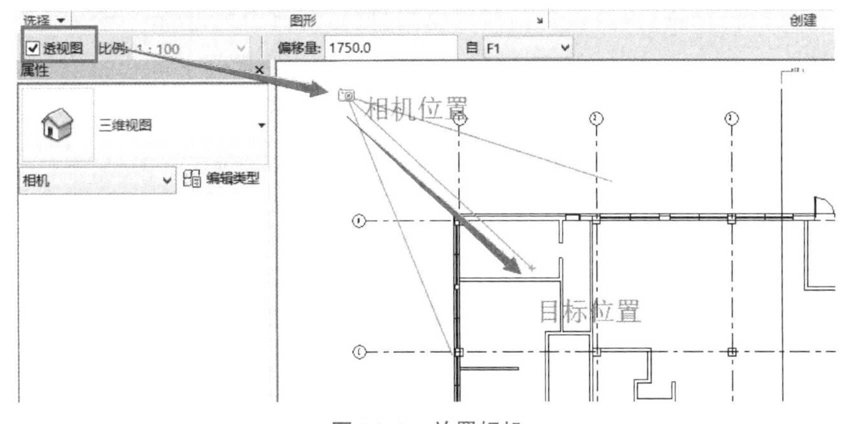

图 14-9 放置相机

图 14-10 正交三维视图

14.3.2 修改相机设置

选中相机，在“属性”选项板中修改“视点高度”“目标高度”及“远剪裁偏移”等参数。也可在绘图区域拖拽视点和目标点的水平位置，如图 14-11 所示。

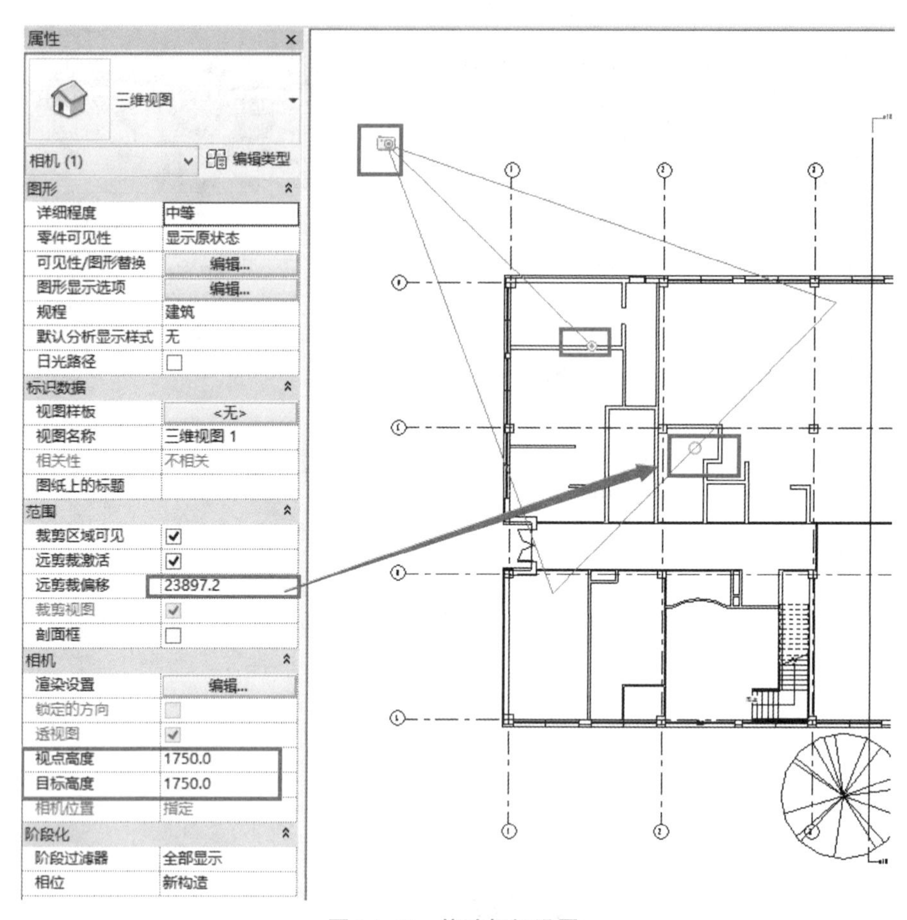

图 14-11　修改相机设置

14.4 渲染

（1）创建建筑模型的三维视图。

（2）指定材质的渲染外观，并将材质应用到模型图元。

（3）（可选）将植物内容添加到建筑模型中。人物、汽车和其他环境、贴花定义渲染设置，如图 14-12 和图 14-13 所示。

图 14-12　定义渲染设置

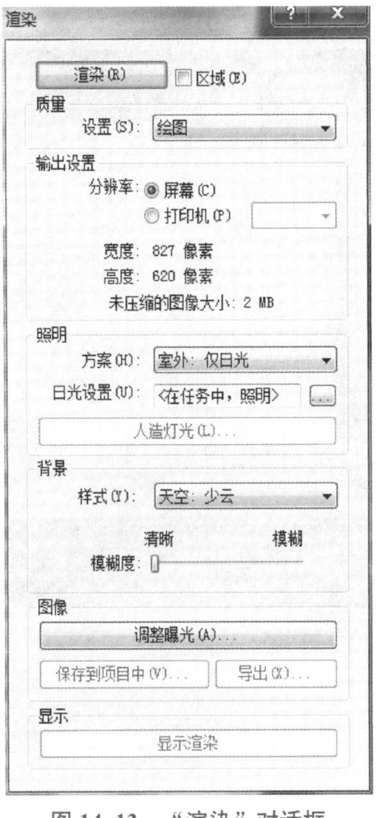

图 14-13 “渲染”对话框

（4）在“渲染”对话框中单击“渲染”按钮，系统开始渲染图像。在渲染三维视图后，用户可以将该图像另存为项目视图，在“渲染”对话框中单击“保存到项目中”按钮，在弹出的“保存到项目中”对话框中输入渲染图的名称，然后再单击“确定”按钮，如图 14-14 所示。

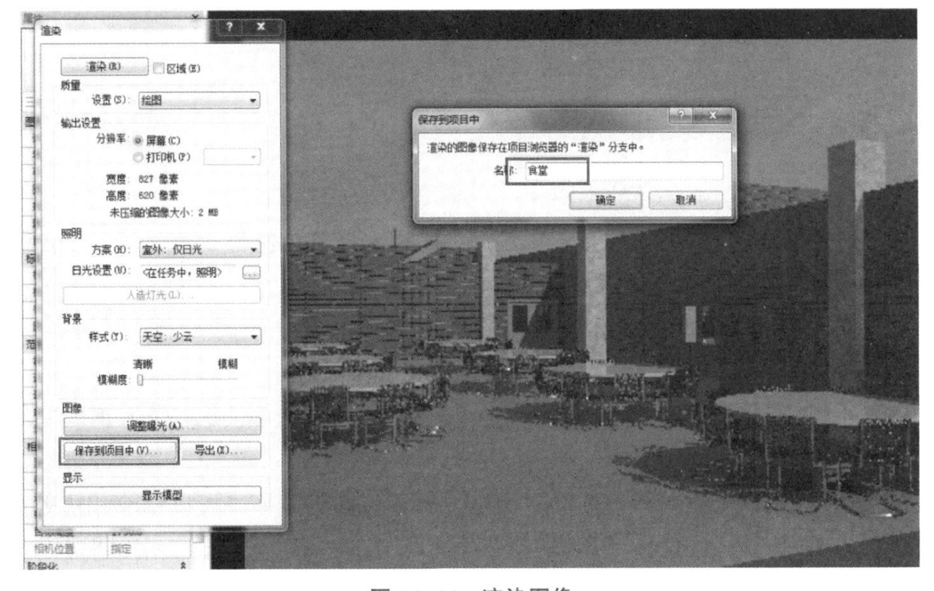

图 14-14 渲染图像

导出保存的渲染图像，如图 14-15 所示。

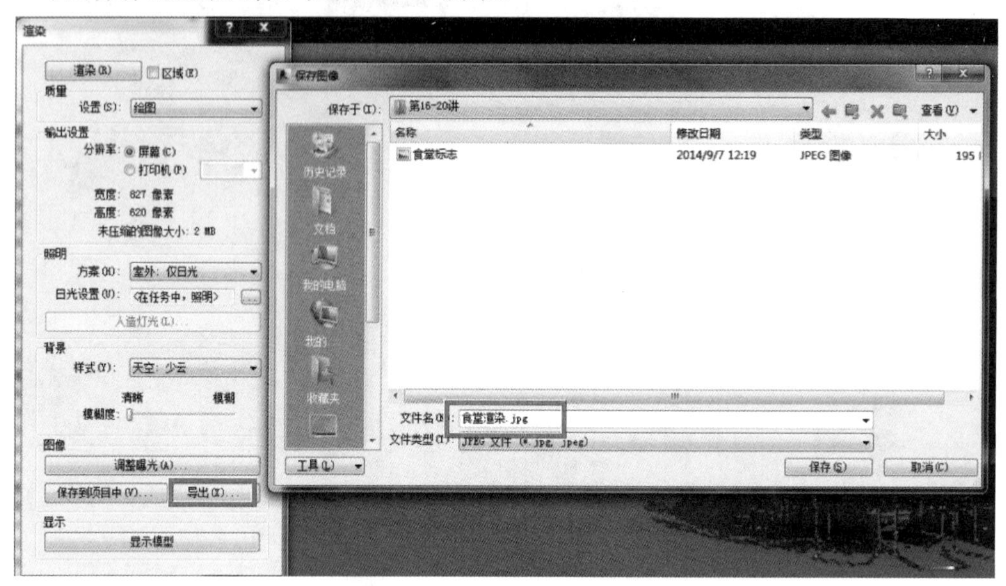

图 14-15　导出保存的渲染图像

14.5 漫游

漫游是指沿着定义的路径移动的相机，此路径由帧和关键帧组成。关键帧是指可在其中修改相机方向和位置的可修改帧。

在默认情况下，漫游创建为一系列透视图，但也可以创建为正交三维视图。

14.5.1　创建漫游路径

（1）打开要放置漫游路径的视图。

注意：通常在平面视图创建漫游，也可以在其他视图（包括三维视图、立面视图及剖面视图）中创建漫游。

（2）在“视图”选项卡“创建”面板的“三维视图”下拉列表中单击“漫游”按钮，如图 14-16 所示。

（3）如果需要，在选项栏上取消勾选“透视图”选项，将漫游作为正交三维视图创建。

（4）如果在平面视图中，通过设置相机距所选标高的偏移，可以修改相机的高度。在“偏移”文本框内输入高度，并从“自”菜单中选择标高。这样，相机将显示为沿楼梯梯段上升。

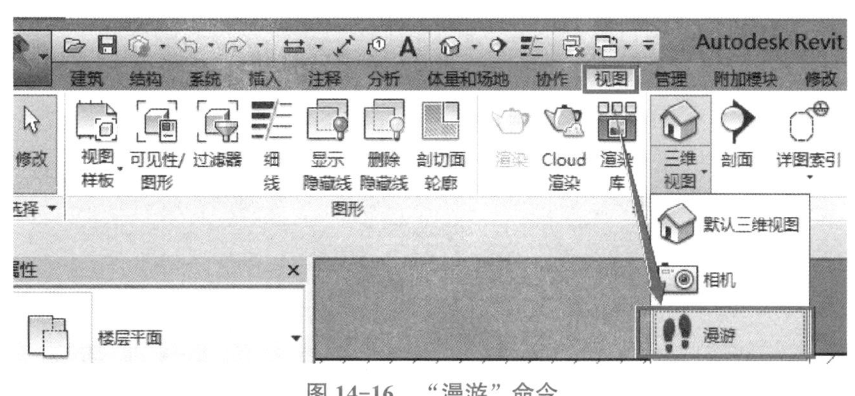

图 14-16 “漫游”命令

（5）将鼠标放置在视图中并单击，以放置关键帧，沿所需方向移动鼠标，以绘制路径，如图 14-17 所示。

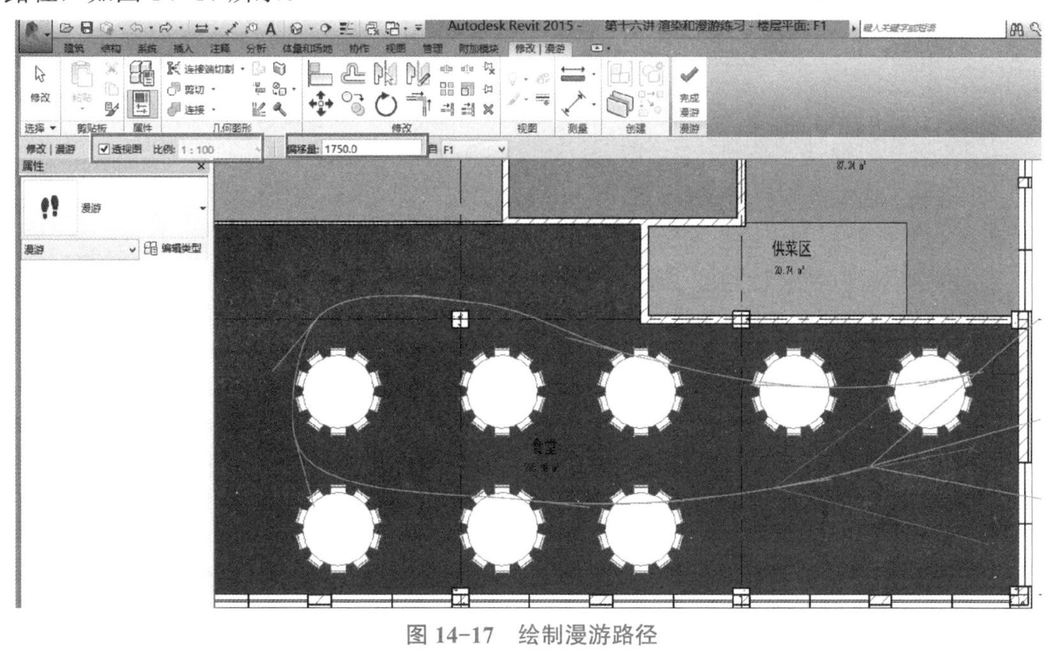

图 14-17 绘制漫游路径

（6）要完成漫游路径，可以单击“完成漫游”按钮，或双击结束路径创建，或按 Esc 键。

14.5.2 编辑漫游

1. 编辑漫游路径

（1）使用“项目浏览器”编辑漫游路径。

1）在项目浏览器中，在漫游视图名称上单击鼠标右键，然后选择“显示相机”命令。

2）要移动整个漫游路径，则将该路径拖拽至所需的位置，也可以使用“移动”工具进行。

3）若要编辑路径，则在“修改 | 相机”选项卡的“漫游”面板中单击“编辑漫游”按

钮（图 14–18），可在“编辑漫游”选项卡中选择要在路径中编辑的控制点。控制点会影响相机的位置和方向。

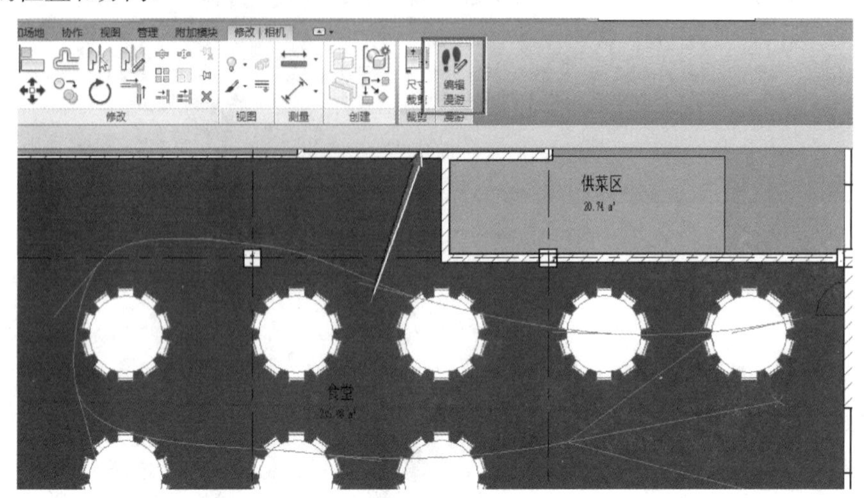

图 14–18　编辑漫游路径

（2）将相机拖拽到新帧。

1）选择“活动相机”作为“控制”。

2）沿路径将相机拖拽到所需的帧或关键帧，相机将捕捉关键帧。

3）用户也可以在选项栏的“帧”文本框中键入帧的编号。

4）在相机处于活动状态且位于关键帧时，可以拖拽相机的目标点和远剪裁平面。如果相机不在关键帧处，则只能修改远剪裁平面。

（3）修改漫游路径。

1）在选项栏中选择“路径”作为“控制”，关键帧变为路径上的控制点。

2）将关键帧拖拽到所需位置。此状态下“帧”文本框中的值保持不变，如图 14–19 所示。

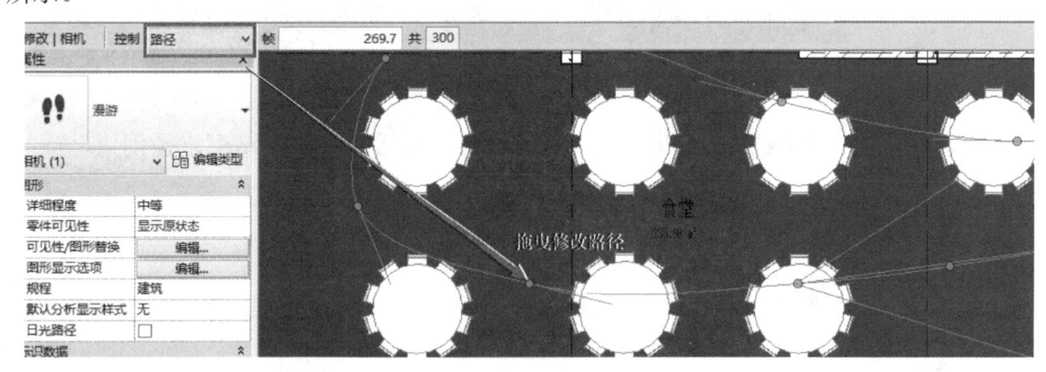

图 14–19　修改漫游路径

（4）添加关键帧。

1）在选项栏中选择“添加关键帧”作为“控制”。

2）沿路径单击鼠标，以添加关键帧，如图 14–20 所示。

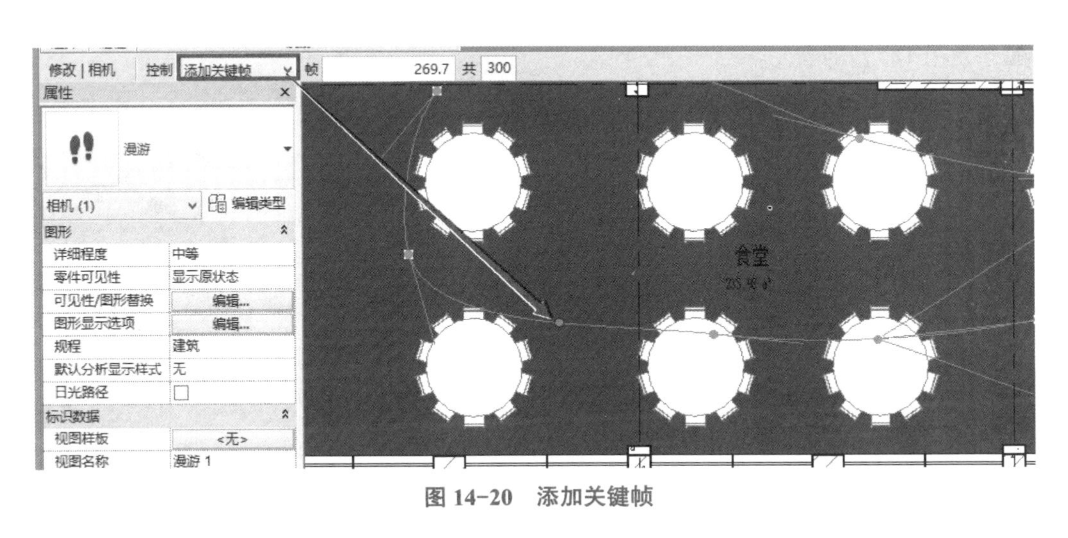
图 14-20　添加关键帧

（5）删除关键帧。

1）在选项栏中选择“删除关键帧”作为“控制”。

2）将鼠标放置在路径上的现有关键帧上，并单击鼠标，以删除此关键帧，如图 14-21 所示。

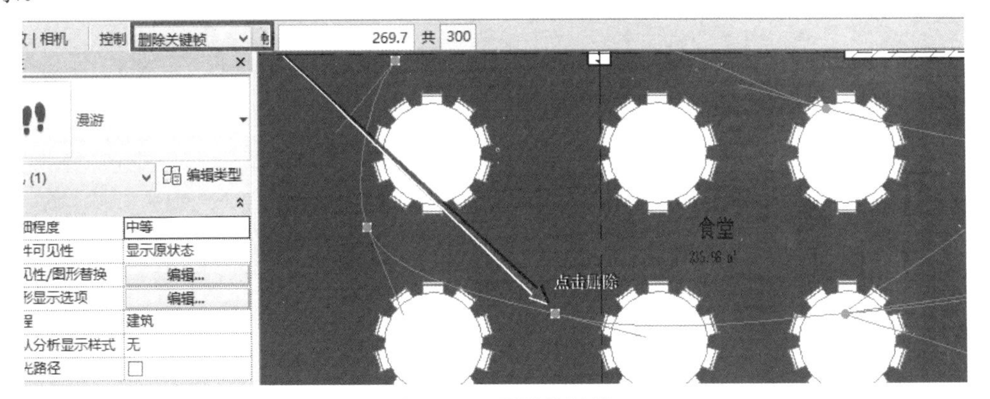

图 14-21　删除关键帧

（6）编辑时显示漫游视图。

在编辑漫游路径过程中，可能需要查看实际视图的修改效果。若要打开漫游视图，在“编辑漫游”选项卡的“漫游”面板中单击“打开漫游”按钮，如图 14-22 所示。

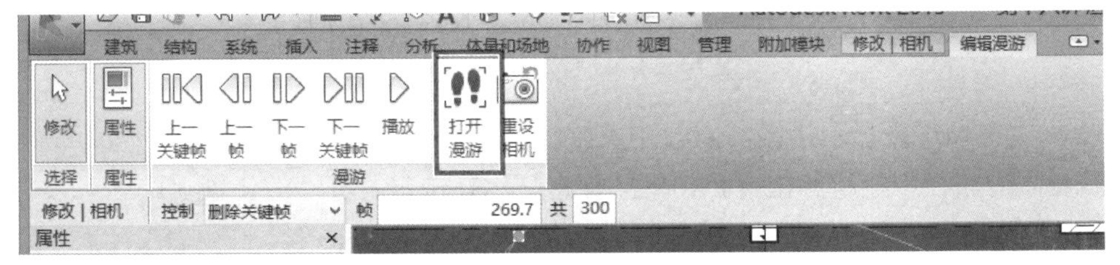
图 14-22　“打开漫游”按钮

2. 编辑漫游帧

（1）打开漫游。在“修改 | 相机”选项卡的“漫游”面板中单击“编辑漫游”按

钮，如图 14–23 所示。

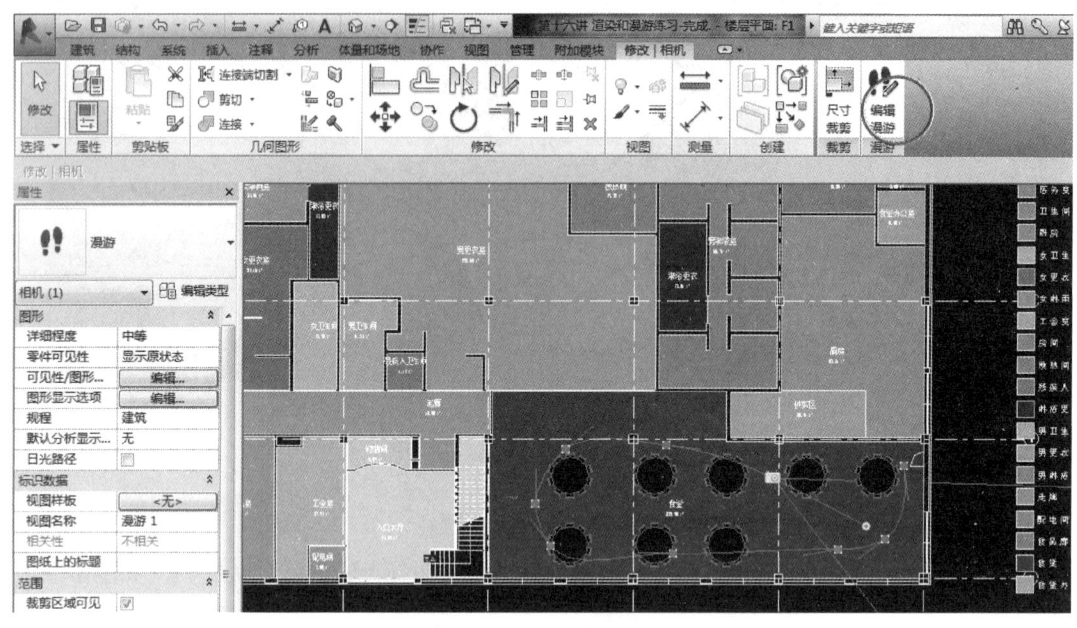

图 14–23　编辑漫游

（2）在选项栏上单击“帧设置”按钮，弹出“漫游帧”对话框。“漫游帧”对话框中具有五个显示帧属性的列，如图 14–24 所示。

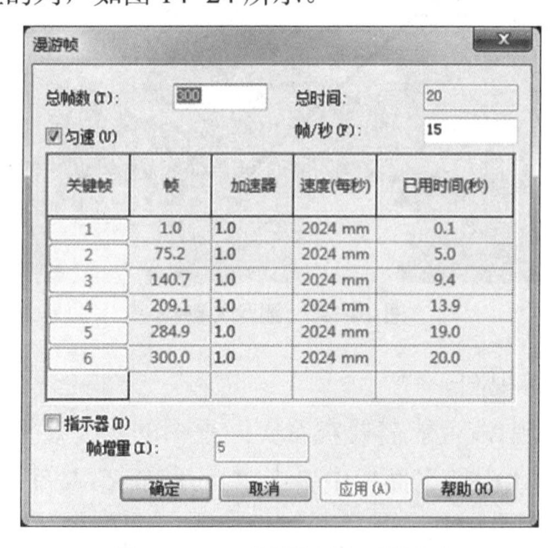

图 14–24　“漫游帧”对话框

1）“关键帧”列显示了漫游路径中关键帧的总数。单击某个关键帧编号，可显示该关键帧在漫游路径中显示的位置。相机图标将显示在选定关键帧的位置上。

2）“帧”列显示了关键帧的帧。

3）“加速器”列显示了数字控制，可用于修改特定关键帧处漫游播放的速度。

4）“速度”列显示了相机沿路径移动时，通过每个关键帧的速度。

5）“已用时间”显示了从第一个关键帧开始的已用时间。

（3）在默认情况下，相机沿整个漫游路径的移动速度保持不变。通过增加或减少帧总数，或者增加或减少每秒帧数，可以修改相机的移动速度。用户可在“漫游帧”对话框中为两者中的任何一个输入所需的值。

（4）若要修改关键帧的快捷键值，可取消勾选“匀速”复选框，并在 “加速器”列中为所需关键帧输入值。“加速器”有效值为 0.1 ～ 10。

（5）沿路径分布的相机：为了帮助理解沿漫游路径的帧分布，可勾选“指示器”。输入帧增量值，将按照该增量值查看相机指示符。

（6）重设目标点：用户可以在关键帧上移动相机目标点的位置，例如，要创建相机环顾两侧的效果。若要将目标点重设回沿着该路径，则在“编辑漫游”选项卡的“漫游”面板中单击“重设相机”按钮，如图 14-25 所示。

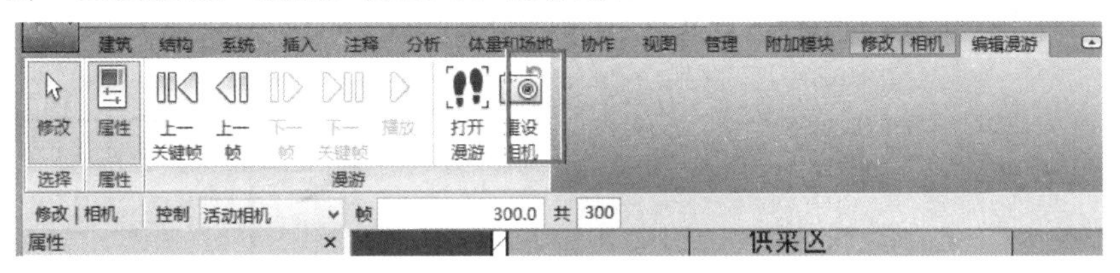

图 14-25　重设目标点

14.5.3　导出漫游动画

用户可以将漫游导出为 AVI 或图像文件。

将漫游导出为图像文件时，漫游的每个帧都会保存为单个文件。

（1）单击按钮打开应用程序菜单，选择“导出”→“图像和动画”→“漫游”命令（图 14-26），系统弹出“长度 / 格式”对话框，如图 14-27 所示。

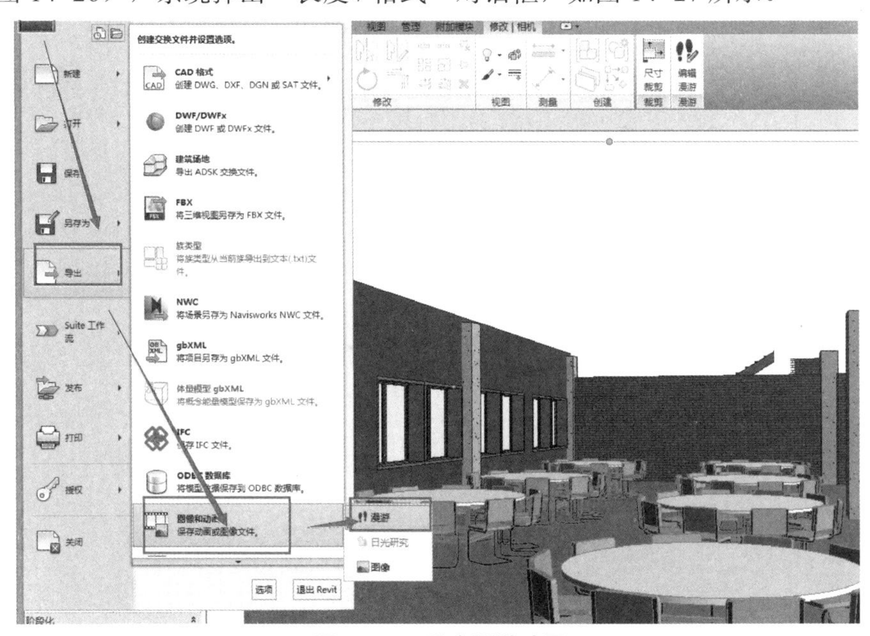

图 14-26　导出漫游动画

（2）在“输出长度”选项区域，可指定以下几项（图 14–27）：

1）“全部帧”，将所有帧包括在输出文件中。

2）“帧范围”，仅导出特定范围内的帧。对于此选项，应在文本框内输入帧范围。

3）“帧 / 秒”， 在改变每秒的帧数时，总时间会自动更新。

（3）在“格式”选项区域，将“视觉样式”“尺寸标注”和“缩放为实际尺寸的”设置为需要的值。如图 14–28 所示。

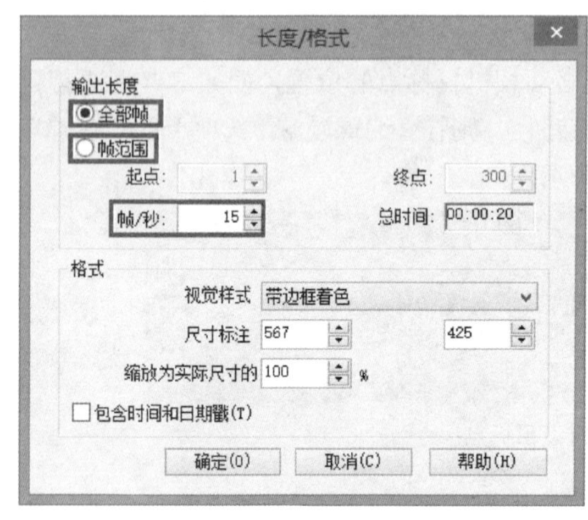

图 14–27　输出长度

图 14–28　格式

（4）在“长度 / 格式”对话框中单击“确定”按钮，弹出“导出漫游”对话框接受默认的输出文件名称和路径，或浏览至新位置并输入新名称。

（5）选择文件类型：AVI 或图像文件（JPEG、TIFF、BMP 或 PNG）。单击“保存”按钮，弹出“视频压缩”对话框。

（6）在“视频压缩”对话框中，从已安装在计算机上的压缩程序列表中选择视频压缩程序，如图 14–29 所示。

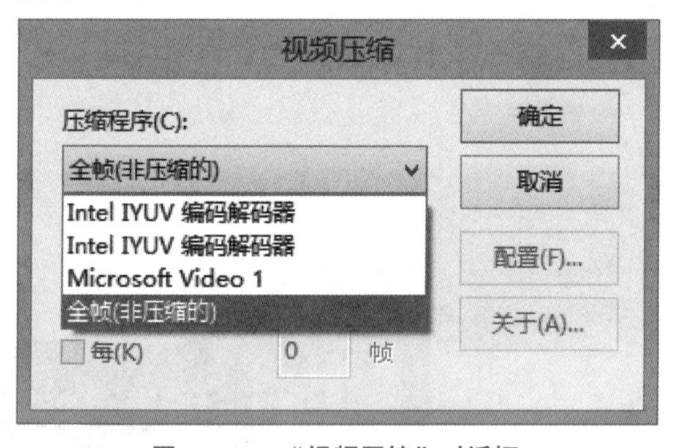

图 14–29　“视频压缩”对话框

第三篇

BIM 结构建模

1. 知识目标

（1）创建结构模型需要准备的资料。

（2）结构楼层、标高、轴网、竖向承重构件、混凝土梁、混凝土板、墙体、独立基础的表示方法。

（3）结构内钢筋的绘制方法。

2. 能力目标

（1）可以根据建筑模型建立结构项目文件。

（2）能够进行结构楼层、标高、轴网、竖向承重构件、混凝土梁、混凝土板、墙体、独立基础创建。

（3）能够在结构内绘制不同类型钢筋。

（4）了解结构绘制的要点。

3. 素质目标

（1）能进行人际交往和团队协作。

（2）热爱建筑行业。

第 15 章　BIM 结构建模

本章将以图 15-1 所示简单混凝土结构模型的构建为例，介绍通过 Revit 进行混凝土结构建模的基本流程。

图 15-1　混凝土结构模型

15.1 创建文件

单击应用程序按钮，选择“新建”→“项目”命令，系统弹出“新建项目”对话框，如图 15-2 所示。

图 15-2　“新建项目”对话框

选取合适的项目样板（*. rte）用于创建项目，本例中选择针对中国定制的 Structural Analysis-Default CHNCHS.rte.

说明：

（1）项目样板包含创建项目（如建模、出图等）所需要的最基本的组件（族、类型等）和设置（显示、结构设置等），当然，用户可以根据自身的需要增减组件和更改设置等。

（2）项目文件（*. rvt）本身也可以作为一个样板，例如，通过对相似项目的修改来构建新的项目等。

15.2 楼层标高的绘制

（1）在项目浏览器的立面视图下，选择一个立面，用鼠标双击该立面，则绘图区域自动转移到相应立面下的视图中。通常，Revit 默认为立面视图有标高 1 和标高 2 两个标高。

（2）修改某一标高的值，选择标高 2，则标高 2 会被高亮显示（一般默认被选中的元素为蓝色），然后单击选中的数值，将其中的值“3 000”改为“3 600”，则标高 2 相应地被向上移动了 600 mm。工程三维模型与虚拟现实表现同样也可以通过选取该标高，按住鼠标左键不动，上下移动来修改标高的位置。

（3）添加新的标高，在“结构”选项卡“基准”面板中单击“标高”按钮，在绘图区域以水平的方式绘制标高线，系统会根据已有的标高的名字对新的标高进行命名，如图 15-3 所示。通过双击标高名（如“标高 2”），可对所点取的标高重命名。这时轴网的轴号的位置在新加的标高下面，单击一根轴线，则轴线两端会显示控制轴线长度的空心圆点，拖动该圆点，可调整轴线号的位置和轴网的长度。

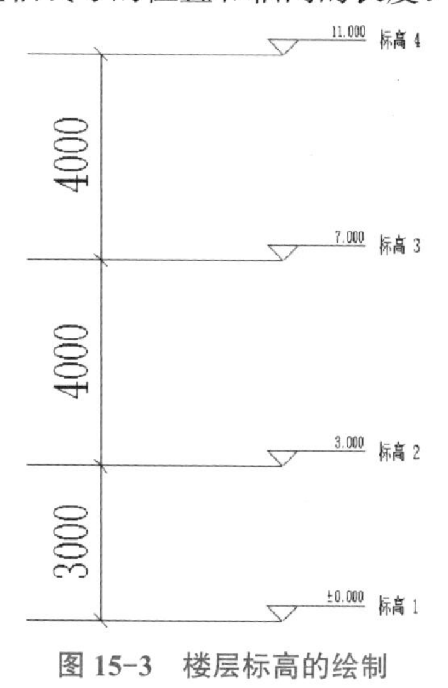

图 15-3　楼层标高的绘制

15.3 轴网的绘制

（1）在项目浏览器中，展开“结构平面”，双击“标高 2”，则将当前的结构工作平面设置为“标高 2”。

（2）在“结构”选项卡“基准”面板中单击轴网按钮，在绘图区域中，通过单击鼠标并拖动鼠标绘制直的轴线，按 Esc 键退出当前命令。本例中将在水平方向和竖直方向各添加一条轴线。

注：在 Revit 中，所有的线性构件（梁、支撑、墙等）的添加均可按照此步骤执行。

（3）轴线改名与显示，与 AutoCAD 一样，在 Revit 中，通过鼠标中键及鼠标滚轮的操作可实现图纸的缩放和移动观察等操作。将轴线号调整到合适的观察视图下，单击选取轴号，在文本编辑框中可修改轴号，如本例中将轴号①修改为轴号Ⓐ。重复上述操作，将竖向轴号②修改为轴号①。另外，通过单击勾选轴线根部的小方框，可选择在该端部显示或不显示该轴号。

（4）复制轴线，构建轴网。选取轴线，在“修改|轴网”选项卡“修改”面板中单击“复制”按钮，可通过复制的方式将当前所选的轴线进行复制，从而构建结构项目的轴网。在“注释”选项卡“尺寸标注”面板中单击“对齐”按钮，对当前轴网进行尺寸标注，如图 15-4 所示。

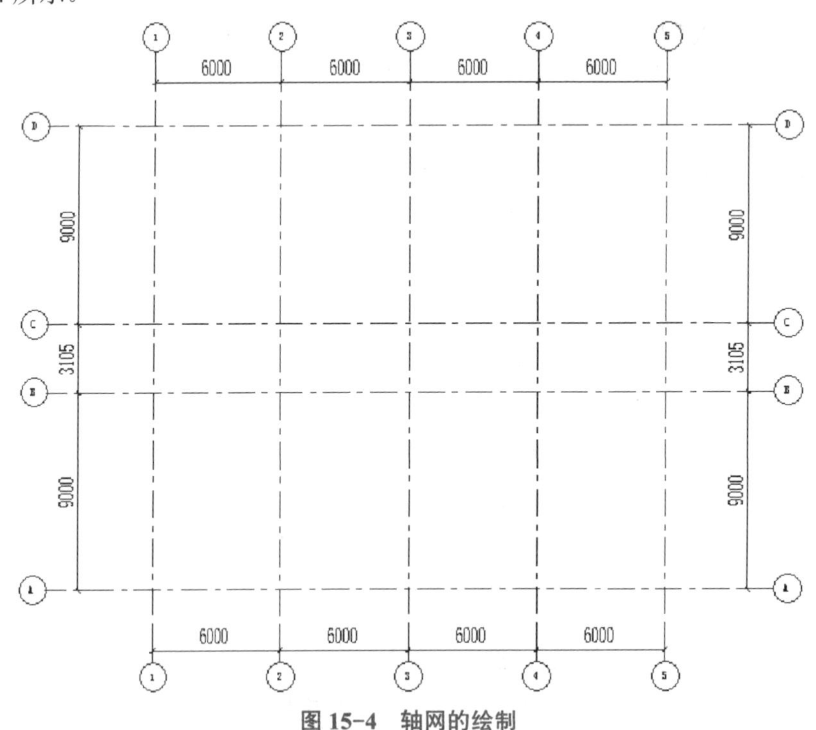

图 15-4　轴网的绘制

15.4 竖向承重构件的绘制

在轴线的交点处添加结构柱，并将结构柱的高度定义为从标高 1 到标高 3。

（1）将视图切换到标高 2 上，在“结构”选项卡“结构”面板中选择“结构柱”命令，在“属性”选项板类型选择器中选择 450×600 的矩形柱，在选项栏里选择“深度 / 高度”，则表示柱子从当前标高处（标高 2）向下 / 上添加。用户也可以在选项框中选取“未连接”来自定义柱子向上向下延伸的具体长度。单击轴线的交点，可将柱子布置在轴线交点处。

（2）用户也可以按轴线交点来布置柱子。在添加柱命令状态对应的选项栏里设置柱向上 / 下的端部约束点，然后在“修改 | 放置结构栏”选项卡中单击“在轴网处”按钮，在绘图区域从右下方到左上方框选要添加柱子的轴网的交点，然后单击“完成”按钮完成柱子的布置。

（3）修改柱子的定位参数。在绘图区域中，选取想要修改的柱子（本例中从左上到右下框选添加的柱子），在“属性”选项板中将柱子的“顶部标高”设为标高 3，“底部标高”设为标高 1，如图 15-5 所示。

属性

混凝土-矩形-柱
450 x 600 mm

结构柱 (1)　编辑类型

限制条件	
柱定位标记	C-2
底部标高	标高 1
底部偏移	0.0
顶部标高	标高 3
顶部偏移	0.0
柱样式	垂直
随轴网移动	☑
房间边界	☑

图 15-5　“属性”选项板

15.5 混凝土梁的绘制

选取所有的柱，在“属性”选项板中将柱下端的“底部偏移”设为 -1 000，这样，所有的柱将从标高 1 向下延伸 1 m。

（1）将视图切换为标高 1，在“结构”选项卡的“结构”面板中单击“梁”按钮，激活“修改 | 放置梁”选项卡，在“属性”选项板类型选择器中选取混凝土梁 300×600，在“属性”选项板和选项栏中，可按梁的传力路径将其定义为主梁及次梁，可以选择梁的标签要不要显示、梁能不能在 3D 条件下被捕捉，以及能不能首尾自动约束等。设置好梁的属性参数后，在绘图区域中梁的起始位置单击鼠标，然后，拖动鼠标至梁的结束位置并再次单击鼠标，则该梁绘制完成。类似于柱的添加方式，梁的添加也可以以轴线的方式进行。选择“梁”命令，激活“修改 | 放置 梁”选项卡，在该选项卡中单击“在轴网上”按钮，在绘图区域从右下方到左上方框选要添加柱子的轴网交点，然后，单击“完成”按钮，这样梁在标高 1 处便添加完成了。

（2）一般梁的添加是在当前的标高向下，梁的顶面与当前标高（如标高 1）齐平。如果要修改当前标高下梁的竖向定位，可先选取所要修改标高的梁，然后在“属性”选项板中设置梁的起始端和终止端相对于本层标高的偏移，正值为向上，负值为向下。在 *Z* 方向（竖直方向）判据中，可选择“顶面”“梁中”或“底面与当前偏移面对齐”。本例中选取所有梁的偏移均为 -200 mm（若梁的两端偏移量不同，则梁在立面上将显示为斜梁），顶面对齐（默认），如图 15-6 所示。

（3）按照同样方法，可添加标高 2 及标高 3 的梁，这时所有梁的设置均采用默认值。也可在立面视图下（如北立面），选取标高 1 处的梁，复制到标高 2 及标高 3 处。整体模型如图 15-7 所示。

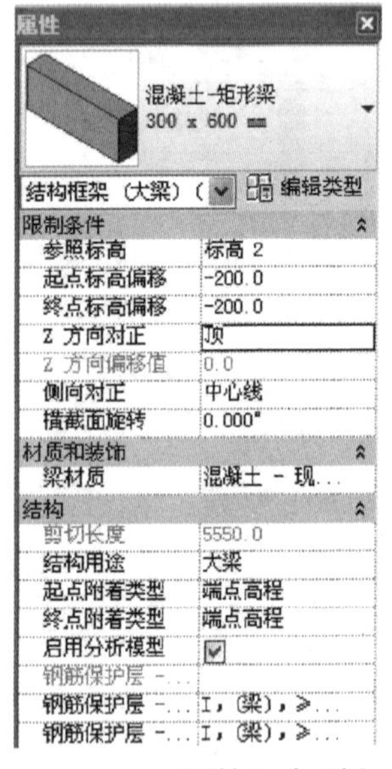

图 15-6　“属性”选项板

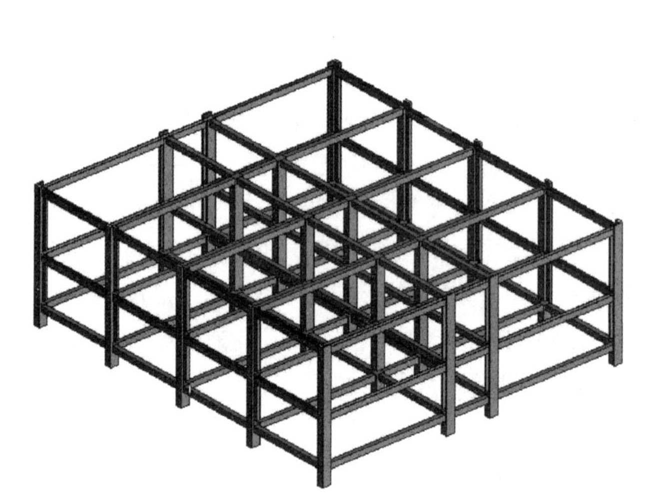

图 15-7　整体模型

15.6　混凝土板的绘制

（1）将视图切换到标高 3，在“结构”选项卡“结构”面板的“楼板”下拉列表中选择“楼板：结构”命令，激活“修改 | 创建楼层边界”选项卡，在“属性”选项板类型选择器中，选择楼板的类型为“现场浇注混凝土 225 mm”，如图 15-8 所示。

（2）在“修改 | 创建楼层边界”选项卡“绘制”面板中选择“边界线”→“直线”命令，在绘图区域画出矩形楼板轮廓，单击“完成绘图”按钮完成标高 3 处楼板的添加。类似地，可以添加标高 2 及标高 1 梁顶面处的楼板。同样，也可以在立面视图中，采用楼层间的楼板拷贝，完成标高 2 及标高 1 梁顶面处楼板的添加。当楼板添加完成后，被当前楼板遮住的梁构件将以虚线的形式显示，如图 15-9 所示。

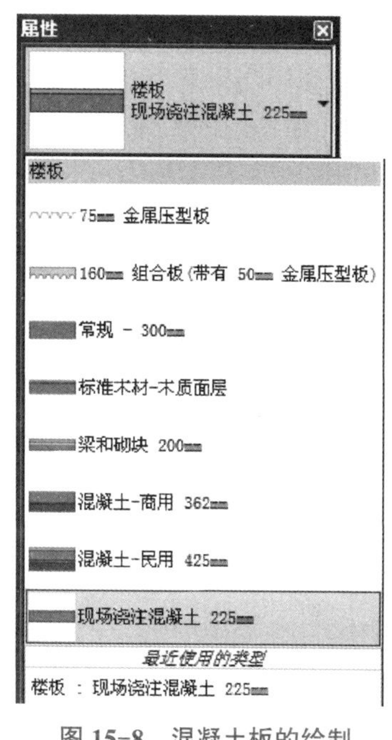

图 15-8　混凝土板的绘制

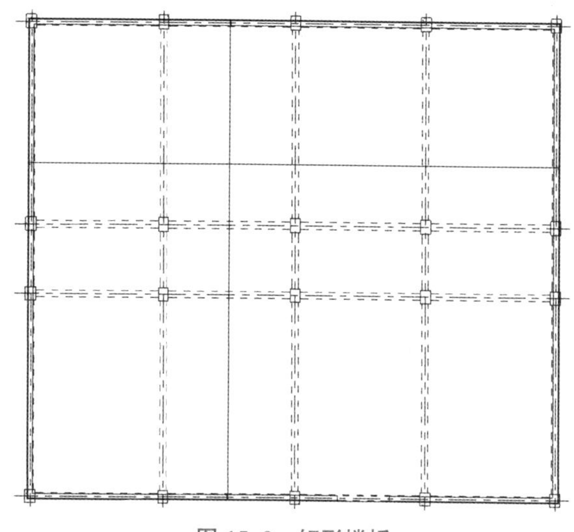

图 15-9　矩形楼板

在立面视图下（如将视图切换到北立面），在视图控制栏中将当前的视图模式设置为“线框移”，这样就可以观察到楼板及梁柱的相对位置关系，如图 15-10 所示。

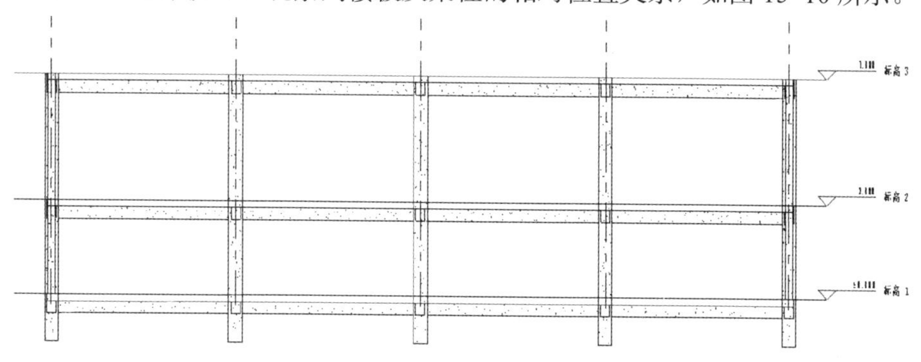

图 15-10　楼板及梁柱相对位置关系

15.7　墙体的绘制

将当前视图切换为平面视图（标高 1），在“结构”选项卡“结构”面板的“墙”下拉列表中选择“墙：结构”命令，激活“修改 | 放置 结构墙”选项卡，在“属性”选项板类型选择器中选择墙的类型，选项栏从左到右分别对应的是当前标高、向上 / 向下添加、目标标高、墙的对齐方式（墙中线、内边对齐等）、墙是否首尾约束、墙的绘制方式（直线、方框、

圆弧等）、墙相对于所选择对齐方式的偏移量、对于曲面墙的弯曲半径值等。

设置好选项栏的参数后，如前述梁的添加方法，在平面视图中沿轴网画出墙的轮廓线，以添加墙。本例中，从标高 1 到标高 3 处按中线对齐方式在建筑四周添加 225 mm 混凝土墙。

15.8 独立基础的绘制

（1）将视图切换到标高 1，在“结构”选项卡“基础”面板中选择 “独立基础”命令，激活“修改 | 放置 独立基础”选项卡。与前述柱子的绘制方法一样，用户可以通过轴网加载的形式绘制独立基础，如图 15-11 所示。

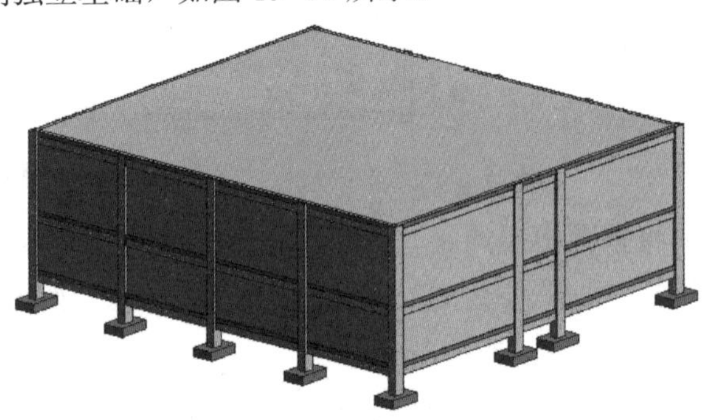

图 15-11　独立基础的绘制

（2）独立基础加载时，Revit 将自动识别柱子的底端并将独立基础置于柱子底端。

修改基础尺寸，用户可根据上部结构的竖向荷载、基础沉降计算和冲切验算的结果决定基础的大小。在任意视图中选取要修改的基础，在“属性”选项板类型选项器中选择替代的基础类型。如果已有的类型尺寸都不满足设计要求，则在“属性”选项板中单击“编辑类型”按钮，在弹出的“类型属性”对话框中修改相应的参数，如图 15-12 所示。

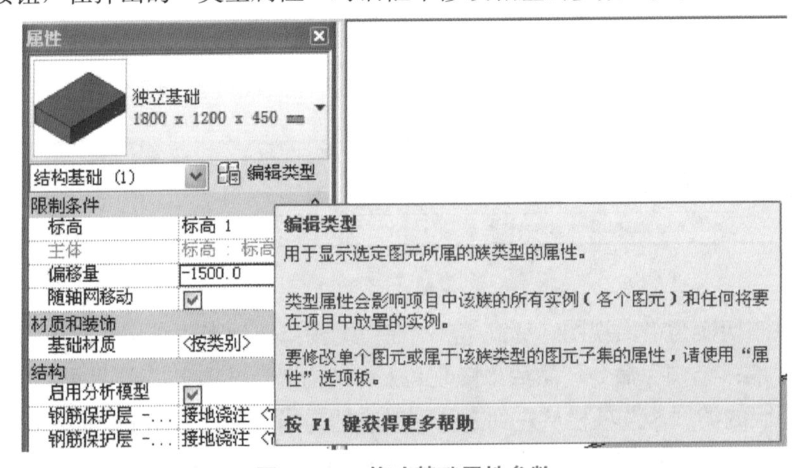

图 15-12　修改基础属性参数

在“类型属性”对话框中复制（新建）一个类型，并按尺寸要求对新建的类型进行重命名和尺寸调整。如图 15-13 所示，一系列参数确定后，这些基础的尺寸将被换成最新定义的类型尺寸。

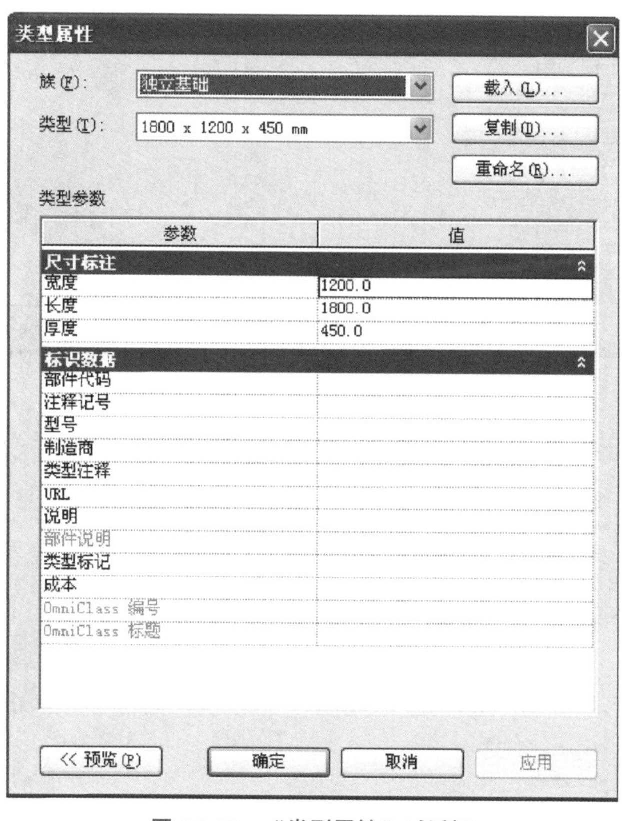

图 15-13 “类型属性”对话框

15.9 结构内钢筋的绘制

Revit 支持对 3D 混凝土构件添加钢筋，下面将通过对项目中的梁、板、柱添加钢筋，带领大家了解 Revit 的钢筋功能。

（1）混凝土保护层的设定。Revit 已经根据混凝土构件的外在环境对混凝土的保护层厚度预先进行了定制，在“结构”选项卡“钢筋”面板下拉列表中选择“钢筋保护层设置”命令，系统弹出“钢筋保护层设置”对话框，如图 15-14 所示。

用户可通过“添加”命令定制自己需要的钢筋保护层的类型，然后，选中要改变保护层的混凝土构件，在图元属性选项板中可对选中的构件选择定制的钢筋保护层厚度，如图 15-15 所示。本例中采用 Revit 默认定制的钢筋保护层厚度。

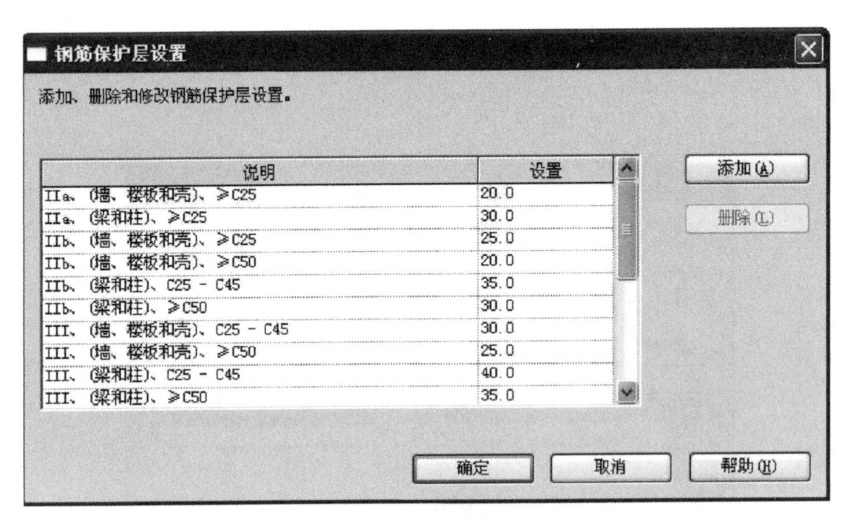

图 15-14 “钢筋保护层设置”对话框

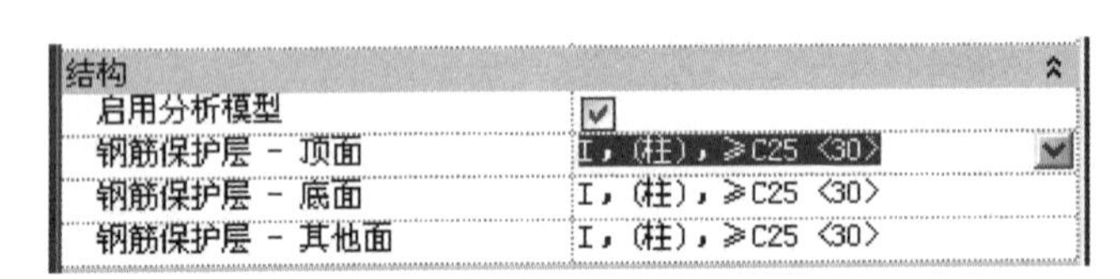

图 15-15 定制钢筋保护层

（2）剖切构件。将当前视图切换到标高 1，在“视图”选项卡“创建”面板中单击“剖面”按钮，在绘图区域剖切，如图 15-16 所示。双击剖切面符号，即可将当前视图切换到剖面视图。

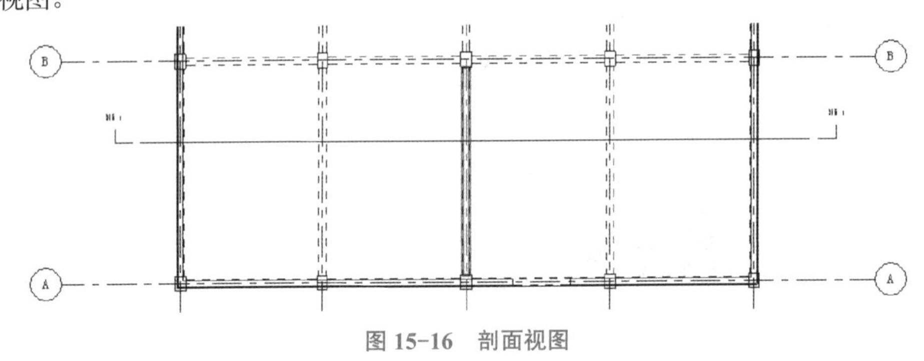

图 15-16 剖面视图

在剖面视图中，选中表示剖面范围的边界线并拖动，可屏蔽掉不希望显示的构件。

（3）在剖面图中添加箍筋。在 Revit 中，钢筋为三维的实体，因此它们可以直接在各个视图中被引用和显示，也可以在剖面视图中添加钢筋。用户可以在“结构”选项卡“钢筋”面板中选择“钢筋”命令，并在选项栏中选择合适的钢筋形状，即可在对象中添加钢筋。

在剖面视图中选择混凝土梁，在工具栏中会显示对应于当前构件的操作选项，其中钢筋的放置方式包括“平行于工作平面”“平行于保护层”“垂直于保护层”三种。在选项栏中单击“启动/关闭钢筋形状浏览器”按钮，则在绘图区域右侧会弹出“钢筋形状浏览器”，如图 15-17 所示。这里选择第 33 号钢筋，为当前构件添加箍筋（同时，在视图控制栏中将当前的显示精度选择为精细）。图中虚线是为钢筋设置的混凝土保护层线，选择好钢筋形状后，将鼠标移动至梁构件截面上，钢筋会自动寻找混凝土截面并充满该截面，如图 15-17 所示。

选中已经添加的箍筋，在“属性”选项板类型选择器中选择合适的钢筋类型和强度等级，本例中将钢筋的类型和强度等级设置为 10HPB300。同时，在“属性”选项板中选择箍筋在梁长度方向的布置方式，本例中按最大间距为 150 mm 在梁的长度方向上布置箍筋，如图 15-18 所示。

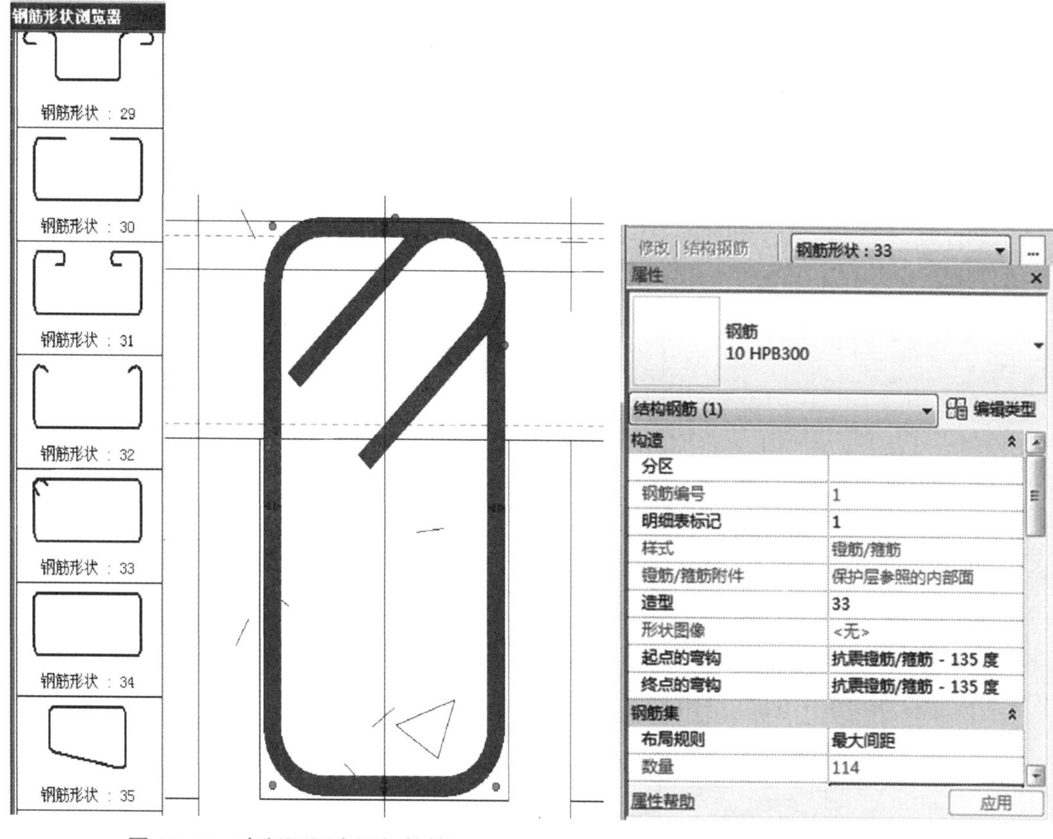

图 15-17　在剖面图中添加箍筋

图 15-18　“属性”选项板

同样，选中该梁截面，选择垂直于当前视图平面的方式，为该梁布置纵向钢筋，在“属性”选项板类型选择器中选择 20HRB335 的带肋钢筋，在“钢筋形状浏览器”中选择 1 号形状（直钢筋），如图 15-19 所示。

（4）钢筋的显示。在剖面视图中选择添加的所有钢筋，选择钢筋属性，在图元所在“属性”选项板中单击“视图可见性状态”后的“编辑”按钮（图 15-20），系统弹出“钢筋图元视图可见性状态”对话框，在对话框中为选中的钢筋在不同的视图条件下进行显示设置。所谓清晰的视图，即钢筋不被保护层及其他构件表面所遮挡。

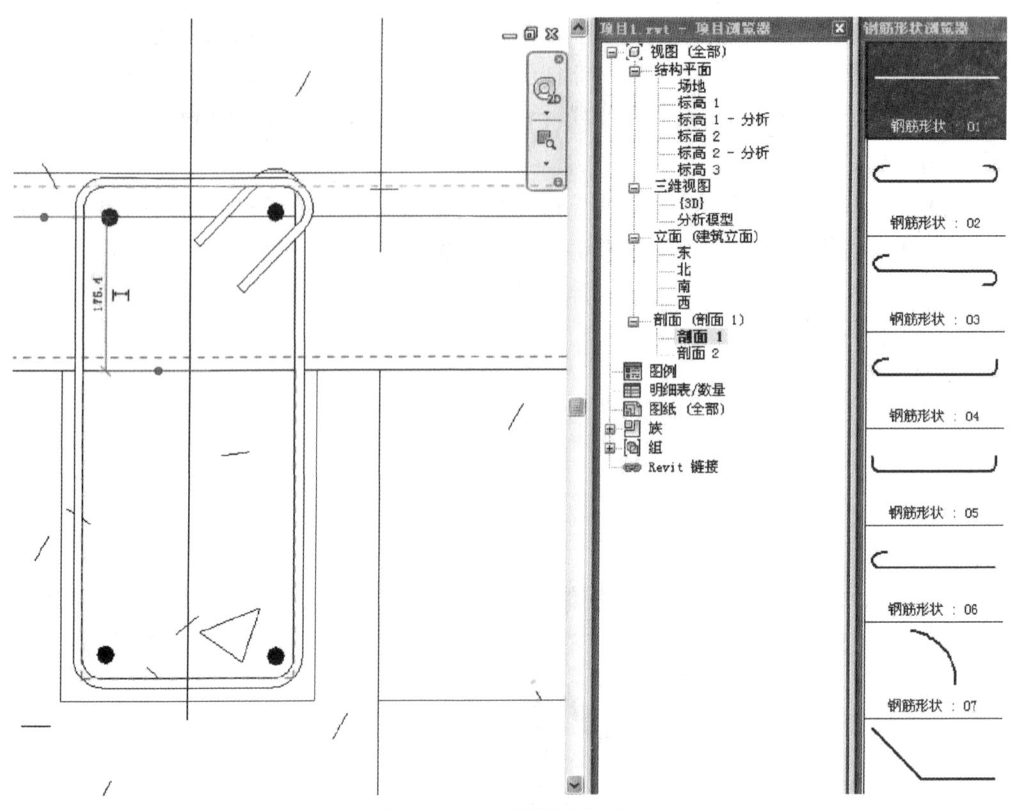

图 15-19　布置纵向钢筋

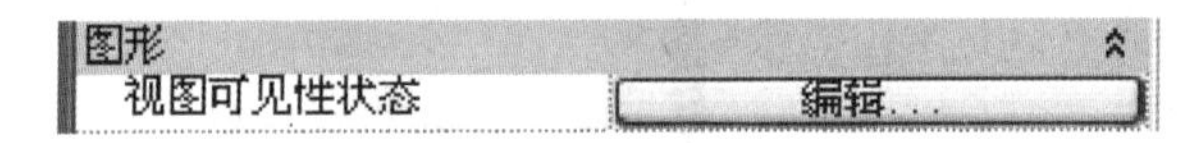

图 15-20　编辑视图可见性状态

将当前视图切换到三维视图，将显示模式设置为“线框”及“精细”模式，调整视图，可观察钢筋添加情况，如图 15-21 所示。

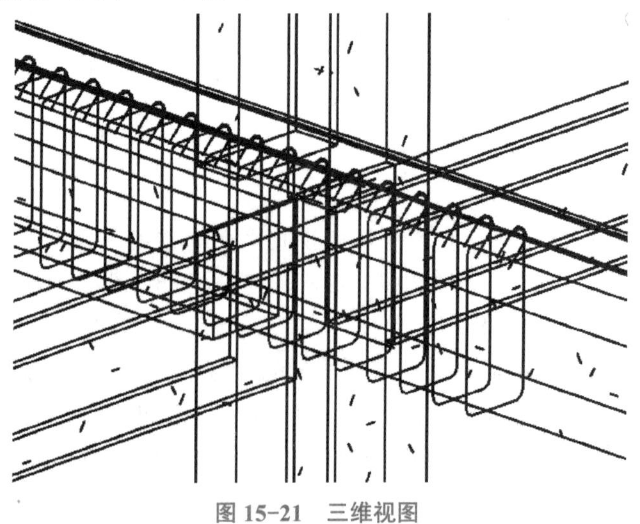

图 15-21　三维视图

第四篇

BIM设备建模

1. 知识目标

（1）创建给水排水模型需要准备的资料。

（2）排水系统模型创建、给水系统模型创建、消火栓系统模型创建的方法。

（3）管道标注方法。

2. 能力目标

（1）可以自行建立给水排水项目文件。

（2）能够进行排水系统模型创建、给水系统模型创建、消火栓系统模型创建。

（3）能够修改管道系统及其标注。

（4）了解样板文件及给水排水样板特征。

3. 素质目标

（1）能进行人际交往和团队协作。

（2）具有较强的口头与书面表达能力、人际沟通能力。

（3）具备优良的职业道德修养，能遵守职业道德规范。

第 16 章　BIM 设备建模

16.1　Revit MEP 软件的优势

Revit MEP 软件是一款智能的设计和制图工具，Revit MEP 可以创建面向建筑设备及管道工程的建筑信息模型。使用 Revit MEP 软件进行水暖电专业设计和建模，主要有以下优势：

（1）按照工程师的思维模式进行工作，开展智能设计。Revit MEP 软件借助真实管线进行准确建模，可以实现智能、直观的设计流程。Revit MEP 采用整体设计理念，从整座建筑物的角度来处理信息，将给水排水、暖通和电气系统与建筑模型关联起来，为工程师提供更佳的决策参考和建筑性能分析。借助它，工程师可以优化建筑设备及管道系统的设计，进行更好的建筑性能分析，充分发挥 BIM 的竞争优势，促进可持续性设计。

同时，利用 Revit 与建筑师和其他工程师协同，还可以及时获得来自建筑信息模型的设计反馈，实现数据驱动设计所带来的巨大优势，轻松跟踪项目的范围、进度和工程量统计、造价分析。

（2）借助参数化变更管理，提高协调一致。利用 Revit MEP 软件完成建筑信息模型，最大限度地提高基于 Revit 的建筑工程设计和制图的效率。它能够最大限度地减少设备专业设计团队之间，以及与建筑师和结构工程师之间的协作。通过实时的可视化功能，改善客户沟通并更快做出决策。Revit MEP 软件建立的管线综合模型可以与由 Revit Architecture 软件或 Revit Structure 软件建立的建筑结构模型展开无缝协作。在模型的任何一处进行变更，Revit MEP 均可在整个设计和文档集中自动更新所有相关内容。

（3）改善沟通，提升业绩。设计师可以通过创建逼真的建筑设备及管道系统示意图，改善与甲方的设计意图沟通。通过使用建筑信息模型，自动交换工程设计数据，从中受益，及早发现错误，避免让错误进入现场并造成代价高昂的现场设计返工。借助全面的建筑设备及管道工程解决方案，最大限度地简化应用软件管理。

16.2 MEP 管线综合工作流程

使用 BIM 技术进行水暖电建模和设计，必须遵循一定的工作流程，主要的步骤如图 16-1 所示。

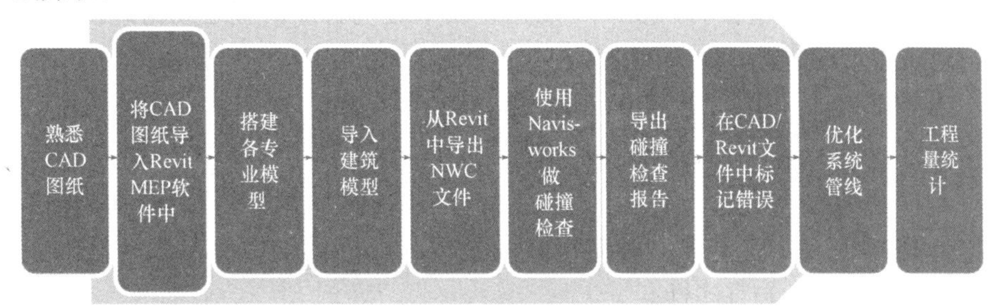

图 16-1　MEP 管线综合工作流程

16.2.1　熟悉 CAD 图纸

现在的绘图模式很大部分采用先绘制 CAD 二维图纸，然后根据实际项目的需要绘制成三维图纸。所以，熟悉 CAD 二维图纸至关重要，可以在识图、读图的过程中掌握工程的概况，对整个项目有详细的了解。

16.2.2　将 CAD 图纸导入 Revit MEP 软件中

为了利用 CAD 图纸中的线条进行定位、拾取线条等，需要将 CAD 图纸导入 Revit MEP 软件中作为底图。

16.2.3　搭建各专业模型

为了避免模型文件过大，有时需要将水暖电各个专业，甚至各个系统的模型分别搭建，后期可以采取链接或工作集的方式将所有模型拼装起来。

16.2.4　导入建筑模型

导入建筑模型后，导出格式为 .NWC 的文件，为下一步在 Navisworks 中做碰撞检查做准备。

16.2.5 从 Revit 中导出 NWC 文件

水暖电模型搭建完毕后，需要导出格式为 .NWC 的文件，为下一步在 Navisworks 中做碰撞检查做准备。

16.2.6 使用 Navisworks 做碰撞检查

这是所有工作中最重要的一步，可以检查出水暖电各个模型之间的碰撞，以及水暖电模型与建筑模型的碰撞。

16.2.7 导出碰撞检查报告

碰撞检查完毕后，需要导出碰撞检查的报告，以提供给其他工作人员，或以备存档，保证信息的完整性和真实性。

16.2.8 在 CAD 或 Revit 文件中标记错误

目前，Revit MEP 软件和 AutoCAD 软件还不能实现根据碰撞检查报告自动标记错误，需要手工标记碰撞位置，以备查阅和修改。

16.2.9 优化系统管线

设计师可以根据碰撞的标记来查阅需要修改的设计位置，然后根据各专业相关规范要求进行管线系统的优化，可以实现在未施工之前就改正一些设计错误，提升了施工效率，节约了施工成本。

16.2.10 工程量统计

系统优化后，可使用软件的工程量统计功能对图纸中的各种设备及材料进行统计，导出表格，对施工前期设备与材料采购进行指导。

16.3 水系统的创建

水管系统包括空调水系统、生活给水排水系统等。空调水系统可分为冷冻水、冷却水、冷凝水等系统；生活给水排水系统可分为冷水系统、热水系统、排水系统等。本节主要讲解水管系统在 Revit MEP 中的绘制方法。

需要绘制的有冷热给水、冷热回水、污水，添加各种阀门管件，并与机组相连，形成生活用水系统。各种管线的意义如图 16-2 所示。绘制水管时，需要注意图例中各种符号的意义，使用正确的管道类型和正确的阀门管件，保证建模的准确性。

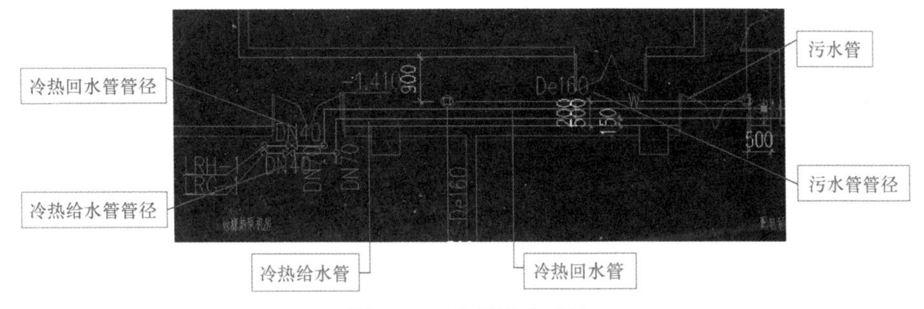

图 16-2　生活用水系统

绘制水管系统常用的工具如图 16-3 所示。熟练掌握这些工具及快捷键，可以提高绘图效率。

图 16-3　绘制水管系统常用的工具

（1）管道（快捷键 PI）：单击此工具可绘制水管管道，管道的绘制需要单击两次。第一次确定管道的起点，第二次确定管道的终点。

（2）管件（快捷键 PF）：水管的三通、四通、弯头等都属于管件，单击此工具，可向系统中添加各种管件。

（3）管路附件（快捷键 PA）：管道的各种阀门、仪表都属于管路附件。单击此工具，可向系统中添加各种阀门及仪表。

（4）软管（快捷键 FP）：单击此工具，可在系统中添加软管。

16.3.1　导入 CAD 底图

打开“某会所水系统 .rvt”文件，删除原有的导入的 CAD 底图，重新导入“某会所水系统 .dwg”，并将其位置与轴网位置对齐、锁定，如图 16-4 所示。

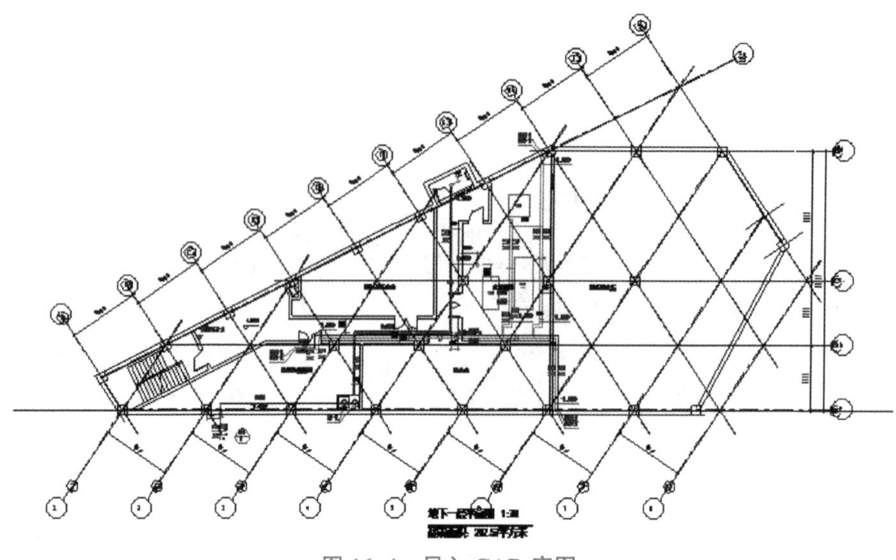

图 16-4 导入 CAD 底图

16.3.2 绘制水管

水管的绘制方法与风管的大致相同。在绘制水管之前，应对水管系统分类，通过复制创建新的水管类型属性，方便后续为管道添加颜色，以便于区分，如图 16-5 所示。

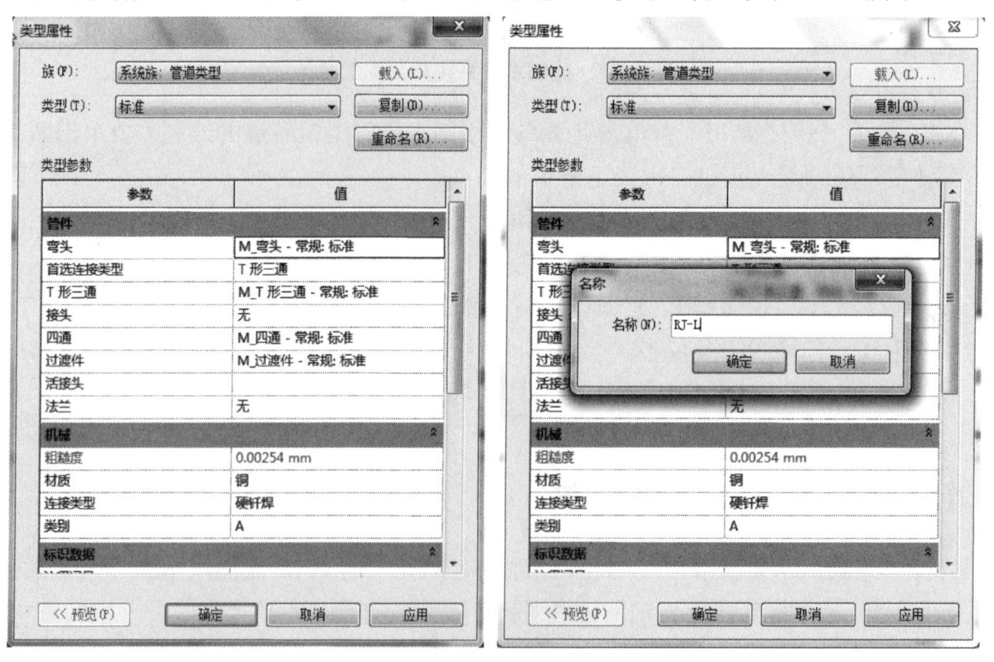

图 16-5 绘制水管

在“系统”选项卡“卫浴和管道”面板中选择“管道”工具，或键入快捷键 PI，在自动弹出的“修改 | 放置 管道”上下文选项卡的选项栏里输入或选择需要的管径（如

65），修改偏移量为该管道的标高（如 3 090），在绘图区域绘制给水管。首先选择系统末端的水管，在起始位置单击鼠标，拖拽鼠标到需要转折的位置后单击鼠标，再继续沿着底图线条拖拽鼠标，直到该管道结束的位置单击鼠标，按 Esc 键退出绘制，然后选择另外的一条管道进行绘制。在管道转折的地方，会自动生成弯头。

在绘制过程中，如需改变管道管径，在绘制模式下修改管径即可。

管道绘制完毕后，在“修改”面板中选择“对齐”命令（快捷键 AL），将管道中心线与底图表示管道的线条对齐位置，如图 16-6 所示。

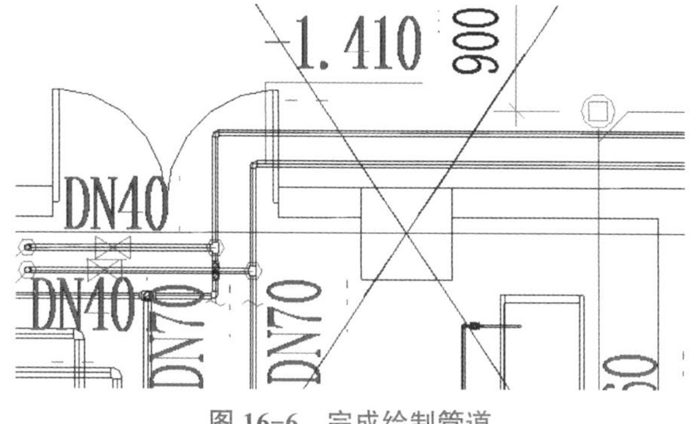

图 16-6　完成绘制管道

水管立管的绘制：在图 16-7 所示的位置中，管道的高度不一致，需要有立管将两段标高不同的管道连接起来，如图 16-7 所示。

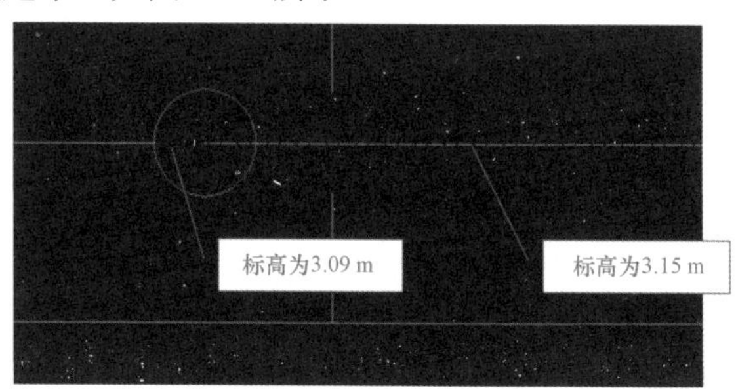

图 16-7　水管立管的绘制

单击“风管”按钮，或键入快捷键 PI，在选项栏中输入管道的管径、标高值，绘制一段管道，然后输入变高程后的标高值，继续绘制管道。在变高程的地方就会自动生成一段立管，如图 16-8 所示。

坡度水管的绘制：选择管道后，设置坡度值即可绘制，如图 16-9 所示。

管道弯头的绘制：在管道绘制状态下，在弯头处直接改变方向，在改变方向的部位会自动生成弯头，如图 16-10 所示。

管道三通的绘制：单击“管道”按钮，在选项栏中输入管径和标高值，在绘图区域绘制主管，再在选项栏中输入支管的管径与标高值，将鼠标移动到主管的合适位置的中心处，单击确认支管的起点，再次单击确认支管的终点，在主管与支管的连接处会自动生成三通。先在支管终点单击，再拖拽鼠标至与之交叉的管道的中心线处，单击鼠标也可生成三通，如图 16-11 所示。

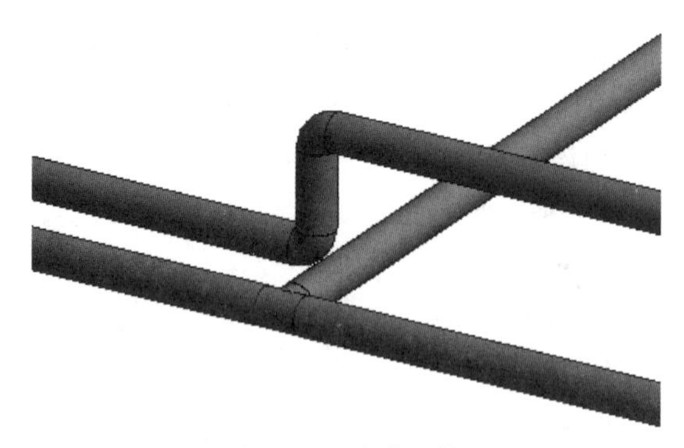

图 16-8　生成立管

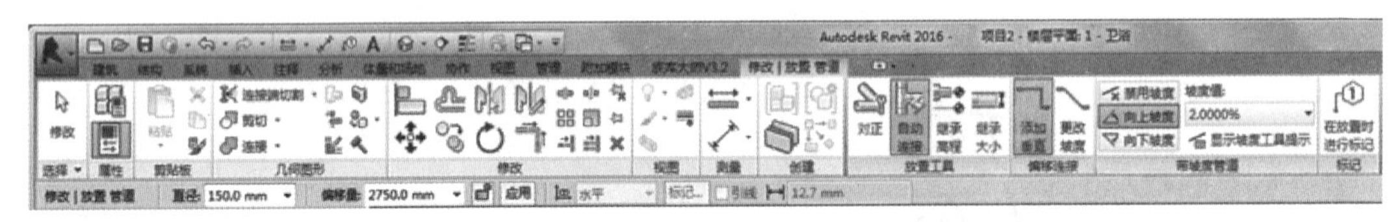

图 16-9　坡度水管的绘制

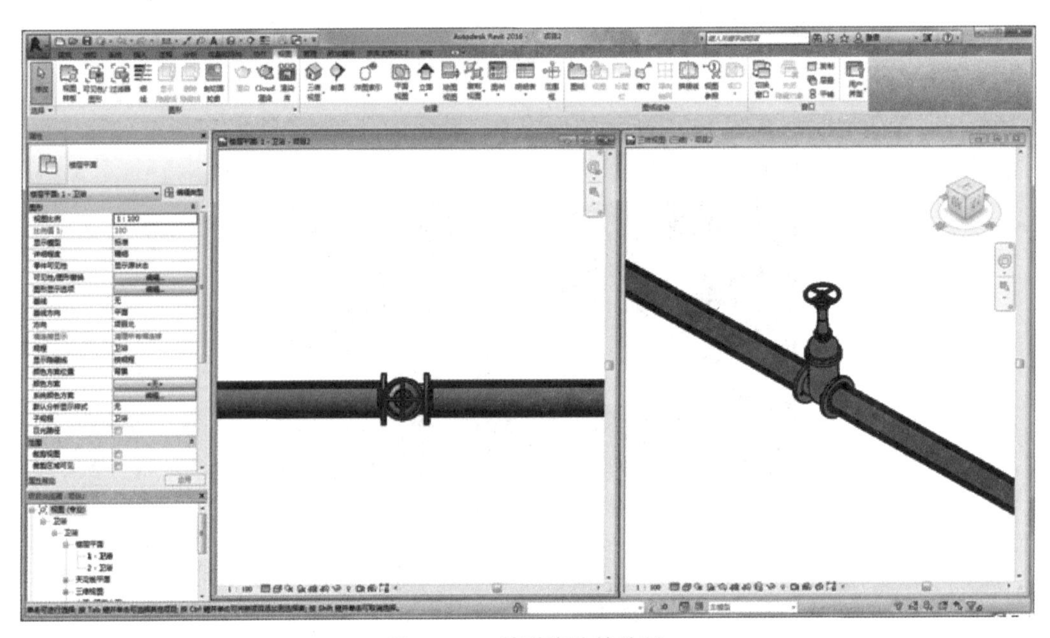

图 16-10　管道弯头的绘制

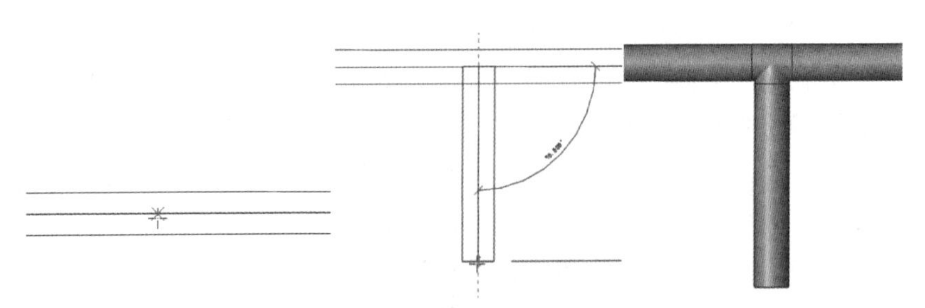

图 16-11　管道三通的绘制

当相交叉的两根水管的标高不同时，按照上述方法绘制三通，会自动生成一段立管，如图 16-12 所示。

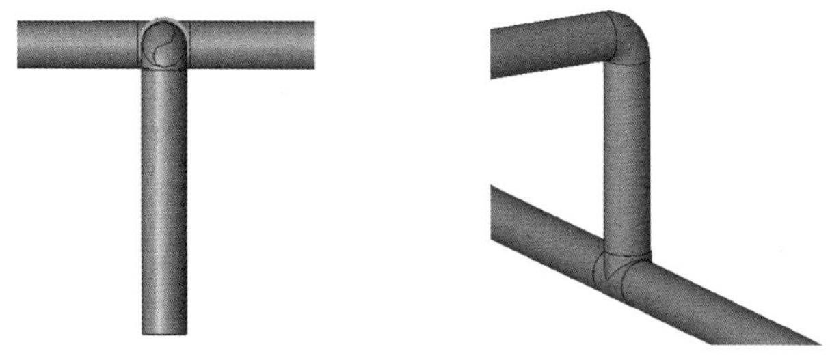

图 16-12　自动生成立管

管道四通的绘制：

方法一：绘制完三通后，选择三通，单击三通处的加号，三通会变成四通；然后，单击“管道”按钮，移动鼠标到四通连接处，出现捕捉时，单击确认起点，再单击确认终点，即可完成管道绘制，如图 16-13 所示。同理，单击减号可以将四通转换为三通。

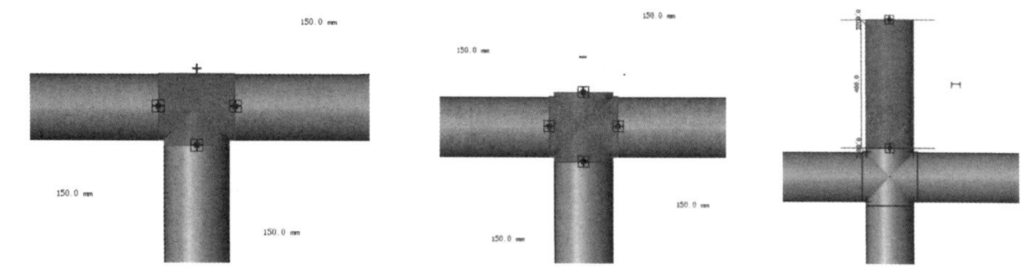

图 16-13　管道四通的绘制

弯头也可以通过相似的操作变成三通，如图 16-14 所示。

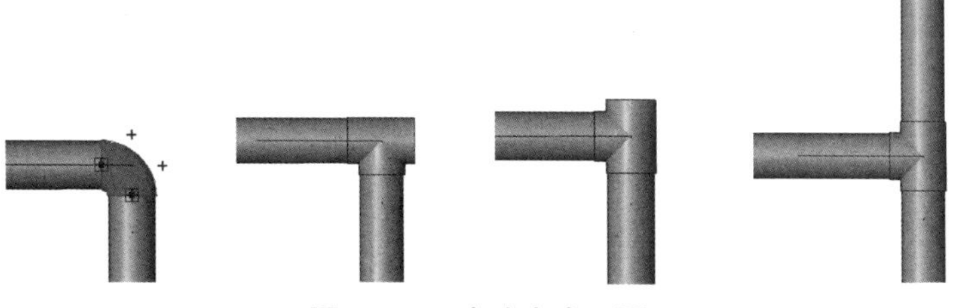

图 16-14　弯头变成三通

方法二：先绘制一根水管，再绘制与之相交叉的另一根水管。若两根水管的标高一致，第二根水管横贯第一根水管时，则可以自动生成四通，如图 16-15 所示。

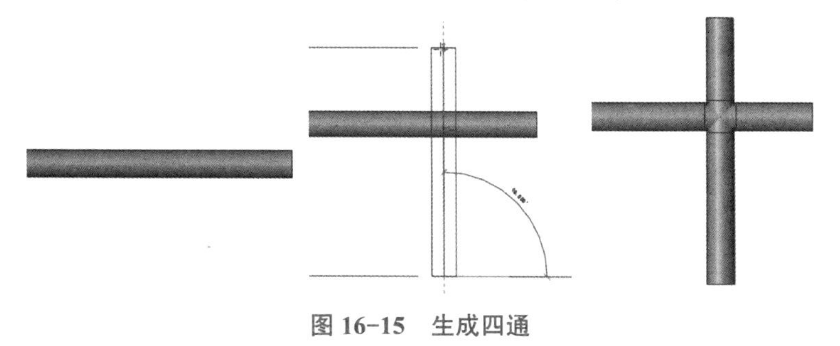

图 16-15　生成四通

16.3.3　添加水管阀门

在“系统”选项卡“卫浴和管道”面板中选择“管路附件”命令，或键入快捷键PA，系统自动激活“修改 | 放置 管道附件”上下文选项卡。

在“属性”选项板类型选择器中选择需要放置的阀门，将鼠标移动到水管中心线处，捕捉到中心线时（中心线高亮显示），单击鼠标完成阀门的添加。若没有合适的管道附件，则需要通过自建族后通过导入的方式进行绘制，如图 16-16 所示。

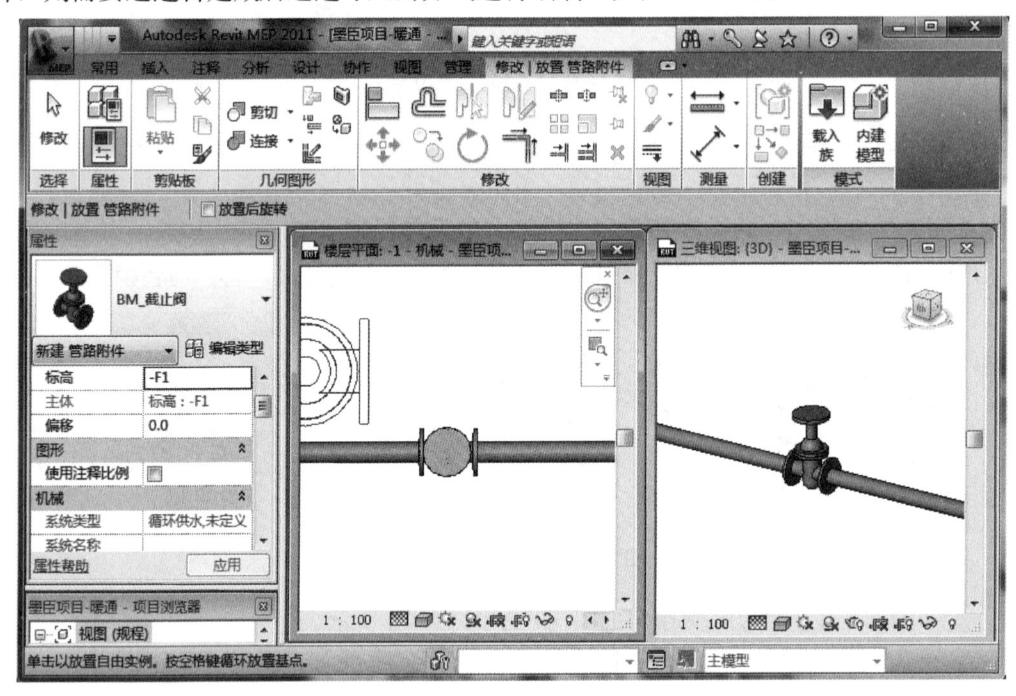

图 16-16　添加水管阀门

第五篇

BIM 技能提高——族

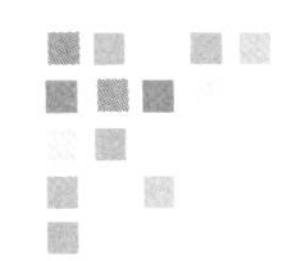

1. 知识目标

（1）族的定义。

（2）族的创建方法。

（3）族与项目的互动。

2. 能力目标

（1）具有创建不同类型族文件的能力。

（2）能根据具体情况选择合理的绘制方案。

（3）能利用族文件改进绘制模型的效率。

3. 素质目标

（1）能进行人际交往和团队协作。

（2）具有较强的口头与书面表达能力、人际沟通能力。

第 17 章　BIM 提高技能——族

17.1　族的基本知识

Revit 中包括 3 种类型的族，即系统族、可载入族和内建族。

在项目中创建的大多数图元都是系统族或可装载的族。用户可以组合能够装载的族来创建嵌套和共享族。非标准图元或自定义图元是使用内建族创建的。

系统族可以创建在建筑现场装配的基本图元，如墙、屋顶、楼板、风管、管道等。能够影响项目环境且包含标高、轴网、图纸和视口类型的系统设置的族也是系统族。系统族是在 Revit 中预定义的，不能将其从外部文件中载入到项目中，也不能将其保存到项目之外的位置。

可载入族用于创建下列构件的族：

（1）安装在建筑内和建筑周围的建筑构件，如窗、门、橱柜、装置、家具和植物等。

（2）安装在建筑内和建筑周围的系统构件，如锅炉、热水器、空气处理设备和卫浴装置等。

（3）常规自定义的一些注释图元，如符号和标题栏等。

由于它们具有高度可自定义的特征，因此可载入族是在 Revit 中最经常创建和修改的族。与系统族不同，可载入族是在外部的 RFA 文件中创建的，并可导入或载入到项目中。对于包含许多类型的可载入族，可以创建和使用类型目录，以便仅载入项目所需的类型。

内建族是需要创建当前项目专有的独特构件时所创建的独特图元。用户可以创建内建几何图形，以便它可参照其他项目几何图形，使其在所参照的几何图形发生变化时进行相应大小调整和其他调整。创建内建图元时，Revit 将为该内建图元创建一个族，该族包含单个族类型。

创建内建图元涉及许多与创建可载入族相同的族编辑器工具。

创建族时，软件会提示选择一个与该族所要创建的图元类型相对应的族样板。该样板相当于一个构建块，其中包含在开始创建族时及 Revit 在项目中放置族时所需要的信息。大多数族样板都是根据其所要创建的图元族的类型进行命名的，但也有一些样板在族名称之后包含下列描述符之一：

（1）基于墙的样板。

（2）基于天花板的样板。

（3）基于楼板的样板。

（4）基于屋顶的样板。

（5）基于线的样板。

（6）基于面。

基于墙的样板、基于天花板的样板、基于楼板的样板和基于屋顶的样板被称为基于主体的样板。对于基于主体的族而言，只有存在其主体类型的图元时，才能放置在项目中。

17.2 族创建

17.2.1 族文件的创建和编辑

使用族编辑器可以对现有族进行修改或创建新的族。打开族编辑器的方法取决于将要执行的操作，可以使用族编辑器来创建和编辑可载入族以及内建图元，选项卡和面板因所要编辑的族类型而异，不能使用族编辑器来编辑系统族。

1. 通过项目编辑现有族

（1）在绘图区域中选择一个族实例，并在“修改 |< 图元 >”选项卡“模式”面板中单击“编辑族”按钮。

（2）双击绘图区域中的族实例。

2. 在项目外部编辑可载入族

（1）单击按钮打开应用程序菜单，选择“打开”→“族”命令。

（2）系统弹出“打开”对话框，浏览到包含族的文件，然后单击“打开”按钮。

3. 用样板文件创建可载入族

（1）单击按钮打开应用程序菜单，选择“新建”→“族”命令。

（2）系统弹出“新族－选择样板文件”对话框，浏览并选择相应的样板文件，然后单击“打开”按钮。

4. 创建内建族

（1）在功能区上，单击“内建模型”按钮。

1）在“建筑”选项卡“构建”面板“构件”下拉列表中单击“内建模型”按钮。

2）在“结构”选项卡“模型”面板“构件”下拉列表中单击“内建模型”按钮。

3）在“系统”选项卡“模型”面板“构件”下拉列表中单击“内建模型”按钮。

（2）系统弹出“族类别和族参数”对话框，选择相应的族类别，然后单击“确定”按钮。

（3）在弹出的“名称”对话框中输入内建图元族的名称，然后单击“确定”按钮。

5. 编辑内建族

（1）在图形中选择内建族。

（2）在“修改 |< 图元 >”选项卡“模型”面板中单击“编辑内建图元”按钮。

17.2.2 创建族形体的基本方法

创建族形体的方法与体量的创建方法一样，包含拉伸、融合、旋转、放样及放样融合五种基本方法，可以创建实心和空心形状，如图 17–1 所示。

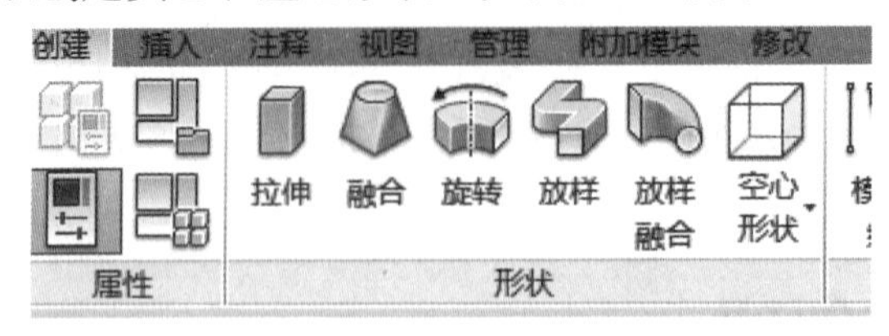

图 17–1 创建族形体面板

1. 拉伸

（1）在族编辑器界面，从“创建”选项卡“形状”面板中选择“拉伸”命令。

（2）在“修改 | 创建拉伸”选项卡“绘制”面板中选择一种绘制方式，在绘图区域绘制想要创建的拉伸轮廓。

（3）在“属性”选项板中设置好拉伸的起点和终点。

（4）在“修改 | 创建拉伸”选项卡“模式”面板中单击“完成编辑模式”按钮，完成拉伸的创建，如图 17–2 所示。

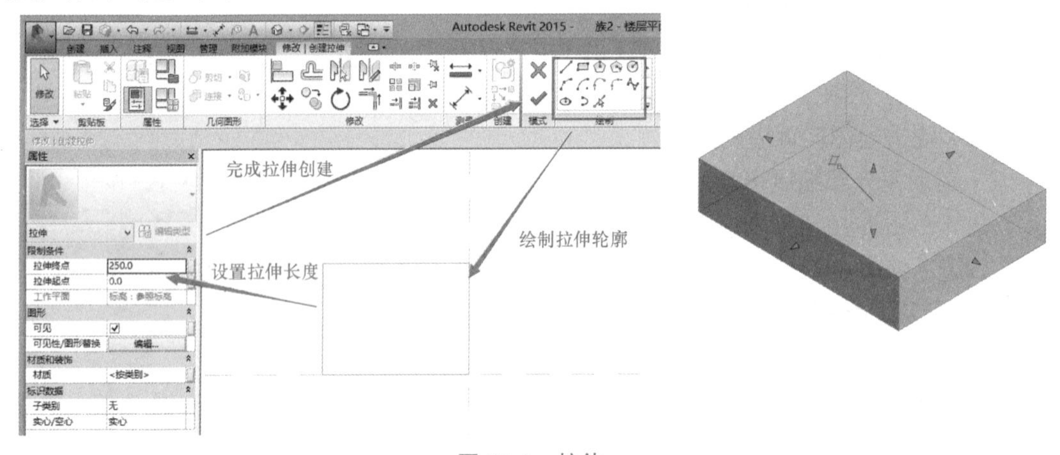

图 17–2 拉伸

2. 融合

（1）在族编辑器界面的“创建”选项卡“形状”面板中选择“融合”命令。

（2）在“修改 | 创建融合底部边界”选项卡的“绘制”面板中选择一种绘制方式，在绘图区域绘制想要创建的融合底部轮廓，如图 17–3 所示。

（3）绘制完底部轮廓后，在“修改 | 创建融合底部边界”选项卡“模式”面板中选择“编辑顶部”命令，进行融合顶部轮廓的创建，如图 17–4 所示。

（4）在“属性”选项板中设置好融合的端点高度。

（5）在“修改 |”创建融合底部边界选项卡“模式”面板中单击“完成编辑模式”按钮，完成融合的创建，如图 17–5 所示。

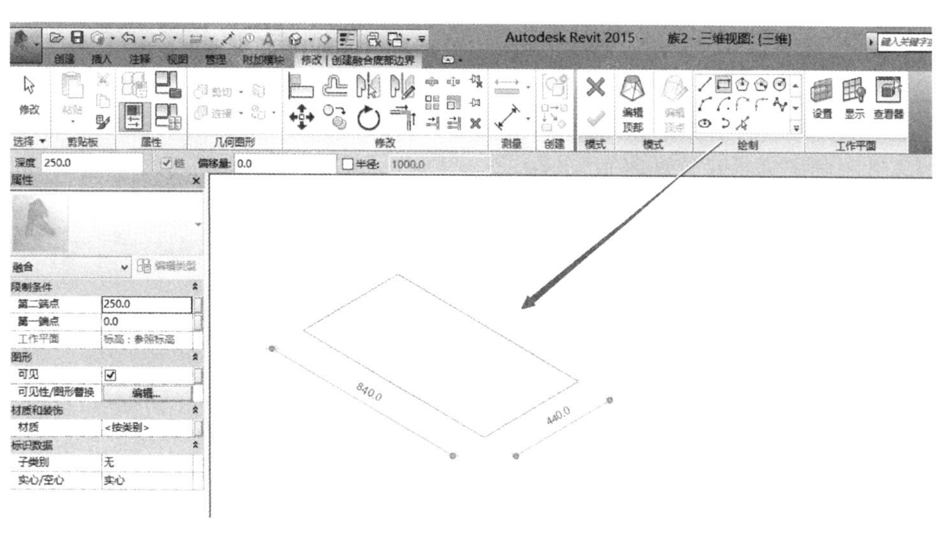

图 17-3 融合

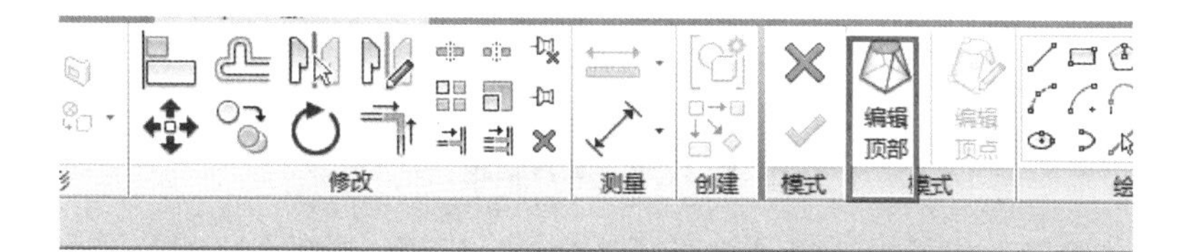

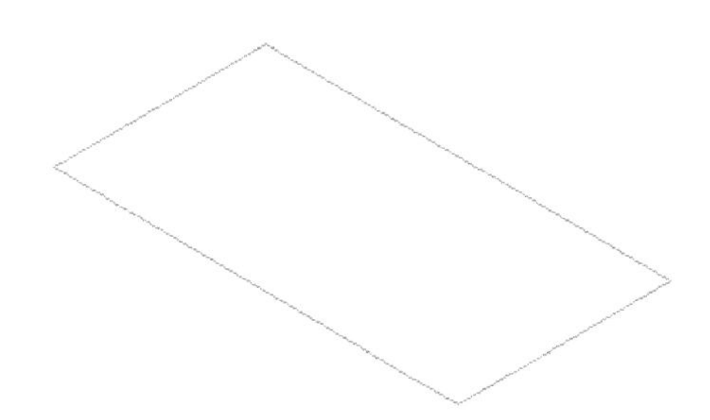

图 17-4 编辑顶部

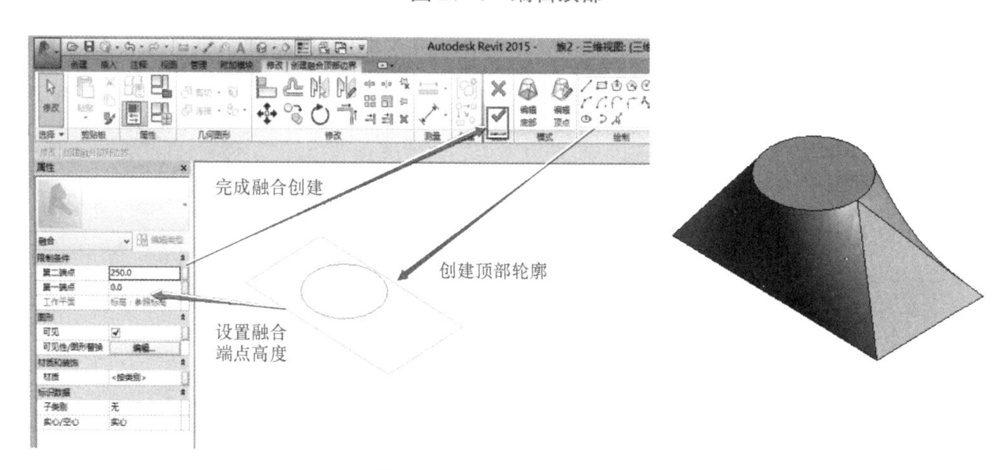

图 17-5 完成融合的创建

第一篇
第二篇
第三篇
第四篇
第五篇

3. 旋转

（1）在族编辑器界面，在“创建”选项卡“形状”面板中选择“旋转”命令。

（2）在“修改 | 创建旋转”选项卡“绘制”面板“轴线”中选择“直线”绘制方式，在绘图区域绘制旋转轴线，如图 17-6 所示。

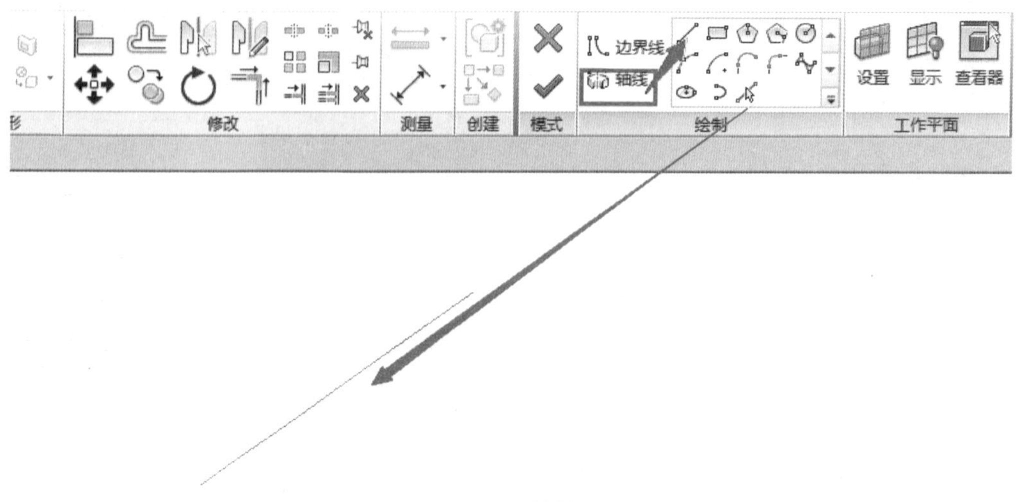

图 17-6　旋转轴线

（3）在“绘制”面板中选择“边界线”命令，选择一种绘制方式，在绘图区域绘制旋转轮廓的边界线。

（4）在“属性”选项板中设置旋转的起始和结束角度。

（5）在“修改 | 创建旋转”选项卡“模式”面板中单击“完成编辑模式”按钮，完成旋转的创建，如图 17-7 所示。

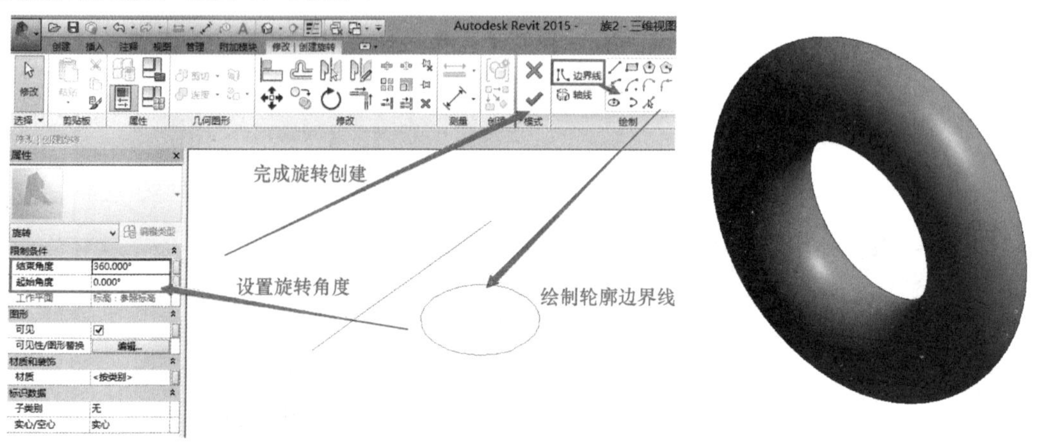

图 17-7　完成旋转的创建

4. 放样

（1）在族编辑器界面，在“创建”选项卡“形状”面板中选择“放样”命令。

（2）在“修改 | 放样”选项卡的“放样”面板中选择“绘制路径”或“拾取路径”命令。

1）若选择“绘制路径”命令，在“修改 | 放样 > 绘制路径”选项卡“绘制”面板中选择相应的绘制方式，在绘图区域绘放样的路径线，完成路径绘制草图模式，如图 17–8 所示。

2）若选择“拾取路径”命令，拾取导入的线、图元轮廓线或绘制的模型线，完成路径绘制草图模式。

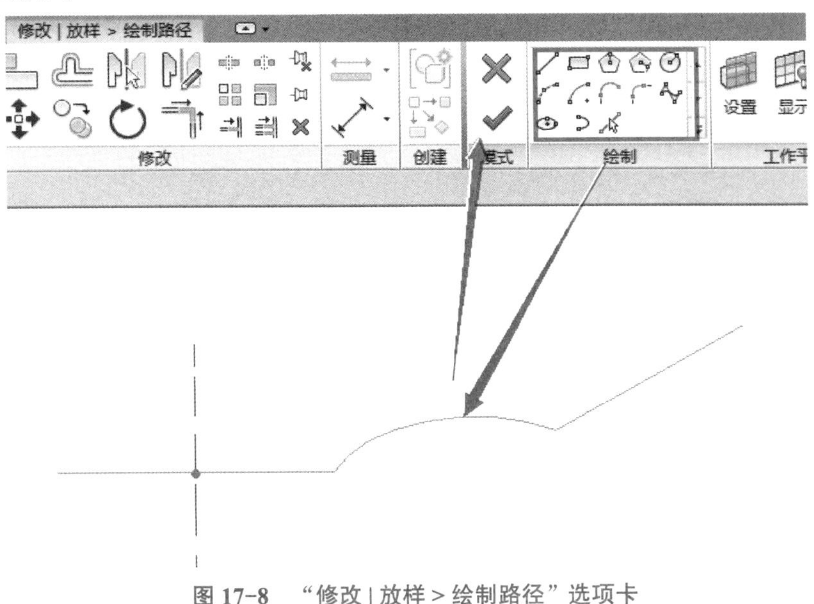

图 17–8　“修改 | 放样 > 绘制路径”选项卡

（3）在“放样”面板中选择“编辑轮廓”命令，进入轮廓编辑草图模式，如图 17–9 所示。

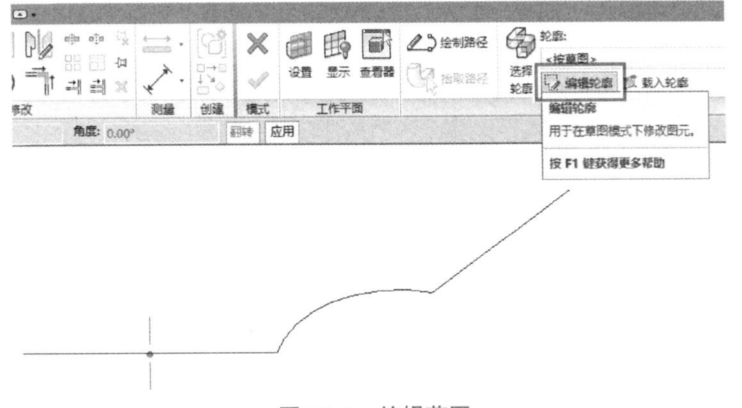

图 17–9　编辑草图

（4）在“修改 | 放样 > 编辑轮廓”选项卡“绘制”面板中选择相应的绘制方式，在绘图区域绘制旋转轮廓的边界线，完成轮廓编辑草图模式，如图 17–10 所示。

注意：绘制轮廓时，所在的视图可以是三维视图，或者打开查看器进行轮廓绘制。

（5）在“模式”面板中单击“完成编辑模式”按钮，完成放样的创建，如图 17–11 所示。

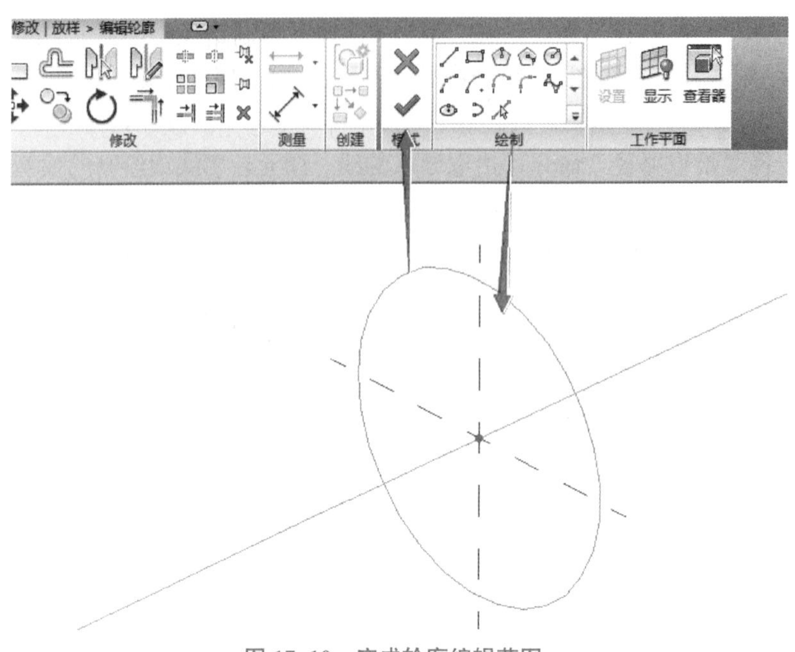

图 17-10　完成轮廓编辑草图

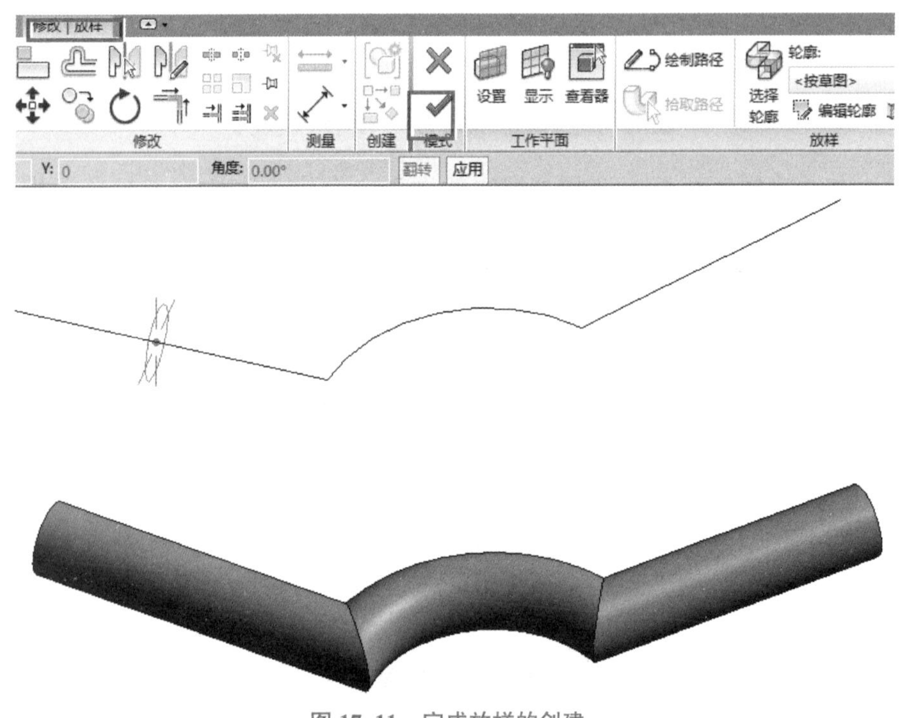

图 17-11　完成放样的创建

5. 放样融合

（1）在族编辑器界面，在“创建”选项卡“形状”面板中选择“放样 | 融合命令”。

（2）在“修改 | 放样融合”选项卡“放样融合”面板中选择“绘制路径”或“拾取路径”命令。

1）若选择“绘制路径”命令，在“修改 | 放样融合 > 绘制路径”选项卡“绘制”面板选择相应的绘制方式，在绘图区域绘制放样的路径线，在“模式”面板中单击“完成编辑模式”按钮，退出路径绘制草图模式，如图 17-12 所示。

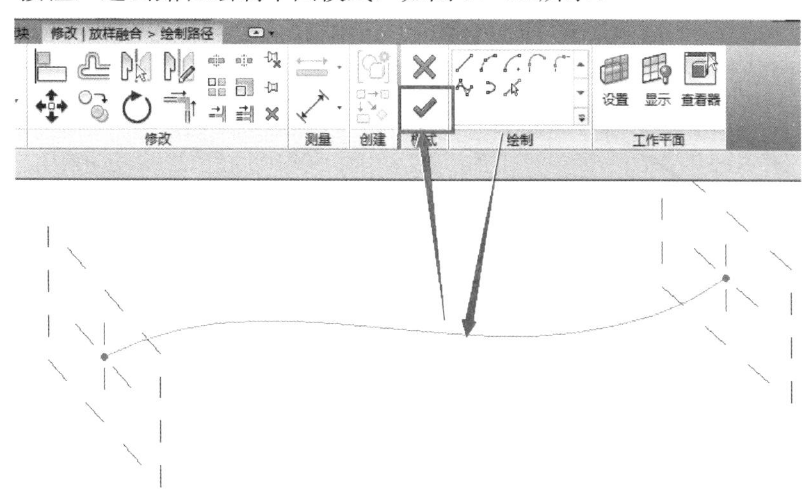

图 17-12　退出路径绘制草图模式

2）若选择“拾取路径”命令，拾取导入的线、图元轮廓线或绘制的模型线，在“模式”面板中单击“完成编辑模式”按钮，退出路径绘制草图模式，如图 17-13 所示。

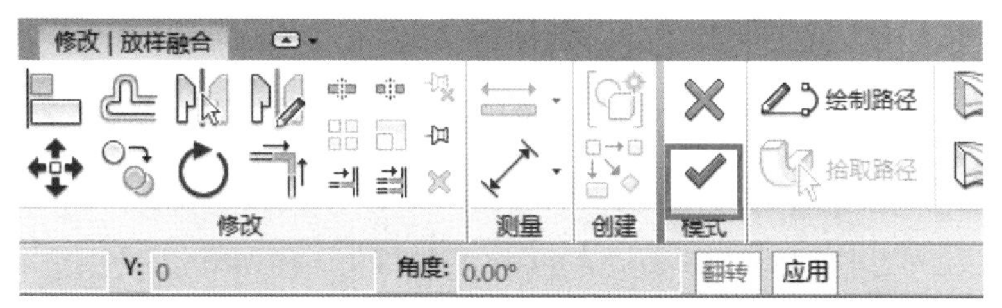

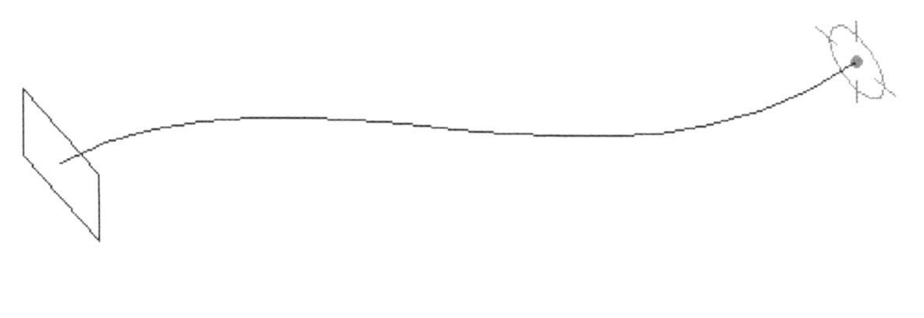

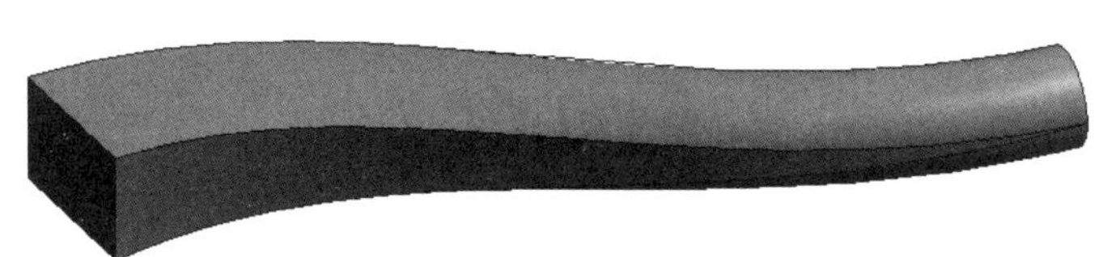

图 17-13　退出路径绘制草图模式

（3）在“修改 | 放样融合”选项卡“放样融合”面板中选择“编辑轮廓”命令，进入轮廓编辑草图模式，分别选择两个轮廓，进行轮廓编辑，如图 17-14 所示。

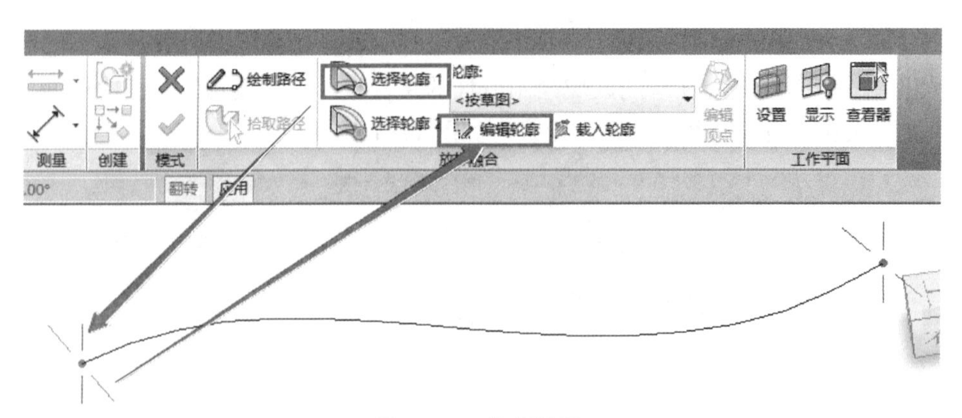

图 17-14 编辑轮廓

（4）在“修改 | 放样融合 > 编辑轮廓”选项卡“绘制”面板中选择相应的绘制方式，在绘图区域绘制旋转轮廓的边界线，完成轮廓编辑草图模式，如图 17-15 所示。

注意：绘制轮廓时，所在的视图可以是三维视图，或者打开查看器进行轮廓绘制。

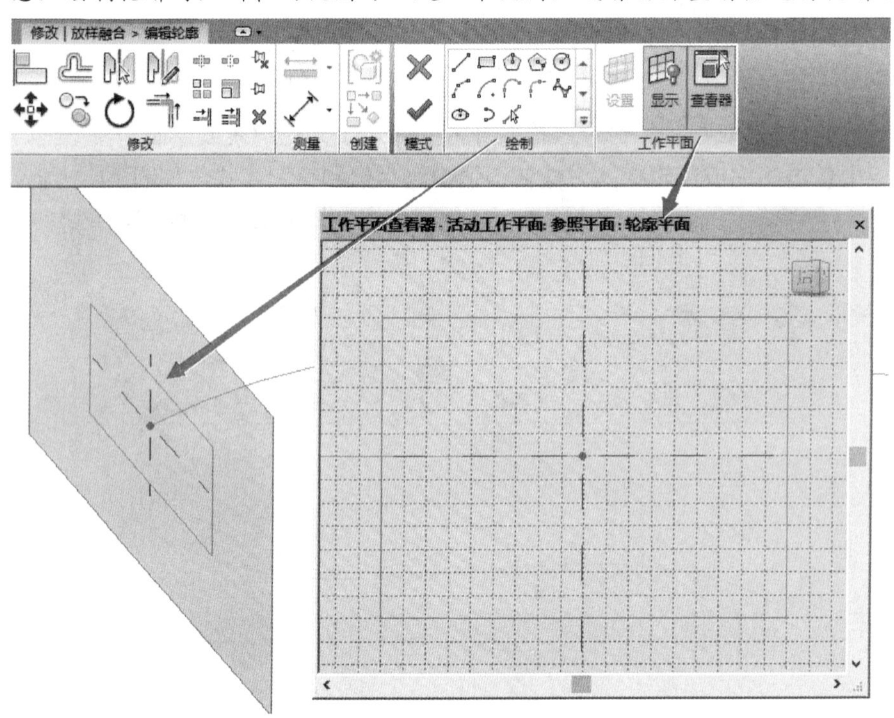

图 17-15 完成轮廓编辑草图

（5）重复步骤（4）完成轮廓 2 的创建。

（6）在“模式”面板单击“完成编辑模式”按钮，完成放样融合的创建，如图 17-13 所示。

6. 空心形状

空心形状的创建基本方法同实心形状的创建方式。空心形状用于剪切实心形状，得到想要的形体。空心形状的创建方法参考前面的实心形状的创建，如图 17-16 所示。

图 17-16　空心形状

17.3 族与项目的交互

17.3.1　系统族与项目

系统族已预定义且保存在样板和项目中，而不是从外部文件中载入到样板和项目中的。用户可以复制并修改系统族中的类型，可以创建自定义系统族类型。要载入系统族类型，可以执行下列操作：

（1）将一个或多个选定类型从一个项目或样板中复制并粘贴到另一个项目或样板中。

（2）将选定系统族或族的所有系统族类型从一个项目中传递到另一个项目中。

如果在项目或样板之间只有几个系统族类型需要载入，则可以复制并粘贴这些系统族类型。其基本步骤为：选中要进行复制的系统族，在“修改 |<图元>”选项卡“剪贴板”面板中进行复制和粘贴，如图 17-17 所示。

图 17-17　“复制”和“粘贴”命令

如果要创建新的样板或项目，或者需要传递所有类型的系统族或族，则可以传递系统族类型。其基本步骤为：在“管理”选项卡的“设置”面板中选择“传递项目标准”命令，进行系统族在项目之间的传递，如图 17-18 所示。

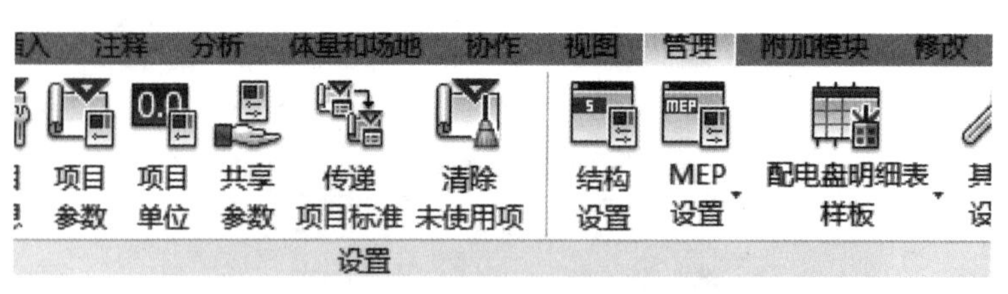

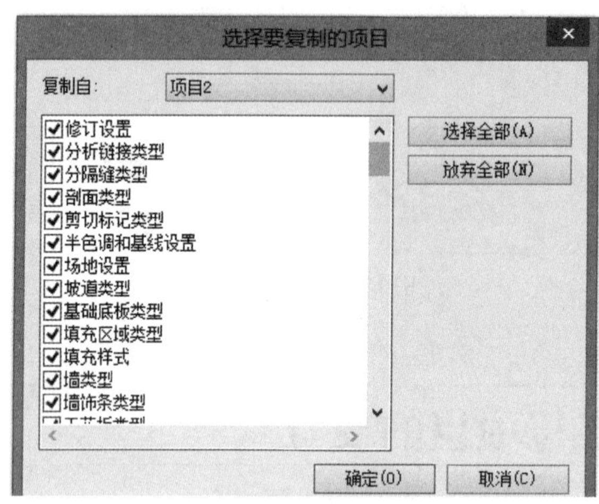

图 17-18　传递系统族

17.3.2　可载入族与项目

与系统族不同，可载入族是在外部 RFA 文件中创建的，并可导入（载入）到项目中。

创建可载入族时，首先使用软件中提供的样板，该样板包含所要创建族的相关信息。先绘制族的几何图形，使用参数建立族构件之间的关系，创建其包含的变体或族类型，确定其在不同视图中的可见性和详细程度。完成族后，先在示例项目中对其进行测试，然后使用其在项目中创建图元。

Revit 中包含一个内容库，可以用来访问软件提供的可载入族，也可以在其中保存创建的族。将可载入族载入项目的方法步骤如下：

（1）在“插入”选项卡“从库中载入”面板中选择“载入族”命令，如图 17-19 所示。

图 17-19　载入族

（2）系统弹出“载入族”对话框，在其中选择要载入的族文件即可，如图 17-20 所示。

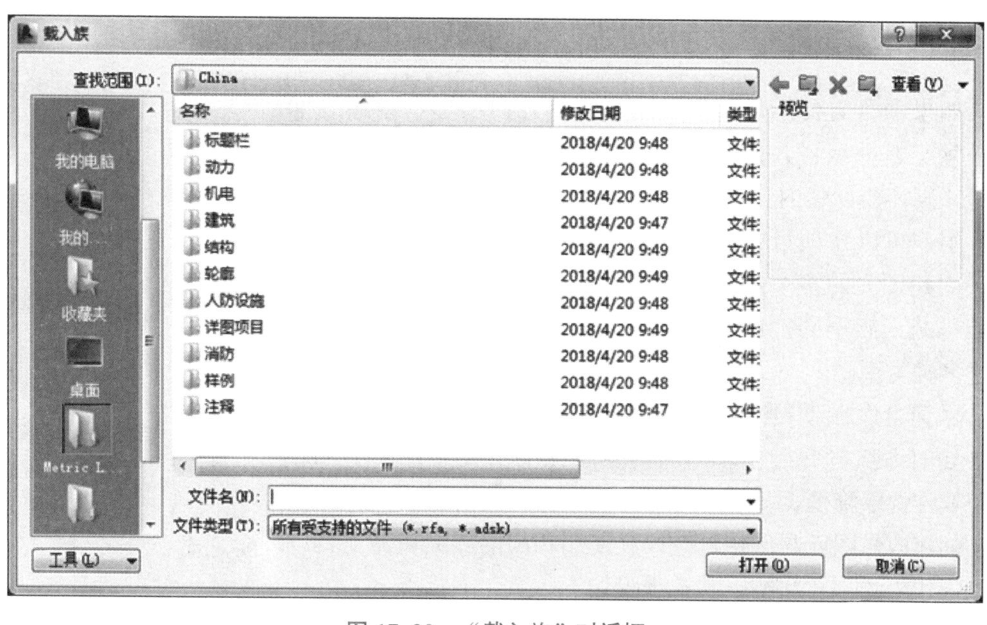

图 17-20　“载入族”对话框

修改项目中现有族的方法步骤如下：

（1）在项目中需要编辑修改的族，在“修改 |< 图元 >”上下文选项卡中选择“编辑族”命令，即可打开族编辑器进行族文件的修改编辑，如图 17-21 所示。

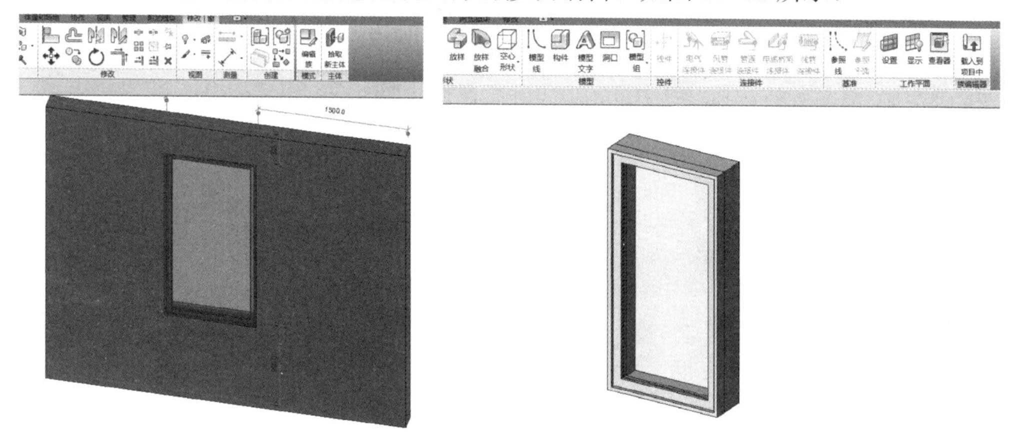

图 17-21　选择“编辑族”

（2）修改编辑完成族之后，执行族编辑器界面的“载入到项目中”命令，然后在弹出的“族已存在”对话框中选择“覆盖现有版本及其参数值”或“覆盖现有版本”，完成族文件的更新，如图 17-22 所示。

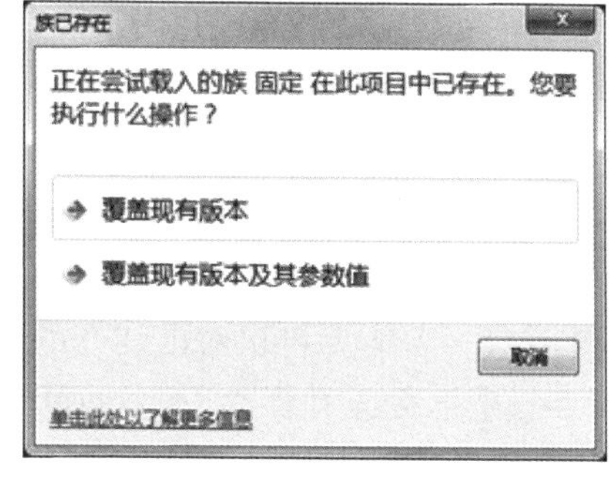

图 17-22　“族已存在”对话框

17.3.3 内建族与项目

如果项目需要不想重复使用特殊的几何图形，或需要必须与其他项目几何图形保持一种或多种关系的几何图形，则需要创建内建图元，如图 17-23 所示。

用户可以在项目中创建多个内建图元，并且可以将同一内建图元的多个副本放置在项目中。但是，与系统族和可载入族不同，内建族不能通过复制内建族类型来创建多种类型。

尽管可以在项目之间传递或复制内建图元，但只有在必要时才执行此操作，因为内建图元会增大文件大小并使软件性能降低。

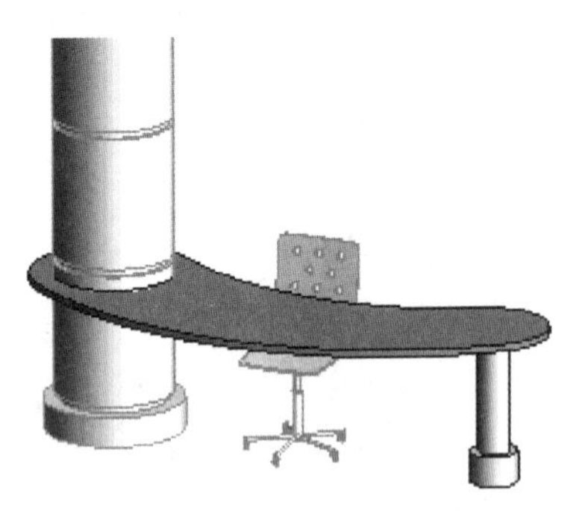

图 17-23 特殊几何图形

创建内建图元与创建可载入族使用相同的族编辑器工具。

内建族的创建和编辑基本步骤如下：

（1）在“建筑”“结构”或“系统”选项卡的“构件”下拉列表中选择“内建模型”命令，在弹出的“族类别和族参数”对话框中选择需要创建的“族类别”，然后进入族编辑器界面创建内建族模型，如图 17-24 所示。

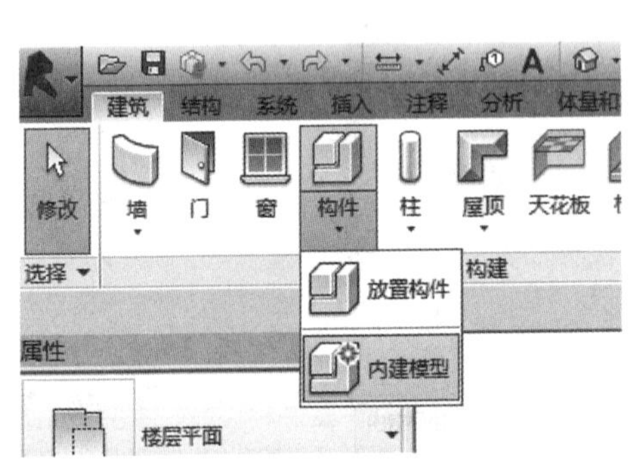

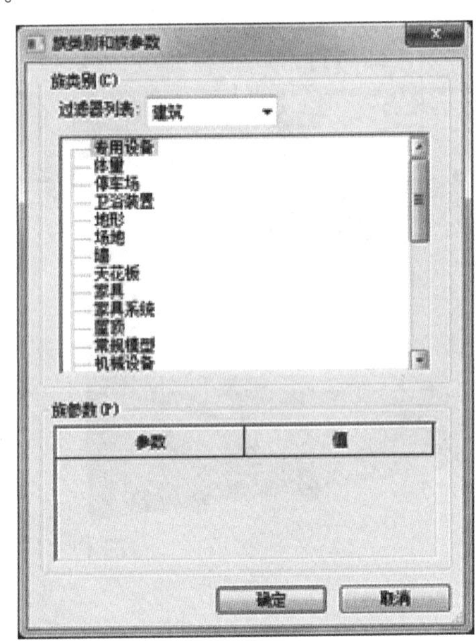

图 17-24 创建内建图元

（2）在完成内建族创建后，在“在位编辑器”面板中执行“完成模型”命令，即可完成内建族的创建，如图 17-25 所示。

（3）若需要再次对已建好的内建族进行修改编辑，则选中内建族，在“修改 |< 图元 >”上下文选项卡“模型”面板中选择“在位编辑”命令（图 17-26），重新进入到族编辑器界面进行修改编辑族。编辑完成后，重复步骤（2）完成修改编辑。

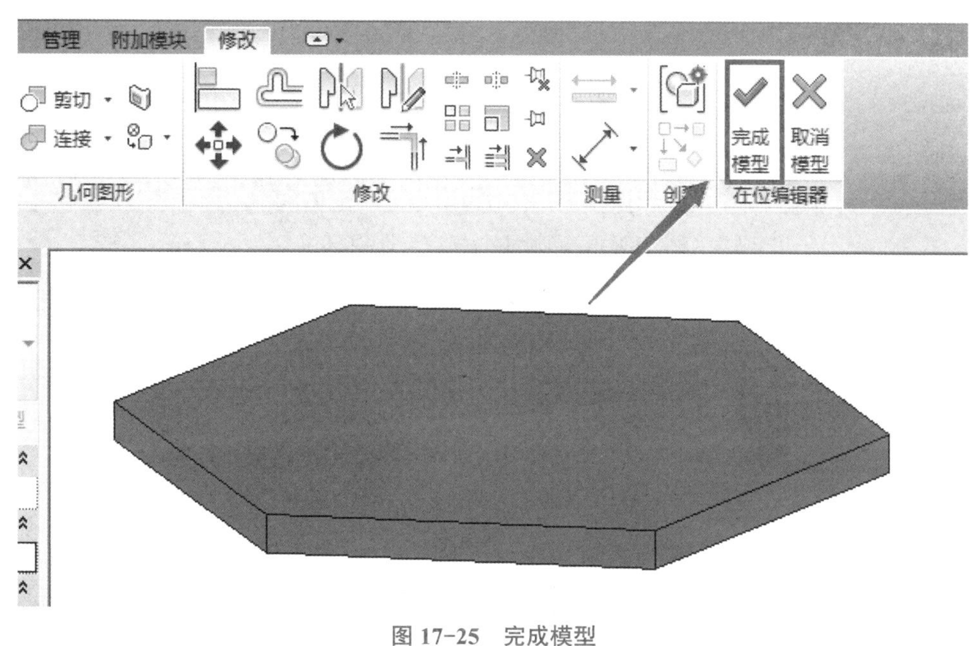

图 17-25　完成模型

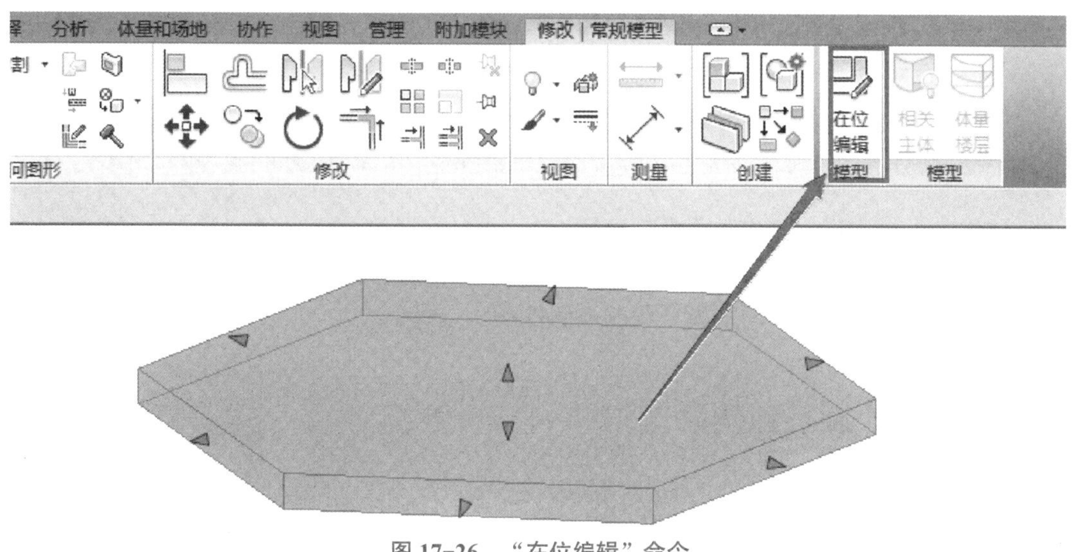

图 17-26　“在位编辑”命令

17.4 族参数的添加

17.4.1 族参数的种类和层次

族的“参数类型”种类见表 17-1。

表 17-1　族的“参数类型”种类

名称	说明
文字	完全自定义，可用于收集唯一性的数据
整数	始终表示为整数的值
数目	用于收集各种数字数据，可通过公式定义，也可以是实数
长度	可用于设置图元或子构件的长度，可通过公式定义，这是默认的类型
区域	可用于设置图元或子构件的面积，可将公式用于此字段
体积	可用于设置图元或子构件的体积，可将公式用于此字段
角度	可用于设置图元或子构件的角度，可将公式用于此字段
坡度	可用于创建定义坡度的参数
货币	可以用于创建货币参数
URL	提供指向用户定义的 URL 的网络链接
材质	建立可在其中指定特定材质的参数
图像	建立可在其中指定特定光栅图像的参数
是 / 否	使用“是”或“否”定义参数，最常用于实例属性
族类型	用于嵌套构件，可在族载入到项目中后替换构件
分割的表面类型	建立可驱动分割表面构件（如面板和图案）的参数。可将公式用于此字段

族参数的层次有实例参数、类型参数。

通过添加新参数，就可以对包含于每个族实例或类型中的信息进行更多的控制，可以创建动态的族类型，以增加模型中的灵活性。

17.4.2　族参数的添加

1. 族参数的创建

（1）在族编辑器中，在“创建”选项卡的“属性”面板中单击“族类型”按钮。

（2）系统弹出“族类型”对话框，单击“新建”按钮，并输入新类型的名称。这将创建一个新的族类型，将其载入到项目中后，将出现在“属性”选项板类型选择器中，如图 17-27 所示。

（3）在“参数”下单击“添加”按钮。

（4）系统弹出“参数属性”对话框，在“参数类型”下选择“族参数”选项，输入参数的名称，选择“实例”或“类型”选项，定义参数是“实例”参数还是“类型”参数；然后选择“规程”；对于“参数类型”，选择适当的参数类型；对于“参数分组方式”，选择一个值，在族载入到项目中后，此值确定参数在“属性”面板中显示在哪一组标题下。单击“确定”按钮，如图 17-28 所示。

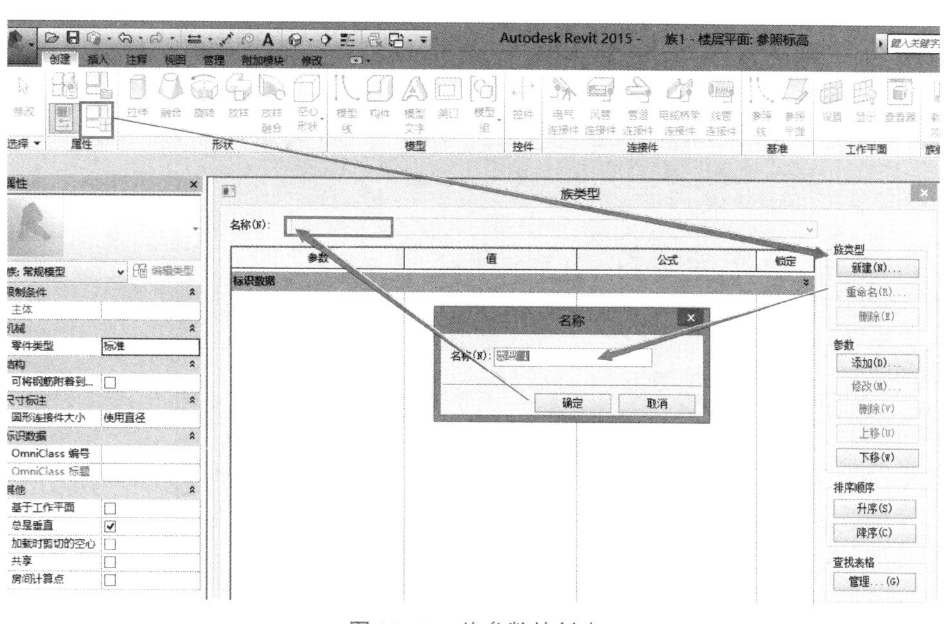

图 17-27　族参数的创建

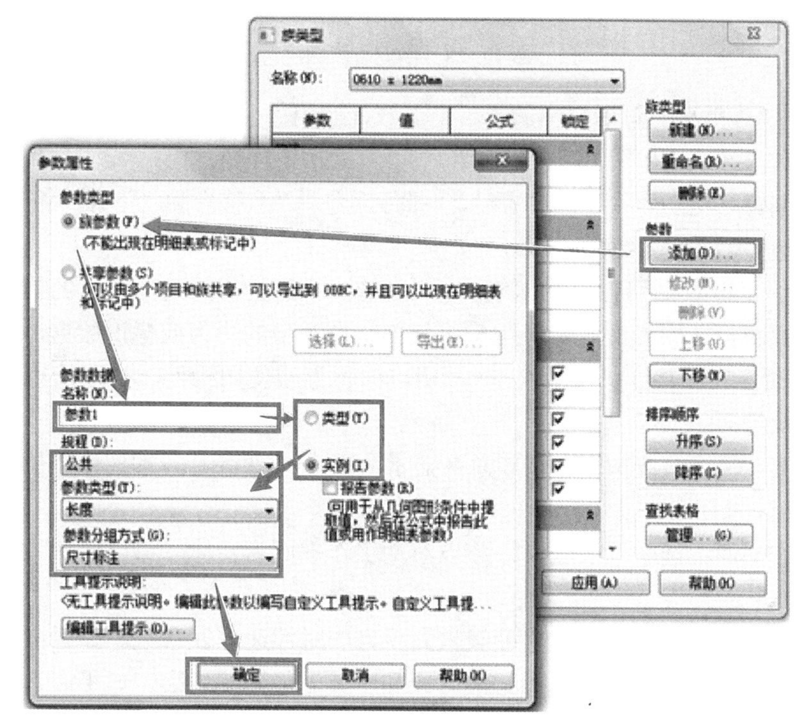

图 17-28　参数属性

默认情况下，新参数会按字母顺序升序排列添加到参数列表中创建参数时的选定组。

（5）使用任一“排序顺序”按钮（“升序”或“降序”），根据参数名称在参数组内对其进行字母顺序排列，如图 17-29 所示。

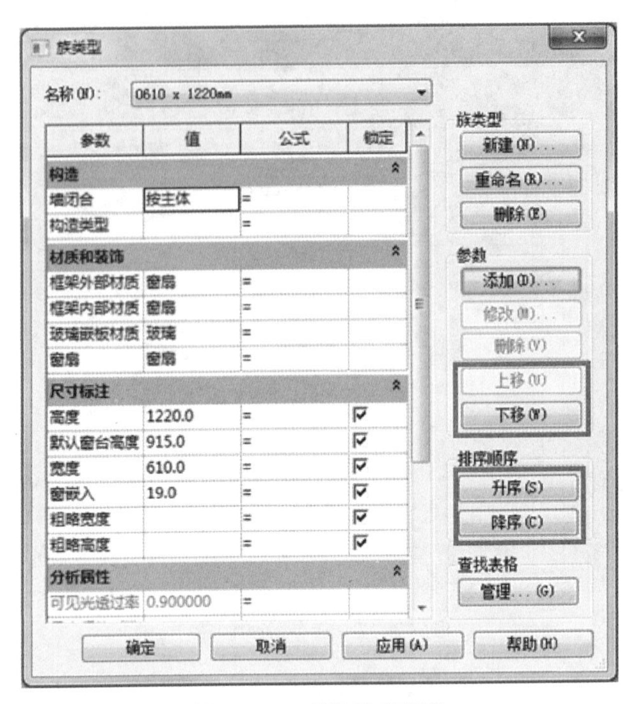

图 17-29　参数排序顺序

（6）在“族类型”对话框中选择一个参数，使用“上移”和“下移”按钮可以手动更改组中参数的顺序，如图 17-29 所示。

注：在编辑“钢筋形状”族参数时，“排序顺序”“上移”和“下移”按钮不可用。

2. 指定族类别和族参数

“族类别和族参数”工具可以将预定义的族类别属性指定给要创建的构件，此工具只能用于族编辑器。族参数定义应用于该族中所有类型的行为或标识数据，不同的类别具有不同的族参数，具体取决于 Revit 希望以何种方式使用构件。控制族行为的一些常见族参数示例包括：

总是垂直：选中该选项时，该族总是显示为垂直，即 90°，即使该族位于倾斜的主体上，如楼板。

基于工作平面：选中该选项时，族以活动工作平面为主体，可以使任一无主体的族成为基于工作平面的族。

共享：仅当族嵌套到另一族内并载入到项目中时才适用此参数。如果嵌套族是共享的，则可以从主体族独立选择、标记嵌套族和将其添加到明细表；如果嵌套族不共享，则主体族和嵌套族创建的构件作为一个单位。

指定族参数的步骤：

（1）在族编辑器中，在“创建”选项卡（或“修改”选项卡）“属性”面板中单击“族类别和族参数”按钮。

（2）系统弹出“族类别和族参数”对话框，选择要将其属性导入到当前族中的族类别。

（3）指定族参数。

注：族参数选项根据族类别而有所不同。

（4）单击“确定”按钮，如图 17-30 所示。

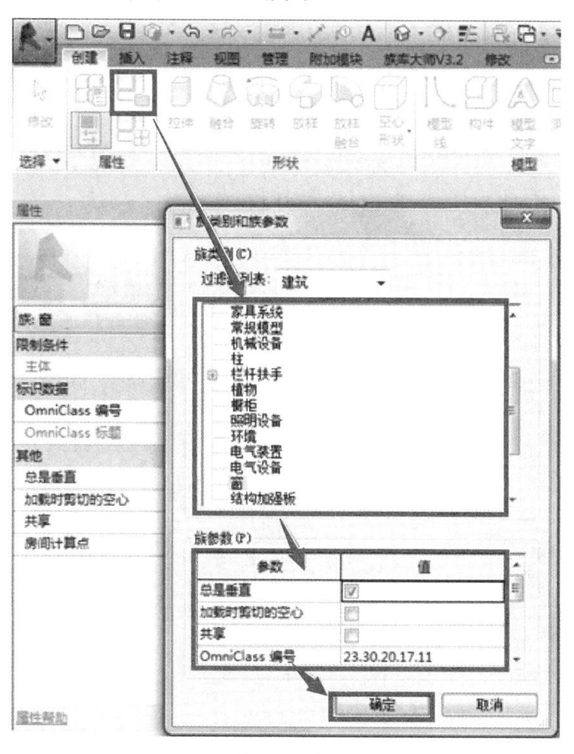

图 17-30　指定族类别和族参数

3. 为尺寸标注添加标签，以创建参数

对族框架进行尺寸标注后，需为尺寸标注添加标签，以创建参数。图 17-31 所示的尺寸标注已添加了长度和宽度参数的标签。

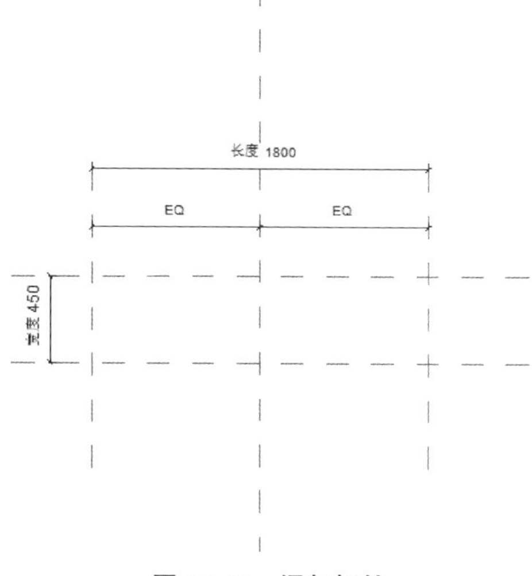

图 17-31　添加标签

第一篇
第二篇
第三篇
第四篇
第五篇

带标签的尺寸标注将成为族的可修改参数。用户可以使用族编辑器中的“族类型”对话框修改它们的值，将族载入到项目中之后，可以在“属性”选项板中修改任何实例参数，或者打开“类型属性”对话框修改类型参数值。

如果族中存在该标注类型的参数，用户可以选择它作为标签；否则，必须创建该参数，以指定它是实例参数还是类型参数。

为尺寸标注添加标签并创建参数步骤如下：

（1）在族编辑器中，选择尺寸标注。

（2）在选项栏上，选择一个参数或者选择“< 添加参数 ...>”并创建一个参数作为“标签”。

在创建参数之后，可以使用“属性”面板中的“族类型”命令来修改默认值，或指定一个公式（如需要）。

（3）如果需要，选择“引线”来创建尺寸标注的引线，如图 17–32 所示。

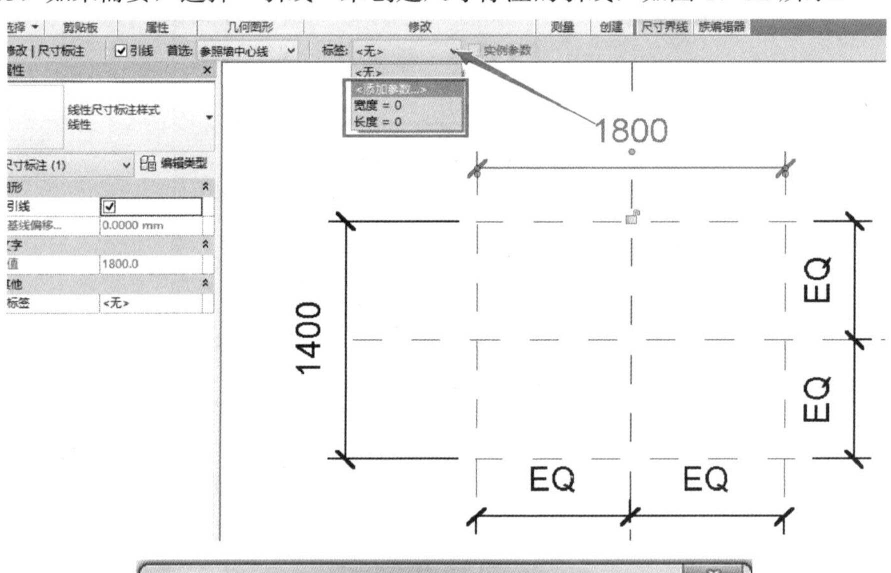

图 17–32　为尺寸标注添加标签

4. 在族编辑器中使用公式

在族类型参数中使用公式计算值和控制族几何图形。

（1）在族编辑器中，布局参照平面。

（2）根据需要，添加尺寸标注。

（3）为尺寸标注添加标签。

（4）添加几何图形，并将该几何图形锁定到参照平面。

（5）在“属性”面板中单击“族类型”按钮。

（6）在“族类型”对话框的相应参数旁的“公式”列中输入参数的公式，如图 17-33 所示。

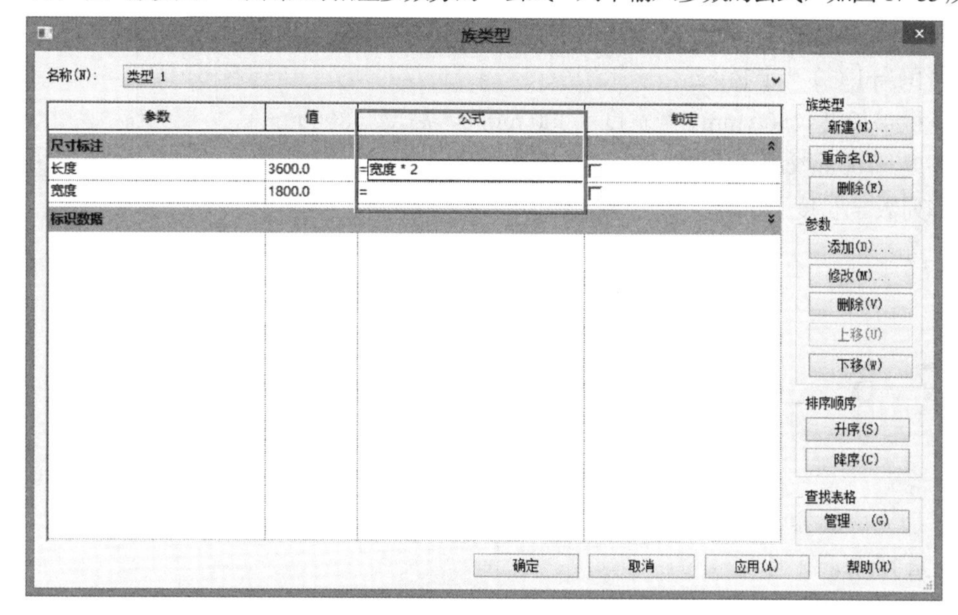

图 17-33　在族编辑器中使用公式

公式支持标准的算术运算和三角函数。

公式支持以下运算操作：加、减、乘、除、指数、对数和平方根；公式还支持以下三角函数运算：正弦、余弦、正切、反正弦、反余弦和反正切。

算术运算和三角函数的有效公式缩写为

加：+

减：-

乘：*

除：/

指数：^，x^y，x 的 y 次方

对数：log

平方根：sqrt：sqrt（16）

正弦：sin

余弦：cos

正切：tan

反正弦：asin

反余弦：acos

反正切：atan

10 的 x 方：exp（x）

绝对值：abs

使用标准数学语法，可以在公式中输入整数值、小数值和分数值，如下例所示：

长度 = 高度 + 宽度 +sqrt（高度 * 宽度）

长度 = 墙 1（17 000 mm）+ 墙 2（15 000 mm）

面积 = 长度（500 mm）* 宽度（300 mm）

面积 =pi（ ）* 半径 ^2

体积 = 长度（500 mm）* 宽度（300 mm）* 高度（800 mm）

宽度 =100 m*cos（角度）

阵列数 = 长度 / 间距。

17.5 族参数的驱动

添加完成族参数之后，直接修改参数的值，即可实现驱动修改参照平面的尺寸，如图 17-34 所示。

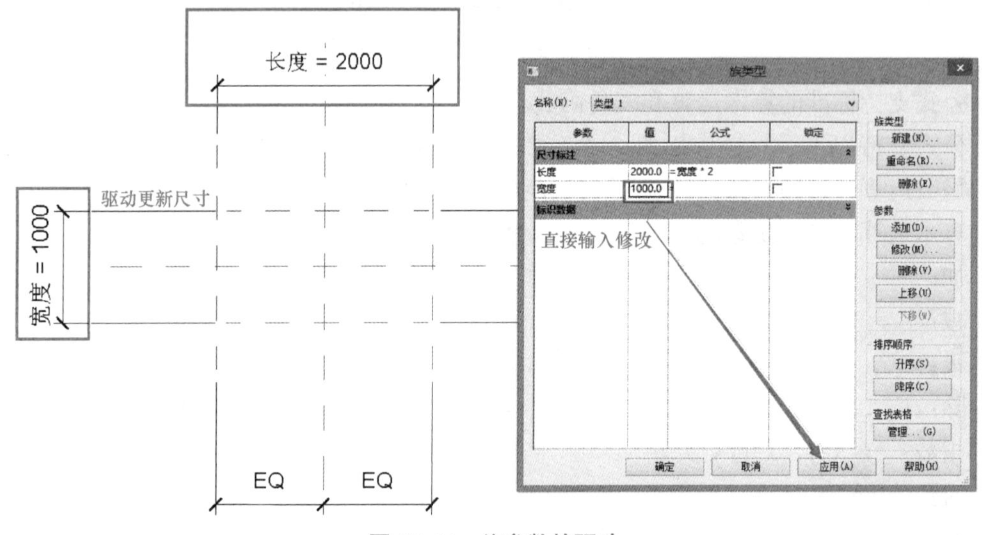

图 17-34 族参数的驱动

将族形状轮廓与参照平面对齐锁定上，使形状轮廓随参照平面移动而移动，即可实现参数驱动参照平面位置变动，修改形状轮廓。

附 录

附录一 Revit 常见问题

1. Revit 视图中默认的背景颜色为白色，能否修改？

能，应用程序按钮→选项→图形→颜色→反转背景色。

2. 用低版本 Revit 程序能打开高版本 Revit 程序吗？

不能。

3. 文件损坏出错，如何修复？

应用程序按钮→打开→ Revit 文件，系统弹出附图 1 所示的“打开”对话框，选择需要修复的文件，勾选“核查”选项，单击“打开”按钮。若数据仍存在问题，可以使用项目的备份文件，如“项目 0001.rvt”。

附图 1 “打开”对话框

4. 如何控制在插入建筑柱时不与墙自动合并？

定义建筑柱族时，单击“属性”面板中的“族类别和族参数”按钮，打开其对话框，不勾选“将几何图形自动连接到墙”的选项。

5. 如何合并拆分后的图元？

选择拆分后的任意一段图元，单击其操作夹点，使其分离，然后将其拖动到原位置即可。

6. 如何去创建曲面墙体?

通过体量工具创建符合要求的体量表面，再将体量表面以生成墙的方式创建异形墙体。

7. 如何改变门或窗等基于主体的图元位置?

选取需要改变的图元，再单击“拾取新主体”按钮，如附图 2 所示。

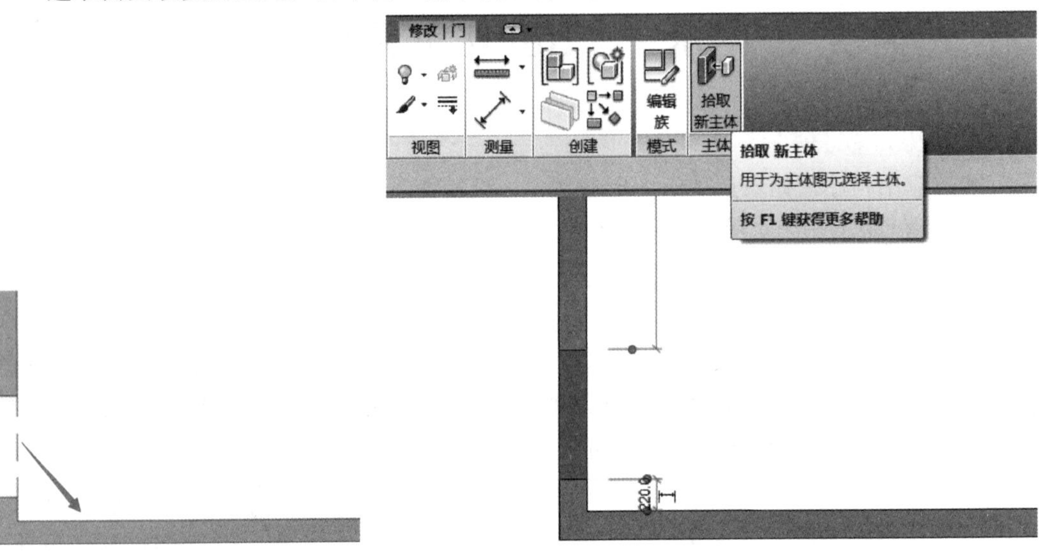

附图 2　改变基于主体的图元位置

8. Revit 中如何输入特殊符号? 例如：需要输入“m²”等符号。

①可以通过 Windows 系统提供的 Alt+ 数字小键盘实现（按住 Alt 键不放，然后在小键盘中输入一串数字），常用的有：Alt+0178=“²”， Alt+0179=“³”， Alt+0176=“°”等。

②使用输入法也可以实现，如：平方 =“²”，立方 =“³”，度 =“度”等。

③可以用复制粘贴的方式实现。

9. 若不小心将面板上的“属性”或者“项目浏览器”关闭，应怎么处理?

在“视图”选项卡“窗口”面板的“用户界面”下拉列表中勾选相应的选项。

10. 如何做好协同工作的准备?

要实现多人多专业协同工作，将涉及专业间协作管理的问题，仅仅借 Revit 自身的功能操作无法完成高效的协作管理，故在开始协同前，必须为协同做好准备工作。

准备工作的内容包括：确定协同工作方、确定项目定位信息、确定项目协调机制等。

确定协同工作方式：是链接还是工作集的方式。采用工作集的工作方式应注意：明确构件的命名规则、文件保存的命名规则等。

11. 导入和链接有什么区别?

链接的原文件不能进行改动，否则将影响已导入的文件图，而导入无此问题。

12. 链接或导入有问题怎么办?

图纸尺寸超出范围——查看原 CAD 图是否在 Z 轴方向有尺寸，或将原多余的图层删除。

13. 导入后图与图之间有偏差怎么办?

①可以采用手动导入；②可以进行对齐操作；③改用原点对原点。

14. 如何在立面视图中显示弧形轴网?

由于弧形轴网在立面视图中的投影为平面，因此无法在立面视图中显示弧形轴网轴号。用户可以采用“注释”选项卡“符号”面板中的“符号”工具，通过添加符号的方式在视图中添加曲面轴网。

15. 如何修改弧形轴网的三维高度?

由于弧形轴网无法在立面视图中显示，因此，无法直接修改弧形轴网的三维高度。用户可以在楼层平面视图中选择轴网后，单击鼠标右键，在弹出的菜单中选择“最大化三维范围”选项。

16. 在绘制楼梯间时，如何快速使楼梯边界与墙边界对齐?

在绘制楼板草图时，捕捉的绘制起点在墙面或墙核心层表面时，Revit 将自动把梯段草图边界与墙面或墙核心表面对齐 。

附录二　Revit 常用命令快捷键

Revit 常用命令快捷键

快捷键	功能	快捷键	功能
WA	墙	SU	日光和阴影设置
DR	门	WF	线框
WN	窗	HL	隐藏线
LL	标高	SD	带边框着色
GR	轴网	GD	图形显示选项
CM	放置构件	RR	渲染对话框
RP	绘制参照平面	IC	隔离类别
TX	注释文字	HC	隐藏类别
DL	详图线	HI	隔离图元
MD	修改	HH	隐藏图元
DI	尺寸标注 – 对齐	HR	重设隐藏 \ 隔离
MV	移动	SA	选择全部实例
CO/CC	复制	ZR/ZZ	区域放大
RO	旋转	ZO/ZV	缩小两倍
MM	拾取镜像轴	ZE/ZF/ZX	缩放匹配
AR	阵列	ZA	缩放全部以匹配
RE	缩放	ZS	缩放图纸大小
PP	锁定	ZP/ZC	上一次平移 / 缩放
UP	解锁	SI	交点
DE	删除	SE	端点
AL	修改 – 对齐	SM	中点
TR	修改 – 修剪	SC	中心
SL	修改 – 拆分	SN	最近点
OF	修改 – 偏移	SP	垂足
VP	视图属性	ST	切点
VG/VV	可见性图形替换	SX	点
TL	细线	SZ	关闭
WC	窗口层叠	SO	关闭捕捉
WT	窗口平铺	SS	关闭替换
EU	取消隐藏图元	VU	取消隐藏类别

附录三　某别墅 CAD 图纸

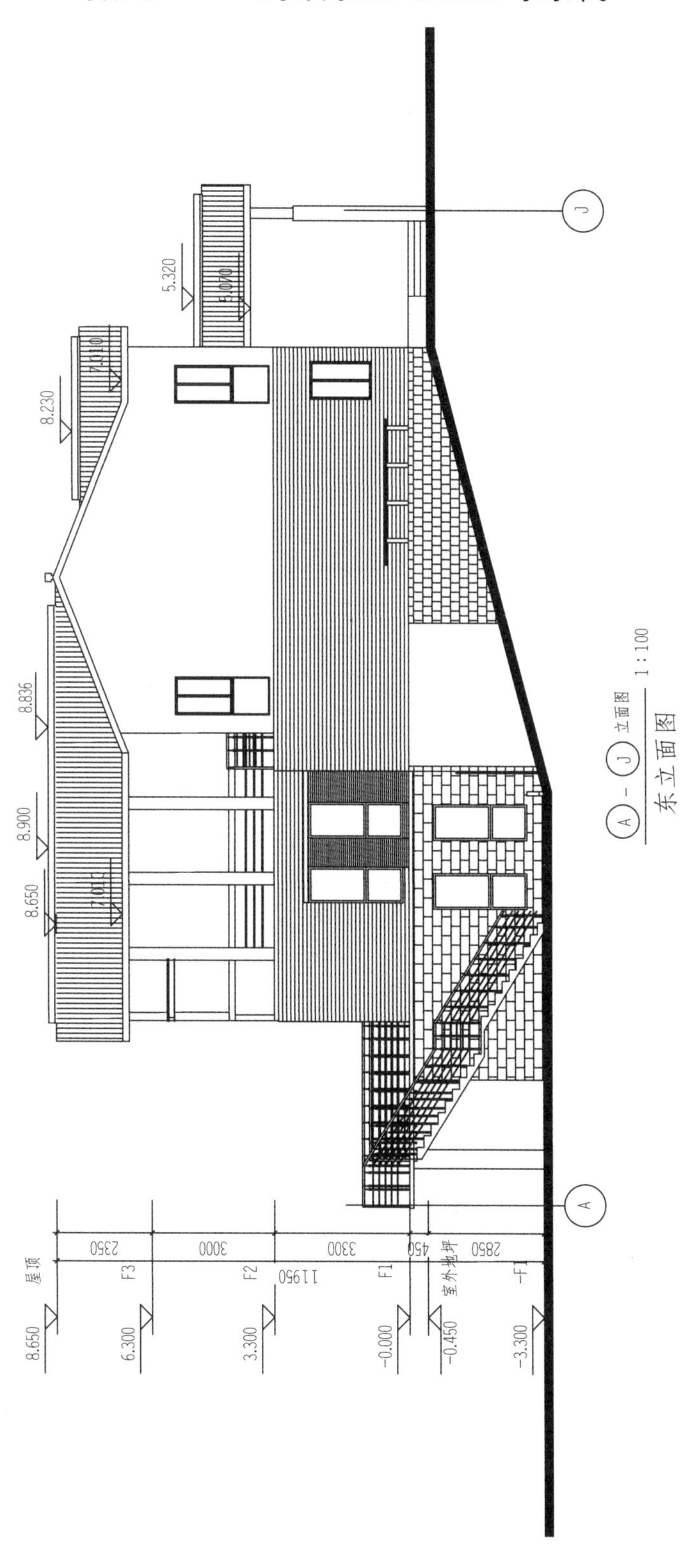

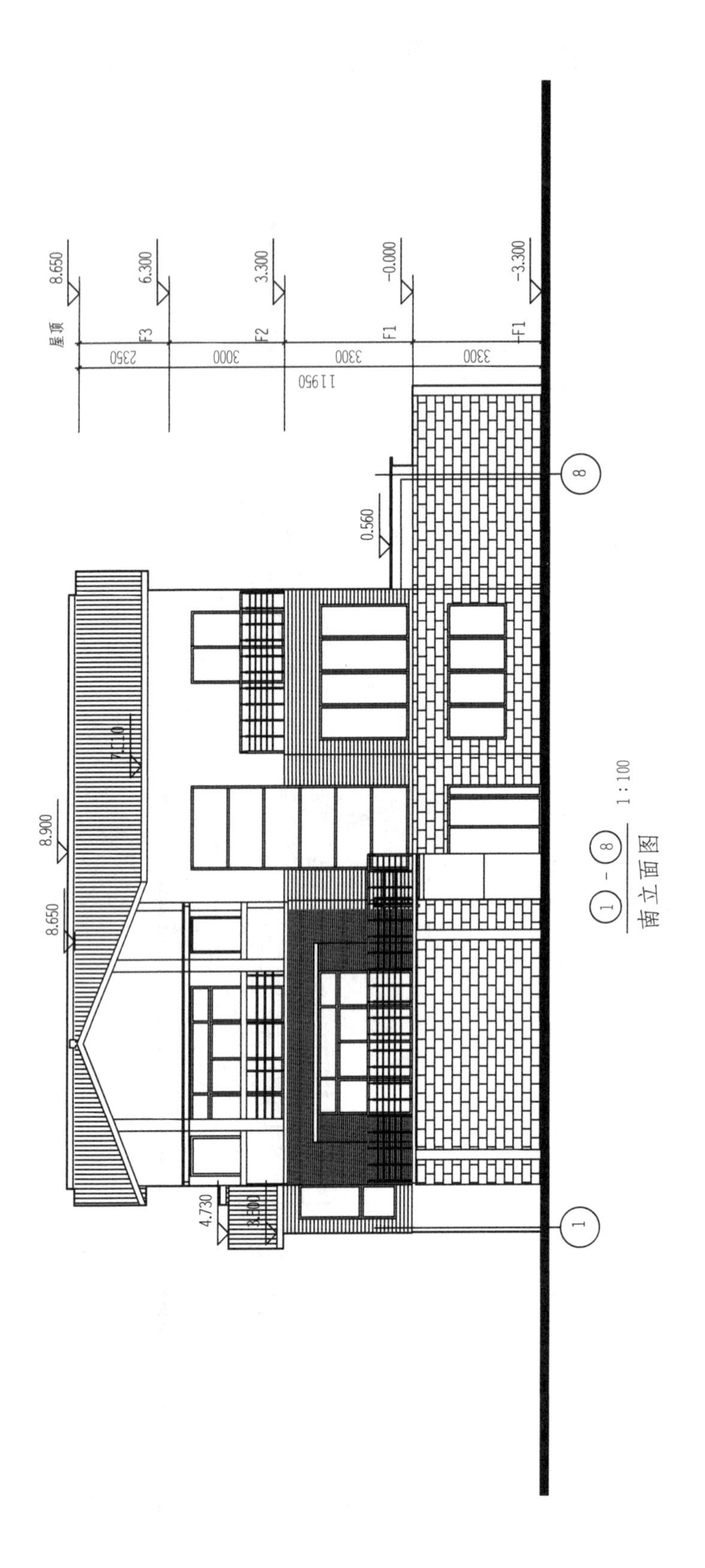
屋顶
8.650
6.300
3.300
-0.000
-3.300
F3
F2
F1
-F1
2350
3000
3300
3300
11950
0.560
8.900
8.650
4.730
1
8

①-⑧南立面图 1:100

第一篇
第二篇
第三篇
第四篇
第五篇

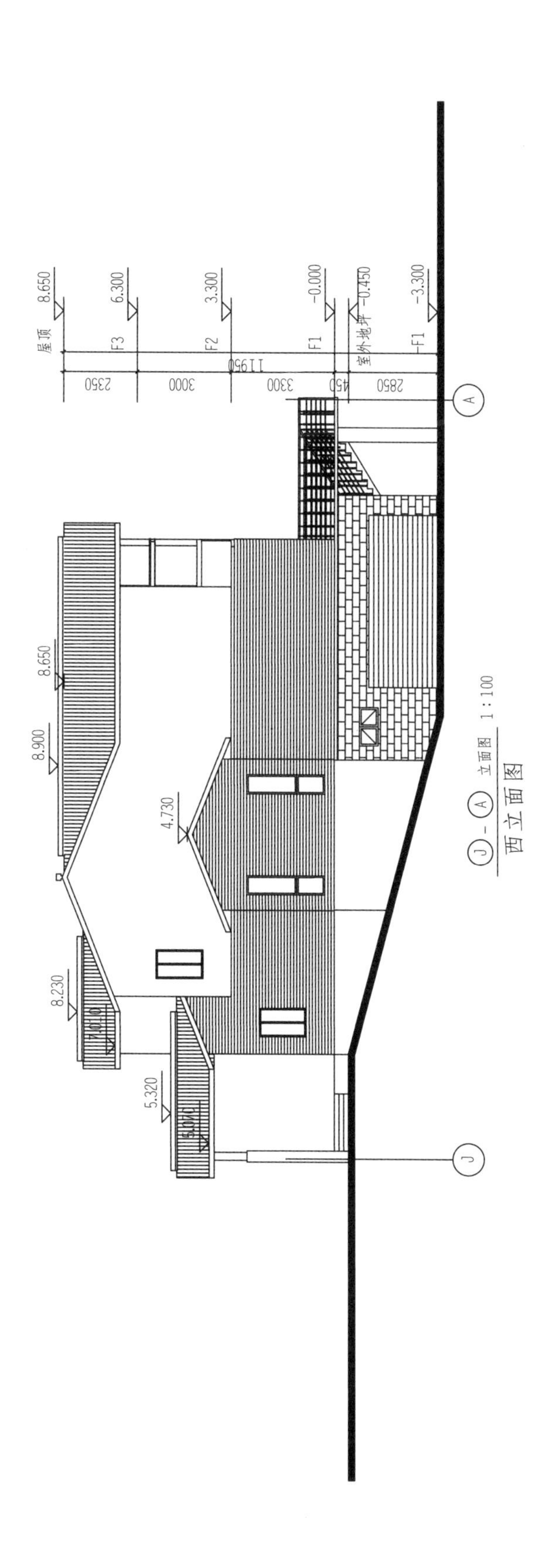

Ⓙ-Ⓐ 立面图 1：100
西立面图

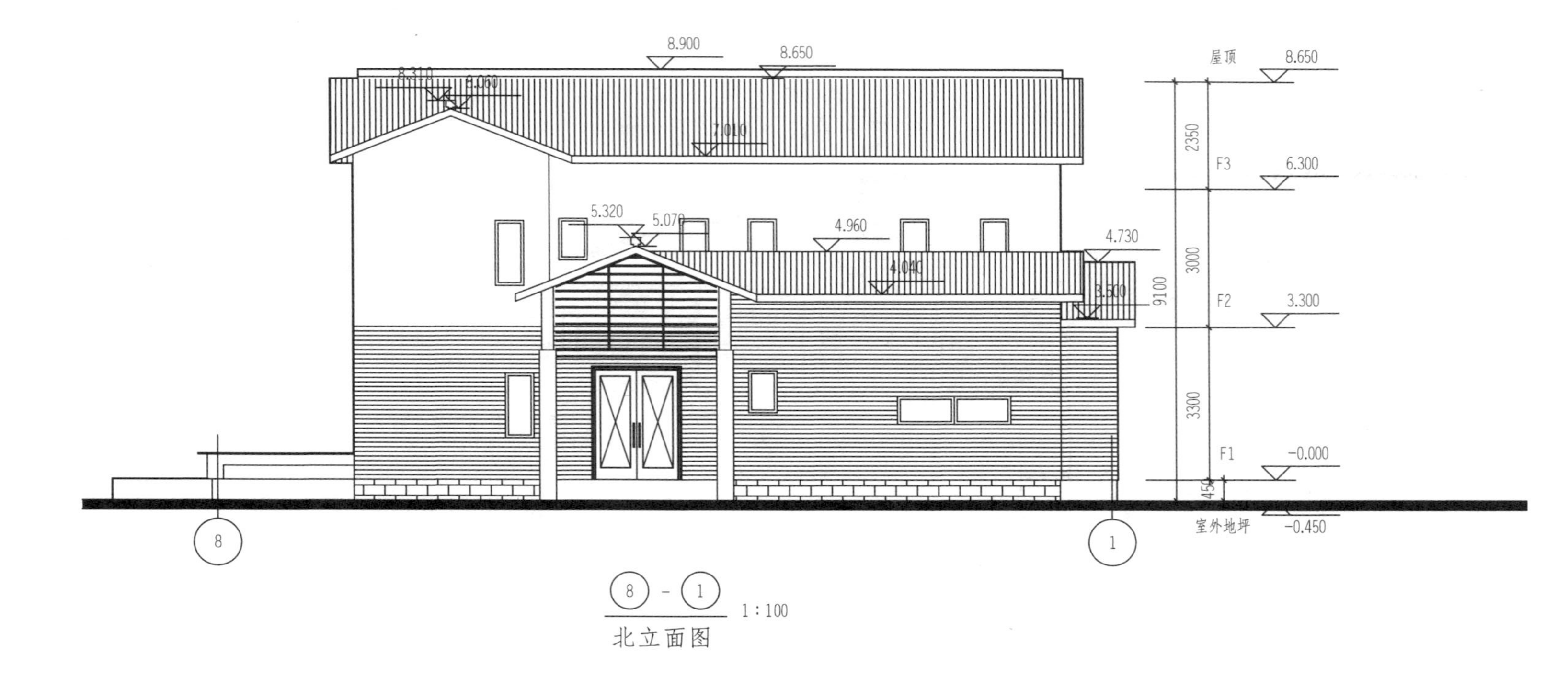
8.900
8.650
8.310
8.060
7.010
5.320
5.070
4.960
4.730
4.040
3.500
屋顶
8.650
F3
6.300
F2
3.300
F1
-0.000
室外地坪
-0.450
2350
3000
3300
450
9100
8
1

8 - 1 1:100

北立面图

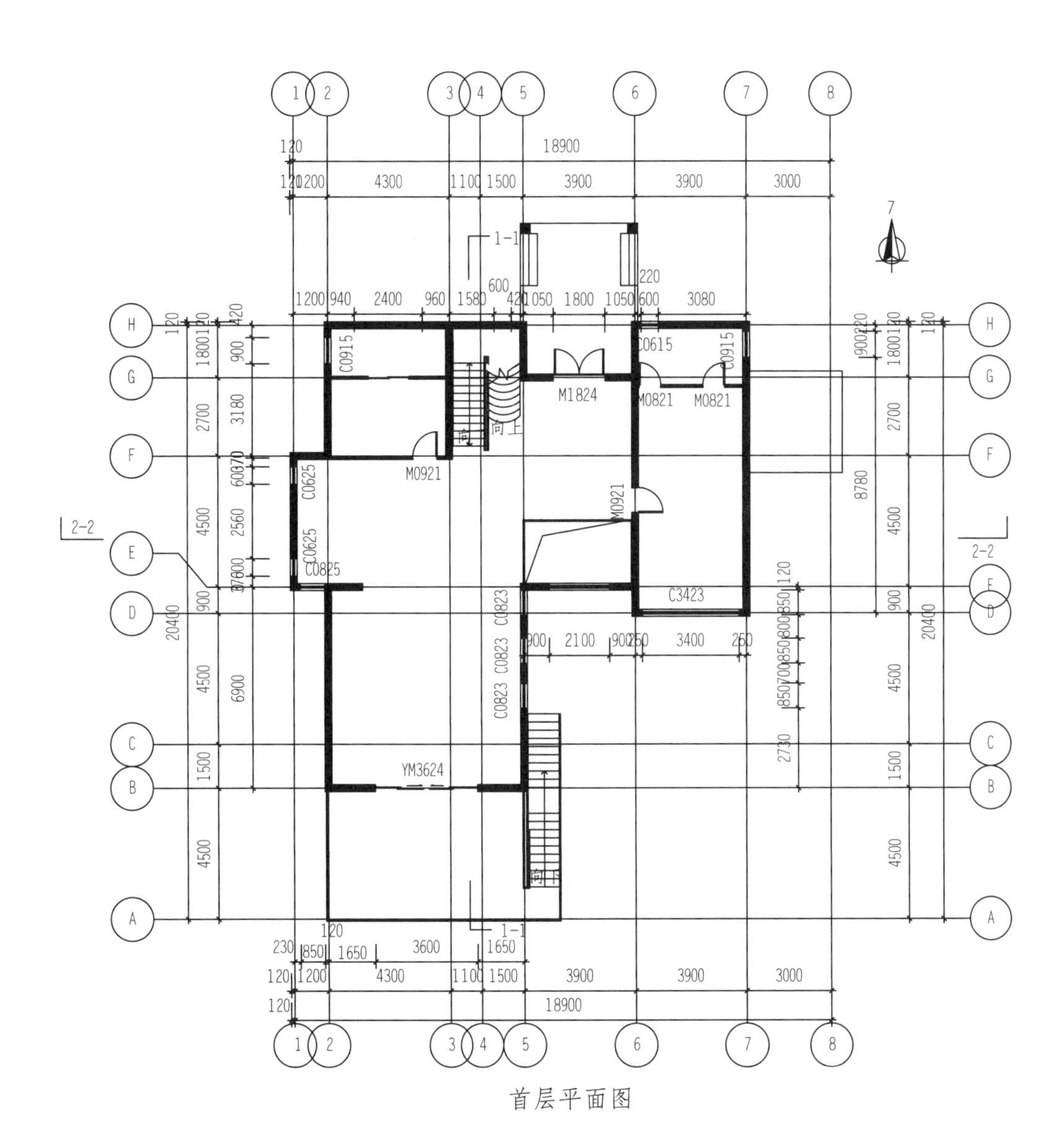
1
2
3
4
5
6
7
8
18900
120
1200
4300
1100
1500
3900
3900
3000
1-1
600
1200
940
2400
960
1580
420
1050
1800
1050
600
3080
220
H
G
F
E
D
C
B
A
C0915
M1824
C0615
C0915
M0821
M0821
M0921
C0625
C0625
C0825
M0921
C3423
C0823
C0823
C0823
YM3624
2100
3400
2-2
2-2
20400
20400
8780
2730
4500
2700
1800
1500
6900
3180
2560
230
850
1650
3600
1650
向上
向下

首层平面图

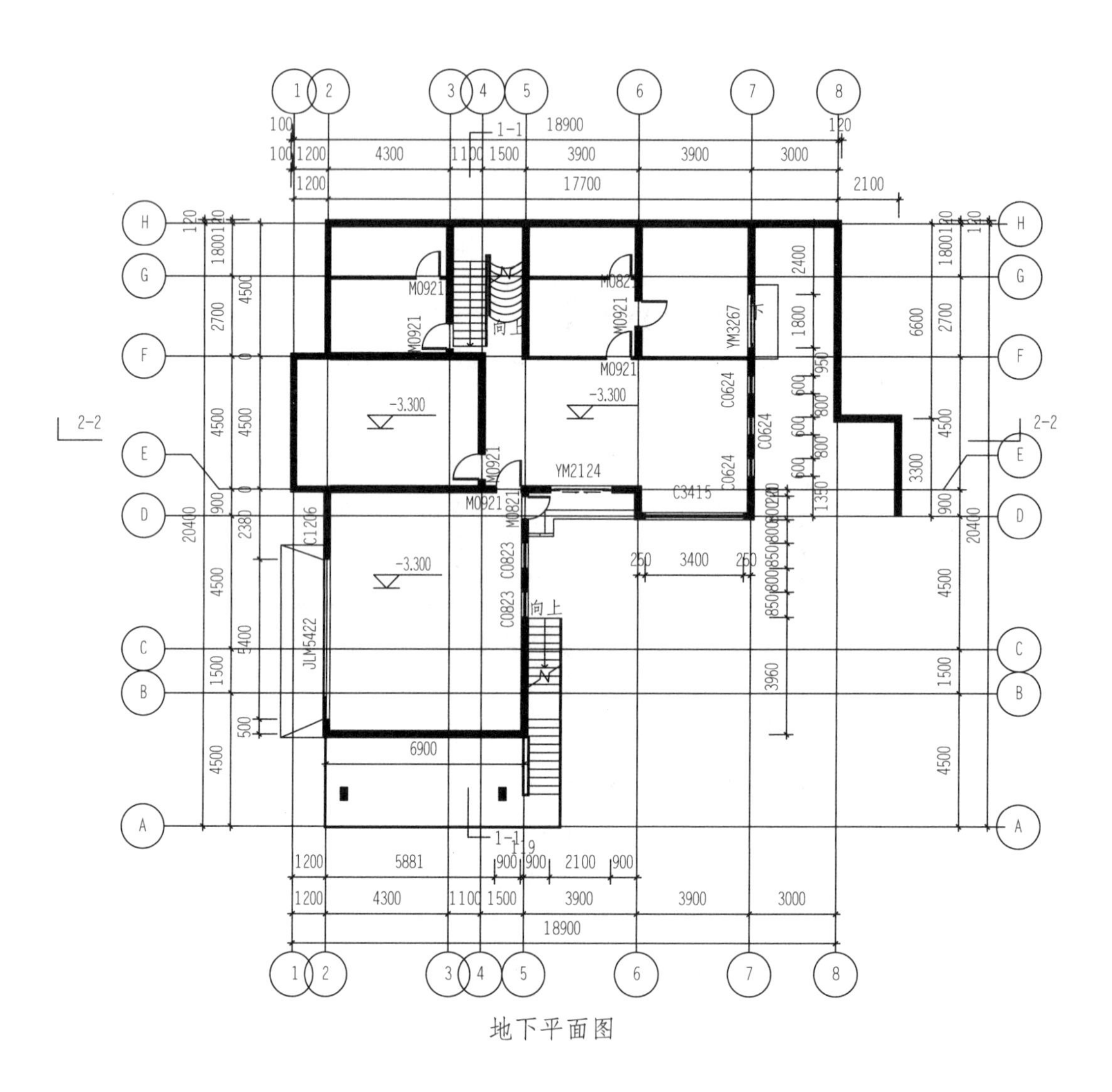

地下平面图

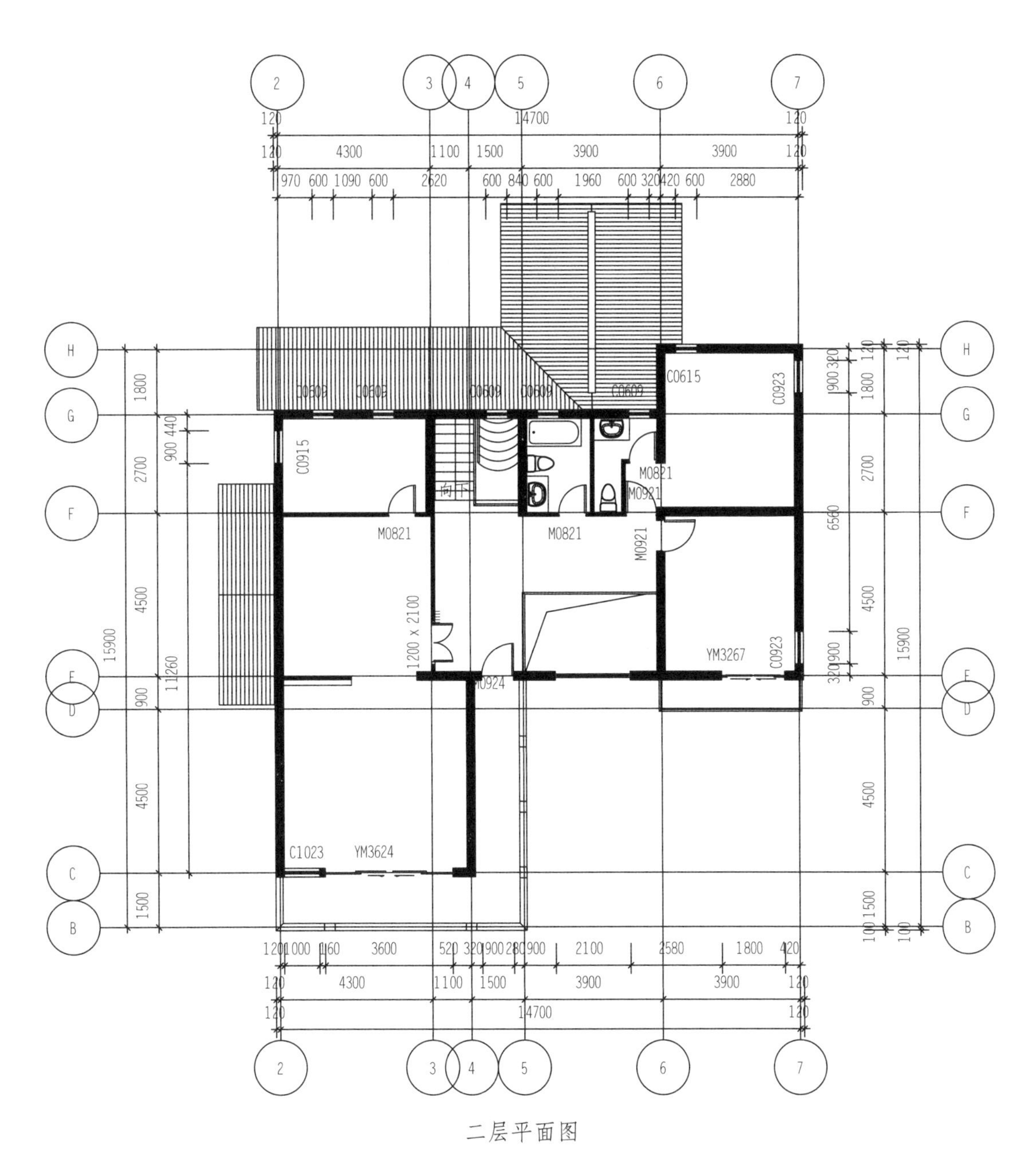
2
3
4
5
6
7
H
G
F
E
D
C
B
14700
4300
1100
1500
3900
3900
970 600 1090 600 2620 600 840 600 1960 600 320 420 600 2880
C0609
C0609
C0609
C0609
C0609
C0615
C0923
C0915
向下
M0821
M0821
M0821
M0921
M0921
1200 x 2100
M0924
YM3267
C0923
C1023
YM3624
1800
2700
4500
900
4500
1500
15900
11260
900 440
900 320
6560
320 900
100 1500
100
120 1000 160 3600 520 320 900 280 900 2100 2580 1800 420
120
4300
1100
1500
3900
3900
120
14700

二层平面图

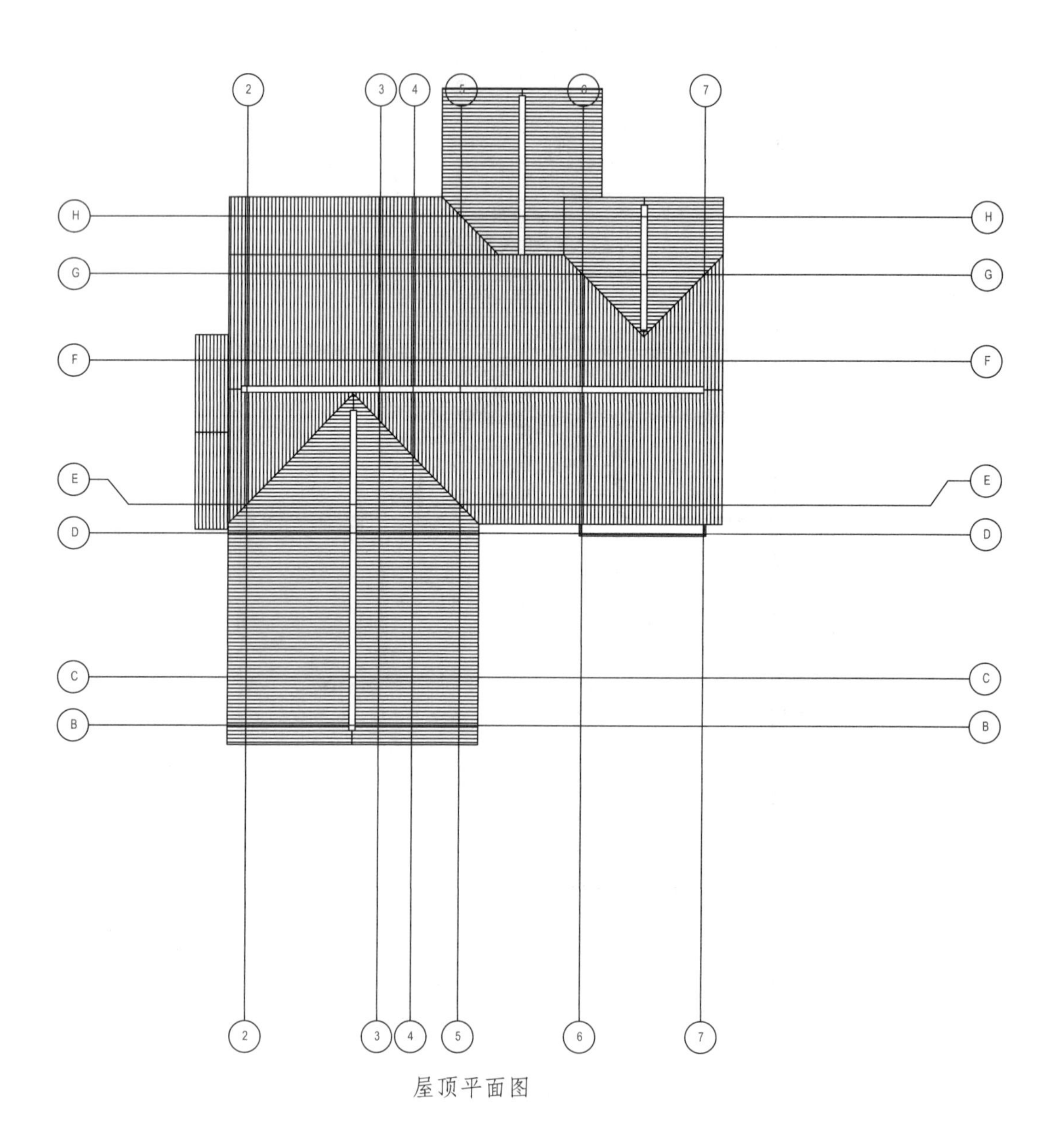

屋顶平面图

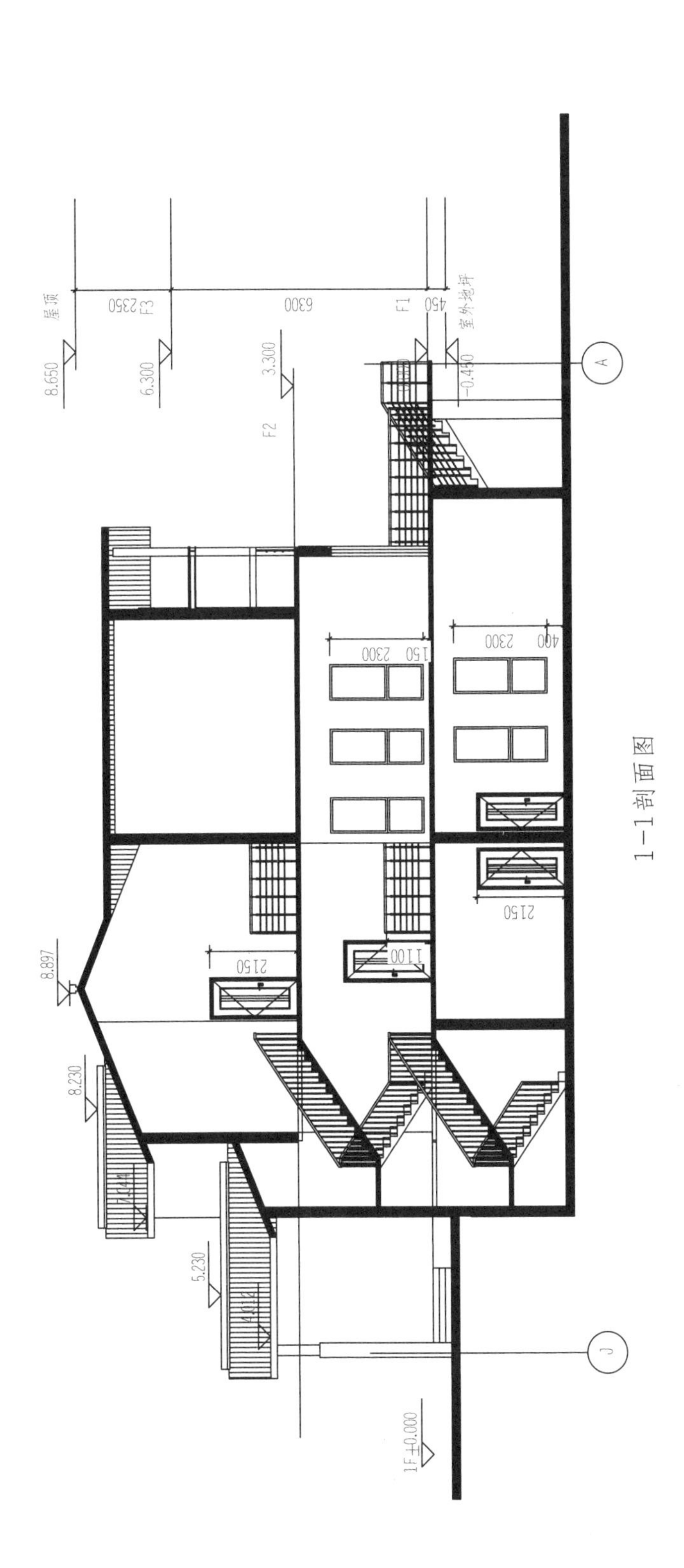
8.650
屋顶
6.300
F3
2350
3.300
F2
6300
F1
450
室外地坪
-0.450
A
2300
150
400
2150
1100
8.897
8.230
5.230
J
1F±0.000

1-1剖面图